肉羊养殖实用新技术

权 凯 赵金艳 编著

金盾出版社

内 容 提 要

本书主要内容包括：肉羊业发展概况，肉羊体型外貌及鉴定技术，肉羊的品种与选育，羊场的规划设计，肉羊的繁殖技术，肉羊的营养需要及饲料加工，肉羊的饲养管理，肉羊的保健与疫病监测，肉羊常见病防治，肉羊产品的加工利用等。本书内容全面，技术先进，操作性强，适合肉羊养殖场技术人员、基层技术推广人员和农业院校相关专业师生参考。

图书在版编目(CIP)数据

肉羊养殖实用新技术/权凯，赵金艳.— 北京：金盾出版社，2013.6(2019.1 重印)
ISBN 978-7-5082-8033-2

Ⅰ.①肉… Ⅱ.①权…②赵… Ⅲ.①肉用羊—饲养管理 Ⅳ.①S826.9

中国版本图书馆 CIP 数据核字(2012)第 283838 号

金盾出版社出版、总发行
北京市太平路 5 号(地铁万寿路站往南)
邮政编码：100036　电话：68214039　83219215
传真：68276683　网址：www.jdcbs.cn
北京军迪印刷有限责任公司印刷、装订
各地新华书店经销
开本：850×1168 1/32　印张：11　字数：266 千字
2019 年 1 月第 1 版第 7 次印刷
印数：29 001～32 000 册　定价：34.00 元

羊属于哺乳纲、偶蹄目、牛科、羊亚科，食草反刍家畜，有绵羊和山羊，为六畜之一。羊是牛科分布最广、成员最复杂的一个亚科。羊全身是宝，其毛皮可制成多种毛织品和皮革制品；羊肉肉质细嫩，易消化，高蛋白质、低脂肪、含磷脂多、胆固醇少，是绿色畜产品的首选；羊血、羊骨、羊肝、羊奶、羊胆等，可用于多种疾病的治疗，具有较高的药用价值。

我国养羊历史悠久，原始社会人类从渔猎生产方式逐渐过渡到畜牧生产方式，首先是从养羊开始。在5 000年前，野生绵羊和山羊被驯化为家畜，为人们提供肉、奶、毛、皮等生活资料。由于各种原因，近代中国养羊业迅速落后于欧美，甚至南美、非洲等国家。目前，一谈到肉羊养殖，大多数人的第一反应就是放羊，放牧模式是从5 000年前到现在，放眼整个社会，哪个行业还在坚持着5 000年前的生产模式。如何实现我国养羊业的崛起，工厂化养羊业，是我国养羊业必须经历的一条路。工厂化养羊业，要充分利用当地资源，不仅要有现代化的人才，也要有现代化相配套的基础设施设备，实现现代化的饲养和管理。充分利用现代化设施设备，借鉴猪、鸡、牛等养殖模式，结合羊的生理特点，减少劳动力使用。充分利用现代化技术体系，加速肉羊养殖模式的转变。现代化企业的经营理念是发展现代标准化肉羊养殖的前提，要以现代化企业的经营理念去经营肉羊产业。因此，改变传统的养殖模式，“解放思想、创新观念”，技术创新、思想创新、价值创新、管理创新。

作者结合中国养羊业的现状和技术需求，根据自己对养羊业的理解，主要从羊的生产技能操作方法着手，从羊的体型外貌鉴定技能、品种的选育技能、羊场的规划设计技能、羊的繁殖技能、羊的营养饲料加工技能、羊的饲养管理技能、羊的保健与疫病监测技能、羊常见病防治技能和羊的产品加工技能等几方面着手，编写了《肉羊养殖实用新技术》一书。希望该书对广大养羊场（户）、畜牧兽医相关专业及技术人员有所帮助。

由于编者的水平有限，不当和错漏之处在所难免，诚望批评指正。

编著者

目　录

第一章　概　述

一、羊的生物学特点

羊有绵羊和山羊，属于食草反刍家畜，哺乳纲、偶蹄目、牛科、羊亚科。是牛科分布最广、成员最复杂的一个亚科，羊为六畜之一。绵羊和山羊有很多相似的生物学特性，又有较大差别，总的说来，相同点多于相异点。

（一）行为特点

绵羊性情温驯，行动较迟缓，缺乏自卫能力，合群性较强，警觉机灵，觅食力强，适应性广，全身覆盖毛绒，属沉静型小型反刍动物。山羊则性格勇敢活泼，动作灵活，合群性不及绵羊，善于攀登陡峭的山岩，有一定抵御兽害的能力。山羊比绵羊分布广，适应性更强，其被毛较稀短，多为发毛，较绵羊耐热、耐湿而不耐寒，属活泼型小型反刍动物。

（二）生活习性

1. 采食力强，利用饲料广泛　绵羊和山羊具有薄而灵活的嘴唇和锋利的牙齿，能啃食短草，采食能力强。嘴较窄，喜食细叶小草，如羊茅和灌木嫩枝等。四肢强健有力，蹄质坚硬，能边走边采食。能利用的饲草饲料广泛，包括多种牧草、灌木、农副产品以及禾谷类子实等。

2. 合群性强　羊的合群性强于其他家畜，绵羊又强于山羊，地方品种强于培育品种，毛用品种强于肉用品种。驱赶时，只要有“头羊”带头，其他羊只就会紧紧跟随，如进出羊圈、放牧、起卧、过河、过桥或通过狭窄处等。羊的合群性有利于放牧管理，但羊群之间距离太近时，往往容易混群。

3. 喜干燥、怕湿热　羊喜干燥，最怕潮湿的环境。放牧地和栖息场所都以高燥为宜。潮湿环境易感染各种疾病，特别是肺炎、寄生虫病和腐蹄病，也会使羊毛品质降低。山羊比绵羊更喜干燥，对高温、高湿环境适应性明显高于绵羊。

4. 爱清洁　遇到有异味、污染、沾有粪便或腐败的饲料和饮水，甚至连自己践踏过的饲草，宁可忍饥挨饿也不食用。

5. 性情温驯，胆小易惊　绵羊、山羊性情温驯，胆小，自卫能力差。突然的惊吓，容易“炸群”。所以，要加强放牧管理，保持羊群安静。

6. 母性强　羊的嗅觉灵敏，母羊主要凭嗅觉鉴别自己的羔羊，而视觉和听觉起辅助作用。羔羊出生后与母羊接触几分钟，母羊就能通过嗅觉鉴别出自己的羔羊。在大群的情况下，母子也能准确相识。

7. 抗病力强　羊对疫病的耐受力比较强，在发病初期或遇小病时，往往不像其他家畜表现那么敏感。

8. 善游走　绵羊、山羊均善游走，有很好的放牧性能。但由于品种、年龄及放牧地的不同，也有差别。地方品种比培育品种游走距离大；肉用羊、奶用羊比其他羊游走距离小；年龄小和年龄大的羊比成年羊游走距离小；在山区游走比平地上的距离小。在游牧地区，从春季草场至夏季草场的距离200多千米，都能顺利进行转移。

(三)适 应 性

喜干厌湿，羊宜在干燥通风的地方采食和卧息，湿热、湿冷的棚圈和低湿草场对羊不利。北方多在舍内勤换垫土，以保持圈舍干燥。羊蹄虽已角质化，但遇潮湿易变软，行走硬地，易磨露蹄底，影响放牧。绵羊蹄叉之间有一趾腺，易被淤泥堵塞而引起发炎，导致跛行。不同品种的绵羊对潮湿气候的适应性也不一样，细毛羊喜欢温暖干燥、半干燥的气候条件，而肉用羊和肉毛兼用羊喜温暖湿润，全年温差不大的气候。怕热耐寒，绵羊全身被覆羊毛较长且密，能更好地保温抗寒，但在炎夏时，羊体内的热量不易散发，出现呼吸促迫，心率加快，并相互低头于其他羊的腹下簇拥在一起，呼呼气喘，俗称“扎窝子”，尤其细毛羊最为严重，这样就须每隔半小时轰赶驱散一次，以免发生“热射病”。由于绵羊不怕冷，气候适当季节，羊只喜露宿舍外。群众把这种羊在露天过夜的方式叫“晾羊”。一般山羊比绵羊耐热而较怕冷，原因是山羊体较轻小，毛粗短、皮下脂肪少，散热性好，所以当绵羊扎窝子时，山羊行动如常。

（四）耐饿耐渴

羊抗灾度荒能力很强，在绝食、绝水的情况下，可存活 30 天以上。

（五）喜净厌污

羊的嗅觉灵敏，食性清洁，绵羊、山羊都喜欢干净的水、草和用具等。污浊的水、霉烂或被其他牲畜及自身践踏过的草是拒食的，因此应设置草架投喂。可把长草切短些，拌料喂给，以免浪费。羊喜饮清洁的流水和井水，一般习惯在熟悉的地方饮水。放牧时间过长，羊饥渴时也会喝污水，这时应加以控制，以免感染寄生虫病，故在放牧前后，应让羊饮足水。

（六）繁殖力高

肉用品种羊多四季发情，常年配种多胎多产，高繁殖力是它兼有的优良特性之一。中国大、小尾寒羊、湖羊以及山羊中的济宁青山羊、成都麻羊、陕南白山羊等母羊都是常年发情，一胎多产，最高达 1

胎产 7～8 只羔羊。小尾寒羊多少年来，常是父配女、母子交配，虽高度近交，却很少发生严重的近亲弊病。

二、养羊业的现状

20 世纪 50 年代前，国外养羊业一般以饲养毛用羊为主，肉用羊为辅，即“毛主肉从”。50 年代以后，随着化纤合成工业和服装业的飞速发展，羊毛在纺织工业中的比重逐渐下降，毛用羊的饲养受到了很大冲击；同时，由于人民生活水平的提高及自身保健意识的增强，人类对羊肉的需求量逐年增加，羊肉的生产效益远高于羊毛生产。因此，国外养羊业的发展逐渐由毛用型转向了肉用型方向。而全球羊肉消费的巨大需求，也必将促使肉羊生产迅速发展。我国随着国家西部大开发战略的实施、退耕还林还草工程的整体推进，羊肉越来越受到人们的喜欢，农区肉羊养殖迎来了良好的发展机遇。

（一）世界肉羊业现状

1. 羊肉需求缺口大 世界羊肉产量增长迅速。随着世界经济的发展和人类膳食结构的改变，国际市场对羊肉需求量逐年增加，使得羊肉产量持续增长。据统计，1969—1970 年，全世界生产羊肉 727.2 万吨，1985 年增加到 854.7 万吨，1990 年达 941.7 万吨，2000 年增加到 1 127.7 万吨，2002 年增加到 1 162.3 万吨，年均增长达 2.2%。

但同其他肉类消费相比，全球人均羊肉的消费量依然很低，仅为 2 千克/年，占世界肉类总产量（24 263.0 万吨）的 4.8%。其中，年产羊肉 50 万吨以上的国家依次是中国、印度、澳大利亚、新西兰和巴基斯坦，这些国家羊肉产量占世界总产量的 48.1%。在过去的 10 多年中，羊肉生产呈现由发达国家向发展中国家转移的趋势，与 1990 年产量相比，发达国家的产量下降了 20%，而发展中国家的产量上升了 43%，使发展中国家的份额由 58%上升到 71%。

2. 羔羊肉消费加快 世界各国重视肉羊生产，尤其是羔羊肉的消费需求增加更快。顺应日益增长的国际市场需求，英国、法国、美国、新西兰等养羊大国现今养羊业主体已变为肉用羊的生产，历来以产毛为主的澳大利亚、前苏联、阿根廷等国，其肉羊生产也居重要地位。世界养羊业出现了由毛用转向肉毛兼用甚至肉用的趋势，一些国家将养羊业的重点转移到羊肉生产上，用先进的科学技术建立起自己的羊肉生产体系。

由于羔羊生后最初几个月生长快、饲料报酬高，生产羔羊肉的成本较低，同时羔羊肉具有瘦肉多、脂肪少、味美、鲜嫩、易消化等特点，一些养羊比较发达的国家都开始进行肥羔生产，并已发展到专业化生产程度。

3. 重视科学、环保养殖 重视科学研究，绿色环保型羊肉备受消费者青睐。羊肉是世界公认的高档食品，国际贸易中价格较高，兽药和饲料添加剂使用少、时间短，没有有害物质残留；在草原上自由运动、自然生长的肉羊是真正的纯天然绿色食品，具备产品竞争优势，深受消费者青睐。

4. 肉羊品种良种化 世界肉羊品种良种化，杂交繁育发展迅猛。世界各国重视新的高产优质肉羊培育。新西兰是著名的肉羊业发达的国家之一。牧草终年繁茂，有“草地羊国”之称。美国的养羊业也是以生产羊肉为主，他们将萨福克羊作为肉羊的终端品种，重点生产羔羊肉。这两个国家羔羊肉的生产都占羊肉生产比例的 90%以上，而英国是 30 多个肉用绵羊品种的育成地，这些绵羊品种对世界各国肉羊业的发展有很大影响。羊肉是英国养羊业的主产品，约占养羊业产值的 85%。近年来，英国又培育出了新的肉羊品种，考勃来羊的育成是英国养羊业的一个重大突破。在羔羊生产方面，英国在山区利用山地品种羊纯繁，母羊育成后转到平原地区与早熟公羊品种杂交，其后代公羔用于羔羊生产，母羔转回再用早熟品种作终端品种进行杂交，获得了很高的经济效益。

5. 现代标准化肉羊养殖快速发展 就目前农区养羊的总体情

况来看，肉羊业尚处于发展初期。农民自养绵、山羊仍占较大比重。长期以来主要是利用淘汰老残羊和去势公羊生产羊肉。其特点是，规模小、饲养管理粗放、经营方式落后、生产水平低、远远不能满足市场的需求。而舍饲羊，即将羊群置于圈舍进行人工饲养，是由传统养羊方式向现代化、集约化养羊发展的重要形式。其优点不仅表现在可以充分利用本地的良种繁育、杂种优势、配合饲料、疫病防治等科学技术，还表现在舍饲比放牧可平均减少维持消耗 25%(放牧羊只的行进、爬高等)，增加收入 20%～30%。英国是世界养羊生产水平最高的国家之一，近年来，也积极提倡“零牧制度”，推广舍饲养羊。可见，舍饲养羊是养羊业的发展趋势。

(二)我国肉羊业现状

肉羊业是畜牧业的重要组成部分。在世界肉羊业速猛发展的今天，我国肉羊业也取得了长足的发展，养殖方式进一步转变，生产水平不断提高，饲养量和产品产量持续快速增长。随着产业结构调整步伐的加快，肉羊业比重不断增加，已成为推动我国农村经济发展的重要产业。2003 年国家发布了《肉牛肉羊优势区域发展规划(2003－2007 年)》，划定了我国 61 个县，4 个肉羊发展优势区域，对推动优势区域肉羊业全面发展起到了积极的引导作用。

1. 羊肉消费持续增加 长期以来，我国肉类产品市场消费结构中，猪肉比重较大，羊肉所占比重仅为 5.5%。随着我国城乡居民收入水平的不断提高，消费观念逐步转变，羊肉消费量呈上升趋势。据国家统计局资料，2002 年我国人均家庭消费羊肉 0.79 千克，到 2007 年上升到 1.06 千克，年均递增约 6%(表 1-1)。按这一趋势估测，预计 2015 年我国家庭人均消费水平将达到 1.69 千克，按 13.7 亿人口估测，届时我国羊肉家庭消费需求量将达 231.5 万吨，再加上无法精确统计的户外消费部分，羊肉需求量更大。

表 1-1 肉羊生产供给与羊肉消费变化情况

年　份	2001 年	2002 年	2003 年	2004 年	2005 年	2006 年	2007 年	2008 年	2009 年
产肉量（万吨）	292.68	316.66	357.24	399.28	435.47	469.66	382.62	380.35	389.42
存栏数（万只）	29826.38	31655.185	34053.655	36639.123	37265.87	36896.617	28564.7147	28084.9245	28452.155
农村人均消费（千克）	0.6	0.6	0.8	0.8	0.8	0.9	0.83	0.73	0.81
城镇人均消费（千克）	1.25	1.08	1.33	1.39	1.43	1.37	1.34	1.22	1.32

2. 良种肉羊备受青睐　在引进肉羊良种、加强肉羊原种场、繁育场建设的基础上，杂交改良步伐加快，肉羊良种供种能力明显提高，无角陶赛特、德国肉用美利奴、波尔山羊等良种肉羊开始大面积用于生产实际。

3. 农区肉羊养殖步伐加快　牧区广泛推行草原牧区禁牧、休牧、轮牧等草原生态保护建设措施，肉羊饲养由粗放放牧方式逐步向舍饲和半舍饲转变；农区半农区着重推广肉羊科学饲养管理技术，由饲喂单一饲料逐步向饲喂配合饲料转变，反刍配合料使用量逐步提高。通过良种良法相配套，改变了肉羊饲养多年出栏的传统习惯，羔羊当年肥育出栏比例由 2002 年的 20%左右提高到 35%，出栏肉羊平均胴体重提高到 15.5 千克，瘦肉率明显提高，羊肉品质明显改善。

4. 养羊模式正在改变　养羊模式正在从传统养殖朝科学化、合理化到标准化的转变。

我国是世界上养羊历史最为悠久的国家，原始社会人类从渔猎生产方式逐渐过渡到畜牧生产方式首先是从养羊开始的，早在 5 000 年以前，野生绵羊和山羊已被驯化为家畜，为人们提供肉、奶、毛、皮等生活资料，后魏时期已有羊的繁殖、疾病治疗等方面的记载。

世界进入工业革命以后，西方等发达国家首先将工业化技术以及机械等与养羊业相结合，在养殖模式上，也从单一的放牧形式向集约化、规模化转变，使得发达国家的养羊业取得了快速的发展。进入20世纪后期，绿色、健康食品开始快速发展，养羊业又开始从追求标准化，从单一追求数量开始朝数量、质量和生态效益并重的方向发展。

由于我国近代的历史原因，养羊业也迅速落后于世界，限制了我国羊业产业化发展。目前，我国在养羊的技术领域也取得了快速的进展，但我国98%的养羊模式还停留在5 000年前老祖宗的放养形式。同时，我国羊业不同程度地存在种羊质量和肉、毛、绒、皮等产品市场不稳、科技开发、推广、疫病防治、繁殖障碍、行业无序竞争等问题，严重阻碍了行业的发展。

近年来，国内外羊肉市场发生了一些变化，为肉羊产业的发展提供了巨大空间，由于市场对羊毛和羊肉的需求关系发生了变化，养羊业由毛用为主转向肉毛兼用，进而发展到肉羊为主，肉羊生产发展迅速。尤其随着国家西部大开发战略的实施、退耕还林还草工程的整体推进、畜牧业结构的不断调整优化以及人们膳食结构的改变，农区养羊将迎来良好的发展机遇。目前，肉羊在养殖业中经济效益突出，增长势头迅猛，将有新一轮的发展空间，农区肉羊生产也将呈现快速发展势头，逐渐成为农区小康建设的重点产业和农村经济新的增长点。然而，受根深蒂固的传统放养思想的限制，我国肉羊的标准化养殖还处在很落后的状态，相比较猪、鸡等的现状，落后至少在10年以上。另外，也存在着对养羊的相关知识技术了解掌握不足，养殖技术人员缺乏，基础环节薄弱等问题。

三、我国养羊业存在的问题

（一）缺乏现代化企业的经营理念

现代化企业的经营理念是发展现代标准化养羊的前提，要以现代化企业的经营理念去经营肉羊产业。必须改变传统的养殖模式，“解放思想、创新观念”，技术创新，思想创新，价值创新，管理创新。企业战略是在分析外部环境和内部条件的基础上，为求得企业的生存和发展而做出的总体长远的谋划。企业战略要具有全局性、纲领性、长远性、竞争性的特点。

（二）对标准化养殖政策法规理解不足

标准化养殖的目的是实现“经济、生态和社会效益”三大效益，是保护动物健康、保护人类健康、生产安全营养的畜产品。但许多地方相关管理部门及养殖场（户）并没有理解何为标准化养殖，往往将高成本投入理解为标准化的前提。

例如，设计建造一栋标准化肉羊舍，如果按 2010 年市场成本建造 8 米×50 米、容纳 200 只繁殖母羊舍，按标准化自动羊床、自动清粪、自动饮水，造价 10 万元足够。而许多人却花费达 15 万～20 万元及以上，且连羊床都没有，建造的羊舍变成了一个钢筋混凝土的堡垒，既不利于防疫，又不利于生产。

（三）缺乏养羊的专业团队

要发展现代标准化养羊，企业家、资金、技术是成功经营的基础，缺一不可，但把三者集合于一个人身上是不可能的。一个高效能的核心团队应该是知识互补、能力叠加、性格相容和志同道合的创业群体，对于当代企业优秀的领导集团的作用是不容怀疑的。

（四）缺乏养殖一线的专业技术人员

目前，养羊的专业技术人员极其缺乏，现有的一些技术人员大多数缺乏现代化、标准化的肉羊生产模式下的技术体系。如按传统的养殖方法执行技术服务，只是解决眼前的一些问题，治标不治本，缺乏长远的发展。

(五)羊场综合管理观念不强

目前许多羊场是以提高羊只出栏数为目标以求提高经济效益，但往往忽略了因数量的提升而导致质量的下降。由于羊只数量扩大，羊舍不足、饲料供应增加、饲养人员缺少、管理条件跟不上等许多问题会表现出来，从而产生一系列的恶性循环，进而影响羊场的正常生产和最终利益。

另外，场长、技术员等不同行业之间人员各司其职，尽量不要干涉，毕竟“隔行如隔山”，不能拿传统的眼光去评判，而是要用管理生产数据去衡量；而且，过多干涉，不仅造成人员关系疏通不畅，还对持续发展造成负面影响。

(六)硬件配套不齐

多数羊场在现代化、标准化养殖的硬件配套上不齐整，如羊场规划设计不合理、道路不畅、羊舍设计不合理等因素。

(七)配套服务缺乏

常见的有饲草料供应不全、粪便等污物处理不当等。

(八)养羊中存在的其他问题

日粮配制不合理，营养不平衡导致生产成本增加、肉羊生产性能降低、疫病增加。

防疫不到位，导致传染病发生等。

管理不当，人力、物力等资源浪费，养殖混乱等。

养殖人员能力低下。多数养殖场为了减少工资成本，养殖人员往往选择年龄大(甚至 60 岁以上的)、有喂过羊经验的人员。岂不知这些人员往往受传统养羊模式的影响，在标准化养羊上更难适应岗位要求，且还喜欢自作主张，造成不应有的损失。

四、我国肉羊业的发展优势

肉羊业是草食畜牧业的重要组成部分，是投资少、见效快、适宜面广的产业。开展肉羊优势区域布局有利于增强肉羊产业可持续发展能力，有利于增加农民收入，有利于保障城乡居民肉类供给。目前肉羊在养殖业中经济效益突出，增长势头迅猛，将有新一轮的发展空间，农区肉羊生产也将呈现快速发展势头，逐渐成为农区小康建设的重点产业和农村经济新的增长点。加快肉羊养殖对推进畜牧业结构调整、促进农民增收、建设社会主义新农村，具有十分重要的意义和作用。

（一）政策和区位优势

近年来，国家从政策和资金扶持上给予了重点倾斜，尤其是退耕还林还草工程的实施，为标准化养羊业的发展创造了良好条件。北方牧区由于放牧过度，长期超载，加上滥垦、乱挖和鼠、虫害的严重破坏，使天然草场退化、沙化严重，国家已采取退耕还林还草政策，限制过牧现象。因而，使得牧区牛羊发展的饲草资源受限，将直接导致北方牧区羊只的出栏数量减少，而要满足市场羊肉的供给，必须大力发展农区养羊数量。

我国耗粮型家畜占家畜总比例为58%，而世界耗粮型家畜所占比例平均为10%(1999年)。我国畜牧业中猪和草食动物发展极不平衡，以及居民肉类消费结构中草食动物比例偏低是一大特点。尽管这一现状与我国的历史和汉族的生活习惯有密切的关系，但世界上成功地实现饮食革命的美国、英国、日本等国的经验证实，随着人们饮食结构中动物蛋白质平均消费量的增加，畜牧业在一定程度上必须朝草食动物方向发展。虽然，我们的粮食供求已告别了紧缺时代，但也应该看到，现存的千家万户散养家畜这一养殖业生产模式，在一定程度上减少了饲料用粮，但它并不意味着在生产模式改变的情况下，我们这个人口大国“人畜争粮”的矛盾就不存在了。因此，畜牧业结构的调整势在必行。

农业部 2002 年制定了 11 个优势农产品区域发展规划，其中畜牧有两个，一个是奶牛，一个是肉用牛、羊生产。这就明确了我国畜牧业结构调整的总体目标。如果我们以全年人均消费羊肉增加 1 千克计算，大约需增加羊只 1 亿只。因此，发展养羊业，不仅是国情的客观要求，而且有相当大的发展空间。

（二）市场优势

国内外市场对羊肉需求量很大。随着生活水平的提高，群众的饮食结构正开始从温饱型向科学型、健康型变化。羊肉以其细嫩、多汁、味美、营养丰富、胆固醇含量低等特点愈来愈受到消费者的青睐，羊肉串、涮羊肉、烤羊排等已成为人们不可缺少的食物。羊肉的消费正在以每年成倍的速度增加，但这些羊肉的来源目前依然以牧区羊肉为主。同时，国际市场对羊肉的需求也不断增加，使肉羊生产前景乐观。国际、国内市场上对羊肉的需求日趋旺盛，且价格一路上扬。

近几年来，随着人们对健康营养食品消费的追求，畜禽饲料中抗生素及抗菌药物的残留，矿物质元素的超标，非法添加激素、镇静催眠药物以及环境化学污染的现状引起了社会的广泛关注。而我国居民肉类消费量较高的猪、鸡肉也因为“耗粮”所带来的安全问题和肉质风味品质下降等原因，使得人们对其的消费产生了担忧。而羊肉则不同，由于羊以食草为主，很少喂精料和添加剂，加之羊具有较强的抗病力，用药少以及羊肉与其他日常的食用肉类相比，胆固醇含量低，可以减少人类心血管系统疾病的发生，正在受到越来越多的消费者的青睐。随着羊肉消费者的增加，羊肉的市场价格也在持续增长。

当前，针对西部草原存在 90％不同程度的退化，草原载畜过牧严重，草原得不到休养生息，其生产力下降的情况，国家出台了退牧禁牧等措施，使得原羊肉主产区的商品羊出栏率减少，这无疑为农区的舍饲养羊业提供了客观的发展机遇和良好的政策环境。

(三)资源优势

1. 饲料资源 农区秸秆资源丰富。政府大力宣传严禁焚烧这些秸秆资源,但是却屡禁不止,不仅浪费了大量的资源,而且造成了极大的环境污染。如果利用这些秸秆进行养羊,不仅能节约资源,提高农民收入,而且能极大地推动养羊业及相关产业的发展。

羊可采食多种饲草,主要有青绿饲草和农副产品秸秆,农区在这两类草料的生产上具有得天独厚的优势。我国目前年产粮食 4 亿多吨,同时也产生 5 亿吨的秸秆,这相当于北方草原每年打草量的 50 倍。充分合理有效地利用农作物秸秆(如氨化、青贮、EM 处理等)将会大大促进草食家畜的发展。此外,我国农区有相当面积的草山、草坡和滩涂,农区每年产出各种饼粕约 2 000 万吨、糠麸 5 000 万吨、糟渣和薯类 2 000 万吨以上,这些丰富的草场、农副产品、作物秸秆资源,为农区发展养羊业提供了可靠的物质保证。

当然,解决农区养羊业饲草供应问题不仅仅是利用农副产品和作物秸秆。饲草供应的主渠道,首先应考虑利用极少量的土地,种植优质高产牧草,来满足养羊业对饲草 75%～85%的需要量。

2. 品种资源 我国重要的农区主要有东南农区和黄淮海农区,约占我国土地面积的 18.4%以上,饲养的山羊、绵羊分别占我国山羊、绵羊总数的 40.2%和 13.7%。中国古老的优良地方绵羊品种小尾寒羊,以其体格高大、生长发育快(周岁公、母羊体重分别为 60 千克、40 千克以上)、公、母羊性成熟早(母羊 5～6 月龄可发情,公羊 7～8 月龄可用于配种)、母羊四季发情,多胎多产,大多数每胎 2 羔,平均产羔率为 265%～281%、胴体品质好等优点受到国内外的关注。小尾寒羊目前已经推广到全国 20 余个省(自治区),作为肉羊经济杂交的母本品种或作为培育肉羊新品种的母系品种均具有非常好的应用前景。

近年来,农区已经引进了许多具有很好的肉用体型、体格大、适应性较好的国外品种羊,绵羊品种如杜泊羊、夏洛莱羊和无角陶赛特羊，山羊品种如波尔山羊等。不少地区已经开展了杂交改良并取得了较显著的成果。这些，为农区的肉羊业生产奠定了坚实的品种基础。

畜禽品种、营养饲料、饲养环境已经成为现代化养殖业的三大支柱科学，从以上可以看出，农区养羊业有巨大的品种潜力，丰富的饲草资源、优良的生态环境，这些构成了农区舍饲养羊业发展的强大优势。

第二章 肉羊体型外貌及其鉴定技能

体型外貌鉴定是肉羊场技术相关人员的必备技能。羊体型外貌鉴定主要包括体尺指标的测定,体型外貌鉴定及年龄的鉴定。除了在正常进行育种的情况下,每年还要进行种公羊选择和种公羊群调整,后备种羊的体型外貌鉴定。

一、肉羊体各部位名称及形态特征

(一)概　述

羊整个躯体分为:头颈部、前躯、中躯和后躯四大部分(图 2-1)。

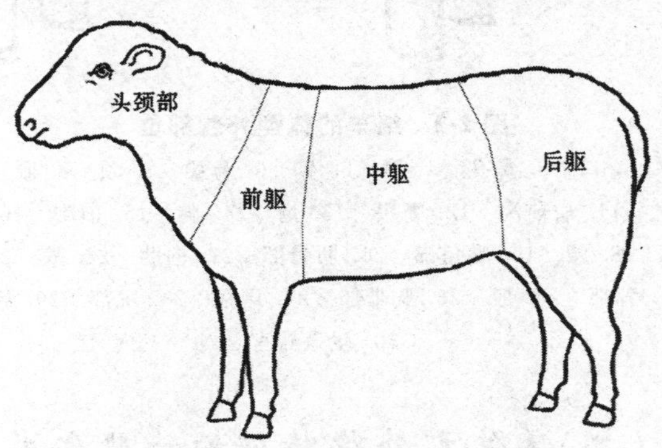

图 2-1　羊体躯示意图

头颈部在躯体的最前端,它以鬐甲和肩端的连线与躯干分界,包括头和颈两部分。前躯在颈之后、肩胛骨后缘垂直切线之前,而以前肢诸骨为基础的体表部位，包括鬐甲、前肢、胸等主要部位。中躯是肩、臂之后，腰角与大腿之前的中间躯段，包括背、腰、胸(肋)、腹四部位。后躯是从腰角的前缘与中躯分界，为体躯的后端，是以荐骨和后肢诸骨为基础的体表部位，包括：尻、臀、后肢、尾、乳房和生殖器官等部位。

掌握羊的体型外貌鉴定技术，必须对羊体各部位的名称、范围、形态结构和要求有所了解，图 2-2 为绵羊的体表体型外貌部位名称，图 2-3 为山羊的体表体型外貌部位名称。

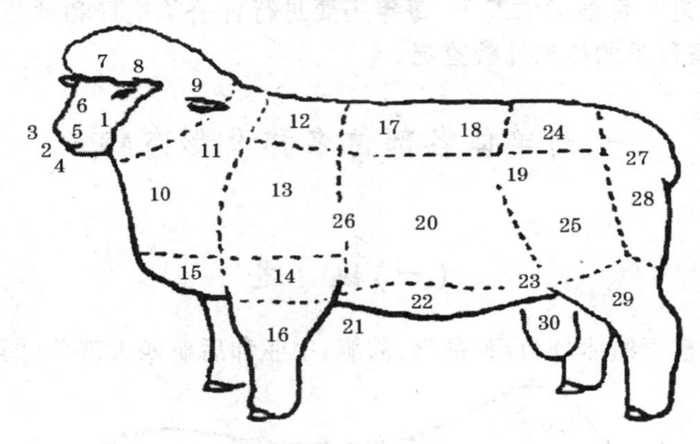

图 2-2　绵羊的体型外貌部位

1. 脸　2. 口　3. 鼻孔　4. 唇　5. 鼻　6. 鼻梁　7. 领　8. 眼　9. 耳　10. 颈　11. 肩前沟　12. 鬐甲　13. 肩　14. 胸　15. 前胸　16. 前肢　17. 背　18. 腰　19. 腰角部　20. 肋骨部　21. 前肋　22. 腹　23. 后肋　24. 荐部　25. 股　26. 胸带部　27. 尾根　28. 尻部　29. 后肢　30. 生殖器官

(二)羊体型外貌特征的一般要求

羊的体型外貌就是羊的外部形态表现。在一定程度上能够反映机体内部功能、生产性能和健康状况，对体型外貌进行直接的观察和评价比较方便，所以在生产中应用很广泛。

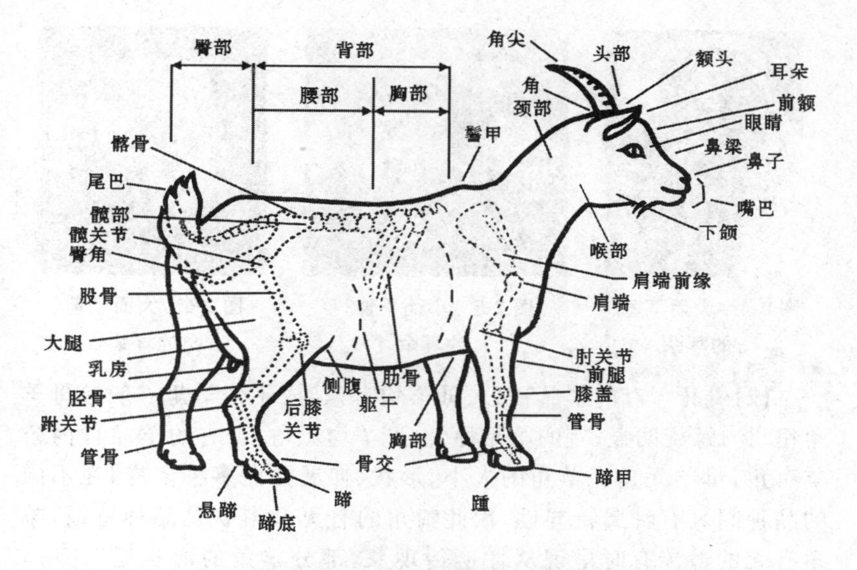

图 2-3　山羊的体型外貌部位

1. 头部　羊的头部以头骨为基础,不同用途的羊头部结构有差异,一般说来以肉用为主的羊头短而宽;以毛用为主的羊头部较长,面部较大;以乳用为主的羊头不很大,外形干燥,皮肤薄,头部显得突出。羊头部耳朵形状、犄角的有无与形状、肤色、被毛的长短与颜色、胡须、肉垂等构成了不同羊品种的头部特征。

(1)耳朵　羊的耳朵大小、形状差异很大,不同羊品种的耳朵大小不同,甚至同一羊品种内耳朵也分为大、中、小 3 种,并且耳朵的伸展方向也不同,一般耳朵较大的垂向地面,耳朵较小的朝前或朝向两侧,所以羊耳朵的形状及大小属于品种特征。羊不同的耳形及朝向见图 2-4,图 2-5,图 2-6。

图 2-4　大而下垂的耳朵

图 2-5　小而平伸的耳朵

图 2-6　大而朝前的耳朵

(2)犄角　有的羊品种公、母羊均有角，成年公羊角一般较母羊角粗、长，螺旋明显；有的羊品种公、母羊均无角，也有的羊品种内公羊有角，母羊无角。羊角的大小、形状、伸展方向多种多样，在不同的品种间具有种属特异性，因此犄角的有无及形状是品种特征，羊角有无的遗传有时呈现从性遗传现象，部分羊角的形状见图 2-7，图 2-8，图 2-9。

图 2-7　大而螺旋的角

图 2-8　大而直立的角

图 2-9　小而直立的角

(3)头部肤色　羊头部肤色一般与羊的被毛颜色有关，被毛深色头脸部肤色相对较深，被毛白色头脸部肤色一般为肉粉色，也有的品种在口鼻部呈深色，其他部位肉粉色。羊头部肤色见图 2-10，图 2-11，图 2-12。

(4)须髯　绵羊均无须，山羊的须髯因品种而异，有的山羊品种仅有须，有的品种有须又有髯。

图 2-10　头部浅肤色

图 2-11　头部肤色深浅嵌合

图 2-12　头部深肤色

（5）肉垂　有的山羊品种颈下部有两个肉垂，如萨能奶山羊群体中有部分个体有肉垂，吐根堡山羊也有肉垂。

2. 颈部　颈部以颈椎为基础，颈部因羊的种类、品种、性别及生产类型的不同而有长短、粗细、平直、凹陷与有无皱纹之分。颈与躯干结合要自然，结合部位不应有凹陷。一般要求颈部的长短与厚薄发育适度。乳用羊的颈部相对扁而浅，颈部皮肤很薄；肉用羊的颈部则短、宽、深呈圆形；毛用羊的颈部较长，一般有 2～3 个皮肤皱褶。羊的颈部过长过薄则表示过度发育，大头小颈是严重的“失格”。

3. 鬐甲　鬐甲亦称肩峰，是以第二至第六背椎棘突和肩胛软骨为解剖基础，是连接颈、前肢和躯干的枢纽，有长短、宽窄、高低和分岔等几个类型，它连接的好坏，对能否保证前肢自由运动至关重要。一般要求鬐甲高长适度，厚而结实，并和肩部相接紧密。肉用羊鬐甲宽，与背部呈水平；毛用羊的鬐甲大多比背线高，比肉用羊的鬐甲窄；乳用羊的鬐甲高而窄。

4. 胸部　胸部位于两肢之间，胸腔以胸椎、肋骨和胸骨构成，是呼吸、循环系统所在地，其容积的大小是心脏、肺脏发育程度的标志，对羊的健康和生产性能影响较大。一般要求有较大的长度、宽度和深度。从前面看，可以看出胸的宽度和肋骨的扩张情况。肋骨扩张愈好，弯曲成弓形，则胸部呈圆筒形，胸腔的容积大，因而其心脏、肺脏也较发达。由侧面看，可以看出胸的深度和长度。狭胸平肋或胸短而浅属于严重的缺点。一般来说，肉用羊的胸部宽而深，但较短；毛用羊的胸部长而深，但宽度不足；乳用羊的胸部较长，但宽度和深度不足。

5. 背部　背部以最后6～8个胸椎为基础，有长、短、宽、窄、凹、凸和平直等几个类型。良好的背应该是长、直、平、宽，与腰结合良好，由髻甲到十字部成一水平线，不可有凹陷或拱起。如果羊背部过长，且伴有狭胸平肋，则为体质衰弱的表现。背的宽狭决定于肋骨的弯曲程度，弯曲度大为宽背，反之为窄背。背的平直和凹凸主要取决于背椎体的结构、背椎肌肉与韧带的松弛程度。背椎体结合不良，背椎肌肉和韧带松弛，可表现为背部的上拱、下陷、瘤状突起、波浪弯曲和鞍形凹凸等不同形式。一般来说，肉用羊的背部要求宽而平，毛用羊的背部比肉用羊背部窄，乳用羊的背部很窄呈尖形。

6. 腰部　腰部以腰椎为基础，要求宽广平直，肌肉发达。羊的腰部过窄和凸凹都是"损征"，如果腰椎过长，同时两侧肌肉又不发达，则形成锐腰。腰椎体结合不良导致凹腰与凸腰，使得腰部软弱无力。肉用羊的腰部需平直，宽而多肉；乳用羊的腰窄，肌肉不发达，脂肪不足；毛用羊的腰部则介于二者之间。

7. 腹部　腹部在背腰下侧无骨部分，是消化器官和生殖器官的所在地，腹部应大而圆，腹线与背线平行。"垂腹"、"卷腹"属于不良性状。垂腹也叫"草腹"，表现在腹部左侧显得特别膨大而下垂，多由于幼年期营养不良，采食大量质量低劣的粗料，瘤胃扩张，腹肌松弛的结果。这种现象在农村特别普遍。垂腹多与凹背相伴随，是体质衰弱、消化力不强的标志。尤其对于公羊，垂腹妨碍交配(采精)，不宜选作种用。卷腹与垂腹相反，是由于幼时长期采食体积小的精料的结果，腹部两侧扁平，下侧向上收缩成犬腹状态。一般要求肉用羊的腹部大而圆，腹线与背线平行，乳用羊的腹部前窄后宽呈三角形，毛用羊的腹部介于二者之间。

8. 尻部　尻部由骨盆、荐骨及第一尾椎连接而成，尻部要求长、宽、平直，肌肉丰满。母羊尻部宽广，有利于繁殖和分娩，而且两后肢相距也宽，有利于乳房的发育，产肉量也多。这对乳用羊和肉羊尤为重要。尖尻和斜尻都是尻部的严重缺陷，往往会造成后肢软弱和肌肉发育不良。

9. 臀部 臀部位于尻的下方，由坐骨结节及两后大腿形成。臀的宽窄决定于尻的宽窄。宽大的臀对各种用途的羊都适合，特别是对肉羊更要求臀部宽大，肌肉丰满多表示优质肉产量高。

10. 四肢 羊的四肢要求具有端正的肢势，即由前面观察，前肢覆盖四肢，由侧面观察时，一边的前后肢覆盖另一边的前后肢，由后面观察也是同样。四肢要求结实有力，关节明显，蹄质致密，管部干燥，筋腱明显。忌“X”形和“O”形肢势。肉用羊的四肢应具有宽而端正的肢势，四肢较短而细；毛用羊的四肢较长而稍粗；乳用羊的四肢较长而细（图 2-13）。

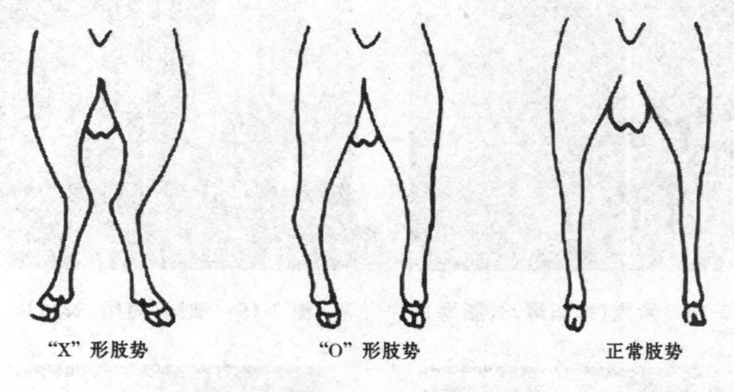

图 2-13 羊的肢势

11. 乳房 乳房是母羊的重要器官，特别是对乳用羊和乳肉兼用羊更要求乳房形状巨大，乳腺发达，结缔组织不宜过分发达。鉴别乳房时应注意其形状、大小、品质和乳腺的发育情况，乳头的形状、大小、位置及乳静脉、乳井的发育情况等。

12. 生殖器官 生殖器官是种羊鉴定时极为重要的部分，公羊要求有成对的发育良好的睾丸，两侧大小、长短一致，阴囊紧缩不松弛，包皮干燥不肥厚，单睾和隐睾不能作种用。母羊要有发育良好的阴门，外形正常，以利分娩。

13. 尾　羊尾的长短、粗细肥瘦，因品种、性别、体质而不同。山羊尾一般较小，并且大部分上翘。绵羊尾有四种：

细短尾，尾细无明显的脂肪沉积，尾端在飞节以上，如西藏羊；细长尾，尾细、尾端达飞节以下，如新疆细毛羊；脂尾，脂肪在尾部积聚成垫状，形状和大小不一，尾端在飞节以上的称短脂尾羊，如小尾寒羊、蒙古羊、卡拉库尔羊等；尾端在飞节以下的称长脂尾羊，如大尾寒羊等；肥臀，脂肪在臀部积聚成垫状，尾椎数少，尾短，呈"W"形，如哈萨克羊。

无论哪种尾形，一般要求尾根不宜过粗，要着生良好。几种常见的羊尾形状见图 2-14 至图 2-17。

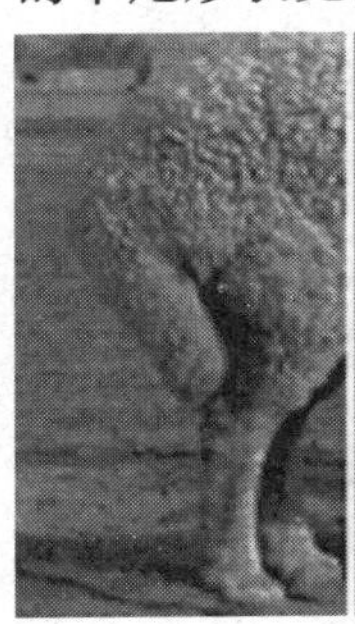
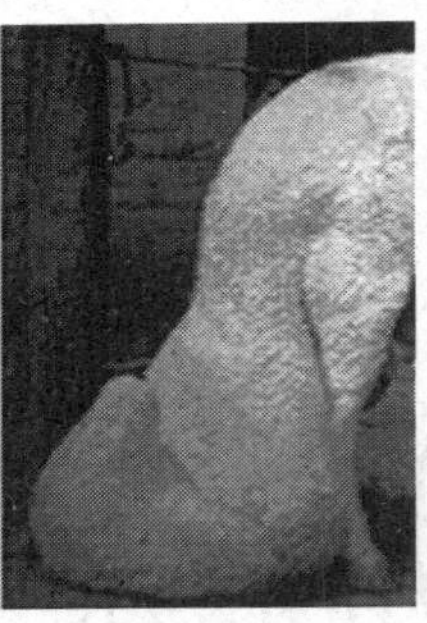

图 2-14　脂尾(短脂尾，长脂尾)

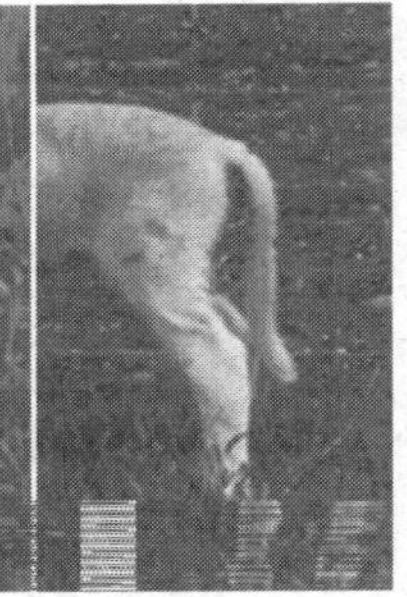

图 2-15　细尾(短尾，长尾)

图 2-16　肥　臀

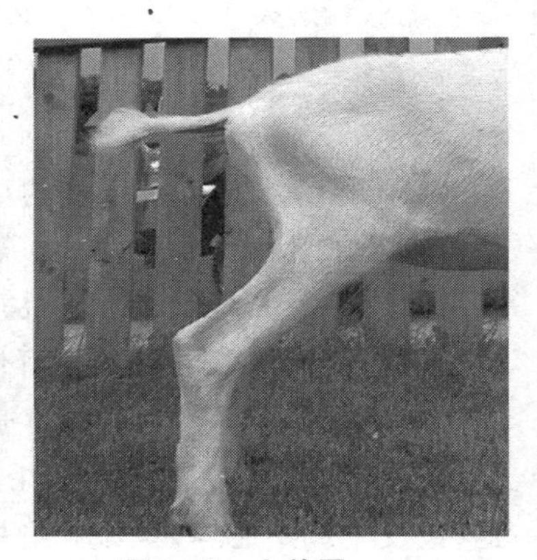

图 2-17　山羊尾

14. 皮肤和被毛 羊的皮肤分为厚的、薄的、紧密的和疏松的四类，一般情况下，羊皮厚的生长的毛粗，皮薄的生长的毛细，紧密的皮肤生长的毛稠密，疏松的皮肤生长的毛稀疏而软。不同品种、用途的羊皮肤差异很大，肉用羊的皮肤大多数薄而疏松，毛用羊的皮肤较厚而紧密，乳用羊的皮肤薄而紧密。同一头羊在身体的不同部位，皮肤厚度也不相同，一般颈部、背部、尾根部的皮肤较厚，肋部、腹部、阴囊基部的皮肤较薄。年龄对皮肤品质也有影响，幼龄羊的皮薄、柔软、疏松，年老的羊皮肤失去了柔软性、弹性和坚实性。

羊被毛的类型很多，总体说来大多数绵羊的毛密、长，只有杜泊羊的毛稀而短。毛用绵羊的被毛大体分为粗毛、细毛、半细毛 3 种类型。羔皮、裘皮用绵羊的被毛则呈不同的颜色、毛穗、花案。山羊的被毛因用途不同差异很大，绒用羊粗毛被下着生浓密的绒毛，羔皮用、裘皮用山羊的被毛花案美丽，花穗独特。乳用山羊的被毛一般较短而稀。

被毛的颜色是羊的品种特征之一，大部分羊的毛色是白色的，也有黑色、灰色、褐色、杂色的品种，羊被毛的颜色与经济效益有关，鉴别时对毛色要求适当严格，特别是对种公羊的毛色要求应较严格。有的品种羊在幼年时期，毛色尚未固定，羔羊初生时毛色较深，以后随着年龄的增长，毛色逐渐变浅，如卡拉库尔羊的毛色就是如此。

（三）注意事项

参与羊体型外貌鉴定的人员必须具备丰富的实践经验，并且对所鉴定的羊品种类型、体型外貌特征有深入的了解，初学者不适合单独评价。

对羊进行体型外貌鉴定时，先要远观羊的整体，从羊的前面、侧面、后面进行整体结构观察，了解其体型是否与生产方向相符，体质是否健康结实，结构是否协调匀称，品种特征是否典型，个体大小和营养情况，主要的优缺点等，获得整体轮廓认识后再详细审查各重要部位的具体结构。

对羊只进行体型外貌鉴定时，注意参与人员不要过多，尽量不要引起羊群的惊慌。

二、羊体尺指标及测定

（一）概　述

羊的体重和体尺都是衡量羊只生长发育的主要指标，测定羊体尺和体重是羊育种工作中一项主要实际技术。体尺测量是羊外貌鉴别的重要方法之一，其目的是为了补充肉眼鉴别的不足，且能使初学鉴别的人提高鉴别能力。对于一个羊的品种及其类群或品系，如欲求出其平均的、足以代表其一般体型结构的体尺时，也必须运用体尺测量。测量后应将其所得数据加以整理和生物统计处理，求出平均值、标准差和变异系数等，然后用来代表这个羊群、品种或品系的平均体尺，是比较准确的。

体尺测量是以羊的骨骼结构为基础的，因此测量者应熟练掌握羊的解剖结构，测量时能找到正确的起始部位，羊的骨骼结构见图 2-18。

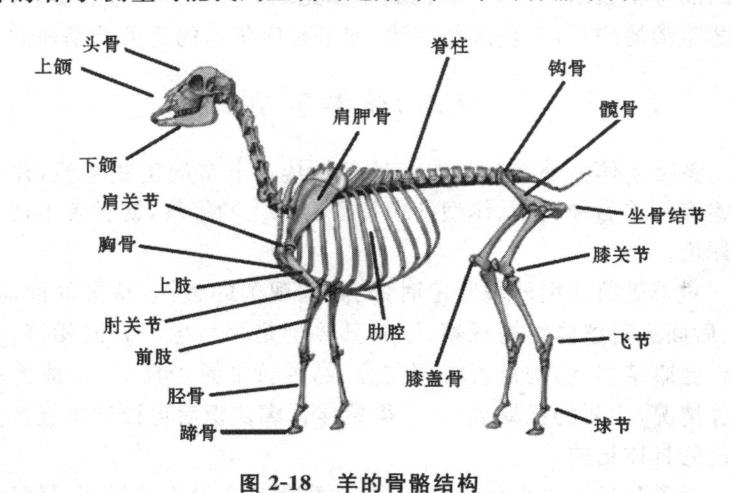

图 2-18　羊的骨骼结构

（二）羊体重、体尺测量

1. 测量用具及使用方法

(1)体重　羊称重一般多采用地磅，没有地磅的采用移动磅秤或者估重。

(2)体尺　羊体表各部位，不论是长度、宽度、高度和角度，凡用数字表示其大小者均称为体尺。一般在羊称重的同时进行羊的体尺测量，体尺测量所用的仪器有测杖、卷尺、圆形测定器。

①测杖　由两部分组成，外侧为木制、钢制圆形外壳，内部为钢尺，并附有两条横尺，钢尺三面刻有刻度，可以测量羊的高度、长度和宽度等。

②卷尺　一般以铜圈外缘作为计算的起点，使用时要进行校对。

③圆形测定器　为圆形两脚规，基部附有带刻度的弧尺，其刻度从0～90厘米，根据量角规的开张度，可以在弧尺上读出羊体某部位的长度和宽度。

2. 体重、体尺测量项目

(1)体重　体重是检查饲养管理好坏的主要依据，称量体重应在早晨空腹情况下进行。称重的具体项目包括羔羊的初生重、断奶重、育成羊配种前体重以及成年羊的1岁重、1岁半重、2岁重、产羔前重、产羔后重、3岁重、4岁重等。

若无磅秤称测，可根据Shaeffer方程来估计羊体重。下列公式中体重单位为千克，体长和胸围单位为厘米。体长为体斜长，即肩胛骨前缘到坐骨结节后突起的长度。胸围为肩胛后缘围绕胸廓一周的长度。

$$\text{羊体重}=\frac{(\text{胸围}^2\times\text{体长})}{10\,815.45}$$

(2)用测杖测量的项目　见图2-19。

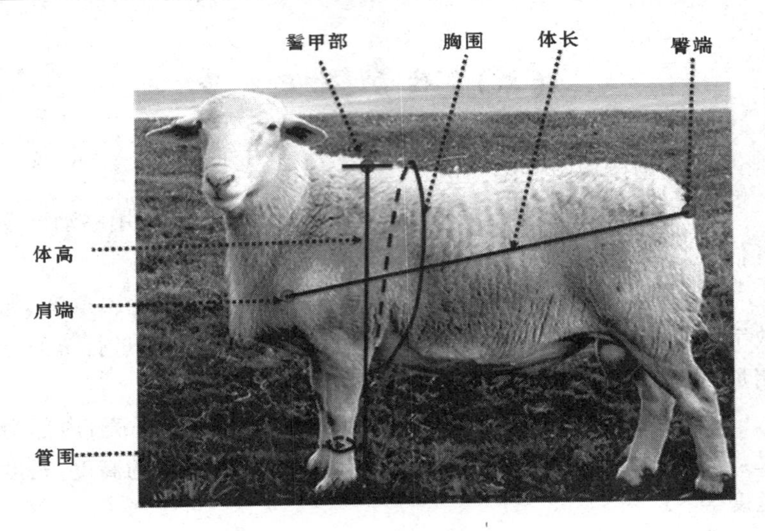

图 2-19　羊的体尺指标

①体高(鬐甲高)　用测杖测量鬐甲最高点至地面的垂直距离。先使主尺垂直竖立在羊体左前肢附近,再将上端横尺平放于鬐甲的最高点(横尺与主尺须成直角),即可读出主尺上的高度。

②背高　用测杖测量背部最低点至地面的垂直距离。

③尻高(荐高)　用测杖测量荐部最高点至地面的垂直距离。

④胸深　用杖尺量取鬐甲至胸骨下缘的垂直距离。量时沿肩胛后缘的垂直切线,将上下两横尺夹住背线和胸底,并使之保持垂直位置。

⑤胸宽　将杖尺的两横尺夹住两端肩胛后缘下面的胸部最宽处,便可读出其宽度。

⑥体长(体斜长)　是肩端前缘到臀端后缘的直线距离。用杖尺和卷尺都可量取,前者得数比后者略小一些,故在此体尺后面,应注明所用何种量具。

⑦臀端高(坐骨端高)　用测杖测量臀端上缘到地面的垂直距离。

(3)用卷尺测量的项目

①身长　用卷尺量取羊的两耳连线中点到尾根的水平距离。

②颈长　用卷尺量取由枕骨脊中点到肩胛前缘下 1/3 处的距离。

③胸围　用卷尺在肩胛后缘处测量的胸部垂直周径。

④腹围　用卷尺量取腹部最大处的垂直周径，较多用之于猪。

⑤管围　用卷尺量取管部最细处的水平周径，其位置一般在掌骨的上 1/3 处。

⑥腿臀围(半臀围)　用卷尺由左侧后膝前缘突起，绕经两股后面，至右侧后膝前缘突起的水平半周。该体尺一般多用于肉用羊，表示腿部肌肉的发育程度。

(4)用圆形测定器测量的项目

①头长　用圆形测定器测量额顶至鼻镜上缘的直线距离。

②额宽　有两种测量方法，较多测量的是最大额宽。

③最大额宽　用圆形测定器量取两侧眼眶外缘间的直线距离。

④最小额宽　用圆形测定器量取两侧颞颥外缘间的直线距离。

⑤腰角宽　用圆形测定器量取两腰角外缘间的水平距离。

⑥臀端宽(坐骨结节宽)　用圆形测定器量取两臀端外缘间的水平距离。

⑦尻长　用圆形测定器量取腰角前缘到臀端后缘的直线距离。

(三)注意事项

进入羊场和羊舍前要注意消毒，并保持安静。

接触羊只时，应从其左前方缓慢接近，确保羊只安静，测量成年公羊时确保人身安全。

按测定项目所要求的部位顺序，逐一进行测量，并确保熟悉每个部位的名称、起止范围、外部形态和内部结构。

随时注意测量器械的校正和正确使用。

将量具轻轻对准测量点，并注意量具的松紧程度，使其紧贴体表，不能悬空量取。

所测羊只站立的地面要平坦。不能在斜坡或高低不平地面上测量。站立姿势也要保持正确。

三、肉羊的体型外貌特点及其评定

（一）肉羊的体型外貌特点

肉用羊一般头短而宽，鼻梁稍向内弯曲或呈弓形，眼睛大而明亮，眼和两耳间的距离较远，颈部一般较短、深、宽而呈圆形。肉用羊整体骨骼结构比较粗短，尤其是全身长形骨骼粗短化现象明显；肉羊鬐甲宽，与背部平行，肌肉发达，背线与鬐甲构成一直线；背腰宽而平、厚实有肉感；胸部胸肋骨开张良好，胸腔圆而宽，肌肉丰满结实、附着有力；后躯臀部与背部、腰部一致，肌肉丰满，从后面看，两后腿间距大；肉用羊四肢短而粗，端正直立，开张良好，坚实有力；肉用羊毛短、光亮、紧密，皮薄而疏松。

（二）肉羊的体型外貌评定

体型外貌评定的方法主要有两种，一种是肉眼鉴定法，一种是评分鉴定法。

1. 肉眼鉴定法 肉眼鉴定法主要是通过肉眼观察羊的外形，借以判定整体结构与个别部位的优劣，根据观察所得印象综合分析，定出等级。这种方法沿用已久，至今仍广泛应用。鉴定时，人与羊保持2～3米的距离，由羊的前面、侧面、后面进行整体轮廓的观察，了解品种特征、体型、体质、生产力方向、健康状况、协调程度、营养情况、损征等，大体了解后再详细审查重要部位的具体结构，最后综合评价。

肉眼鉴定法不用特殊的器械，简单易行，不受时间、地点的限制，被测羊只也不会过分紧张，但是要求鉴定人员具有丰富的实践经验，对所鉴定羊只的品种类型、体型外貌特征要有深入的了解，尤其是对留种个体的鉴定更要仔细。肉眼鉴定时还容易因个人喜好而使得鉴定结果带有主观成分，因此不同的人对同一只羊鉴定时可能会得出不同结论，最好能综合考虑不同鉴定者的意见。

2. 评分鉴定法 评分鉴定法是依据外形评分逐项进行鉴定，根据肉用羊的理想体型外貌制定给分标准，符合理想型的要求给以满分，不符合理想型要求的予以扣分。不同部位评分的比例是根据各部位生产力的相对重要性而定的，重要部位的评分高些，次要部位评分低些，最后根据被测个体各项评分结果算出总分，定出该羊的相应等级。

鉴定时间一般对于种公羊的鉴定每年都进行一次，便于选留种公羊和调整种公羊群。同时每年还开展 2 次后备种羊的体型外貌鉴定。第一次是在羔羊 115 日龄左右时进行，第二次在羊满 2 周岁后，决定选种和出售前进行。

肉羊采用评分法鉴定体型外貌时满分为 100 分，达 80 分及 80 分以上者为优秀，达 65 分至不足 80 分者为良好，达 50 分至不足 65 分者为及格。现将肉羊体型外貌评定和记分的方法分述如下：

(1)羊的整体评定(满分 34 分) 以各品种理想型的羊只为标准，无可挑剔的理想型羊记满分 34 分，有不足者，视情况扣分，羊总体表现评定的各项要求及给分方法如下：

①羊大小的评定 依据品种的月龄或年龄应达到的体格和体重的大小衡量，达标者给满分 6 分，较差者视情况扣分。

②体型结构的评定 据品种要求，看羊体躯的长、宽、深及前、中、后躯比例关系，凡匀称、协调并结合良好者，给满分 10 分，较差者视情况扣分。

③肌肉分布及附着状态的评定 据品种要求，前胸、两肩、背、臀、四腿和尾根肌肉分布均匀并附着良好，看上去肉很多和很丰满的给满分 10 分，较差者视情况扣分。

④骨、皮、毛综合表现的评定 据品种要求，骨骼相对较细，坚实

和皮肤薄、致密有弹性，被毛着生良好和较细较长并品质好者给满分8分，较差者视情扣分。

(2)头、颈部的评定(满分7分)　据品种要求，头适中，口大、唇薄和齿好的给1分，眼大而明亮的给1分，脸短而细致的给1分，额宽丰满且头长、宽比例适当的给1分，耳相对纤细灵活的给1分，头部表现无缺陷者共计给5分；颈长短适度并颈肩结合良好者给2分。头、颈部的满分共计7分。有缺陷者视情况扣分。

(3)前躯的评定(满分7分)　据品种要求，肩丰满、紧凑、厚实的给4分；前胸较宽、丰满、厚实，肌肉直达前腿的给2分；前肢直立、腿短并距离较宽且胫细者给1分。以上3项共计满分给7分。有不足者视情况扣分。

(4)体躯(中躯)的评定(满分27分)　据品种要求，胸宽、深，胸围大的给5分；背宽平，长短适度且肌肉发达的给8分；腰宽、平、长、直且肌肉丰满的给9分；肋开张、长而紧密的给3分；肋腰部低厚，并在腹下成直线的给2分。以上5项共计满分给27分。有不足者视情况扣分。

(5)后躯的评定(满分16分)　据品种要求，荐腰结合良好、平直、开张的给2分；臀长、宽、平直达尾根的给5分；大腿肌肉丰厚和后裆开阔的给5分；小腿肥厚成大弧形的给3分；后肢短直、坚强且胫相对较细的给1分。以上5项共计满分给16分，有不足者视情况扣分。

(6)被毛着生及其品质的评定(满分9分)　据品种要求，被毛覆盖良好，较细、较柔的给3分；被毛较长的给3分；被毛光泽好、油汗量适中、较清洁的给3分。以上3项共计满分给9分，不足者视情况扣分。

(三)肉羊、种用羊等级的划分

羊只应根据性能的高低，一律分为种用和经济用羊2个等级。

1. 种用羊等级划分　在种用羊等级中，又将其分为特级(优秀级)、一级(公羊又称为推荐级,母羊又称为良好级)和二级(一般种用级)。种用二级公羊只能在本交配种中使用,一级公羊可用于人工授精,特级公羊才可用于冻精。经济用羊不能用于配种繁殖。公、母羊等级划分的方法和标准如下:

(1)公羊等级的划分方法 公羔在进行饲养测定以前,可据其哺乳期平均日增重,4 月龄体重和体型外貌评分 3 项指标,在不同阶段,把相应的羔羊按标准暂时划分为种用(后备种公羊)和经济用羊 2 等。进行完饲养测定后,据其哺乳期平均日增重,4 月龄体重,体型外貌评分和 165 日龄平均日增重 4 项指标,按标准将后备种公羊暂划分为相应的不同等级。

特级和一级的种用公羊,在 1 岁之前,均应及时地安排与一级母羊配种,进行后裔测定。每只后裔测定的种公羊,至少要有 20～30 只儿子的饲养测定成绩,以及有 30 只女儿繁殖指数和泌乳力的成绩。凡儿、女 165 日龄平均日增重、繁殖指数和泌乳能力的平均值及其本身 1 岁和成年体重达特一级指标者,可将原定等级确定下来,否则降低 1 级。此次确定的等级,可作为终身等级。

(2)母羊等级的划分办法 母羔在 4 月龄前,可据已测定指标,按标准暂时划分为种用(后备种母羊)和经济用羊 2 等。达 4 月龄后,再据后备种母羊的哺乳期平均日增重,4 月龄体重和体型外貌评分 3 项成绩,按标准将其暂时划分为特级、一级、二级和经济用 4 个等级。产羔后,再据其 1 岁和成年体重及繁殖指数和泌乳力成绩,按标准把其终身等级定下。

2. 经济用羊等级判定 经济用羊是指不留作种用而直接肥育的羊,肉用羊等级鉴定的年龄和时间的确定,应以肉用性状已经充分表现,能正确、客观地评定羊只为准,其等级评定主要是肥度的判定,人们在长期的生产实践中总结出了行之有效的经验:

(1)根据饱星的大小来评定肉用羊的肥度 所谓饱星,就是指羊肩前的淋巴结。由于羊体脂肪的积蓄,在前躯多,在后躯少,肩前淋巴结的大小变化可证明脂肪蓄积的多少,所以这一疙瘩,在羊膘肥之后，周围包被的脂肪增多；反之，则变小。评定肉羊肥瘦时，评定人骑在羊背上固定羊体，用手去揣摸饱星的大小。判断歌诀是“勾九、叉八、捏七、圆六”。其中以叉八的饱星最大，一般绝对大小有鹅蛋那么大，体膘最肥，勾九次之，捏七又次，圆六最小，绝对大小有杏核那么大的饱星，体膘最瘦。

“叉八”就是指食指叉开呈一八字形才能叉住饱星，这类羊脂肪蓄积最多；“勾九”就是指食指弯曲起来，像个“九”字形，饱星就套在这个九字形内，这类羊膘情比叉八差，体脂肪蓄积也比叉八少；“捏七”就是指拇指、食指、中指都弯曲如鼎足，才可把饱星捏住，这类羊膘情和体内蓄积脂肪又差于勾九；“圆六”就是指拇指、食指并在一起，才可能把饱星捏住，这类羊膘度最差，体内脂肪蓄积最少。

(2)检查毛被变化　毛被变化代表着营养好坏。当春季羊的营养不良时，毛上的附着物少，毛干而灰暗，且蓬松凌乱。羊吃上青草以后，随着膘情的好转，皮脂腺分泌物多，毛色光润发亮，毛的营养充分，毛开始变粗，这是膘情好转的开始。当皮肤紧张，毛的顶部弯曲很明显，这时说明肉羊已满膘。

(3)毛被挂霜　鉴定羊的肥度，也可在秋后的早晨观察饲养在露天羊圈里的羊群，膘好的羊身上挂一层霜，肥度越好挂霜就越多。这是因为羊皮下脂肪多，毛粗而密，油汗多，体热散失少而慢，霜能在身上挂住。而瘦肉羊体热散失快，有霜很快会被融化，挂不住霜。

(四)羊体型外貌评定注意事项

1. 做好鉴定的准备工作

(1)做好鉴定工作计划　在工作计划中规定出鉴定时间、地点、鉴定羊只数量、鉴定方法、用品、结果登记和资料整理等。

(2)准备鉴定用品　按照鉴定计划准备鉴定表格、耳标、耳标钳、钢字号码、临时羊栏、消毒药品、工作服等。

(3)鉴定人员准备　参与鉴定人员一起学习、讨论和熟悉鉴定标准，统一鉴定认识，统一不同等级羊只的要求和理想型的标准。

(4)鉴定场地准备 圈舍、运动场或放牧地作为鉴定地点时，确保有狭窄的通道通往鉴定员处，便于羊只通过。在鉴定场地面挖两个坑，保定人员站在右侧坑内，鉴定人员站在左侧坑内，羊只站在两坑之间，以鉴定人员的目光平视羊只背部为宜。

2. 鉴定时注意事项 羊只站立姿势要正确，对羊只耳号识别正确，鉴定结果记录清楚。

鉴定种公羊时首先检查睾丸，如发现隐睾和单睾的羊只，不再继续进行个体鉴定。

观察羊只体型外貌有无严重缺陷，如体躯有缺陷或羊的上、下唇不能吻合等就要及时淘汰。

要检查羊只有无疾病，特别注意生殖器官及乳房的疾病。

鉴定结束后要进行复查，如果分级有误及时调整，调整结束后按等级在耳上剪缺刻编号。

等级标记方法：纯种羊等级刻在右耳上，杂种羊等级刻在左耳上。特级羊在耳尖上剪 1 缺刻，一级羊在耳下缘剪 1 缺刻，二级羊在耳下缘剪 2 缺刻，三级羊在耳上缘剪 1 缺刻，四级羊在耳上下缘各剪一缺刻。

四、羊的年龄鉴定

（一）概　述

识别羊的年龄，一般常用的简便方法是看羊的牙齿。羊的年龄可以根据羊的牙齿来判断。小羔羊出生 3～4 周内，8 个门齿就已出齐，这种羔羊称“原口”或“乳口”。这时的牙齿为乳白色，比较整齐，形状高而窄，接近长柱形，这种牙齿叫乳齿，共 20 枚。羔羊的乳齿往往在 1 年后才换成永久齿，但也略有早晚，成年山羊的牙齿已换为永久齿，共 32 枚。永久齿比乳齿大，略有发黄，形状宽而矮，接近正方形。羊没有上门齿，下门齿有 8 枚，臼齿 24 枚。在 8 个下门齿中间的 1 对叫切齿，切齿两边的 2 枚叫内中间齿，内中间齿外边 2 枚门齿叫外中间齿，最外面的 1 对叫隅齿。乳齿与永久齿的区别见表 2-1。

表 2-1　乳齿与永久齿的区别

项　目	乳　齿	永久齿
色　泽	白　色	乳黄色
齿　颈	明　显	不明显
齿　根	插入齿槽较浅，附着不稳	插入齿槽较深，附着稳定
大　小	小而薄，有齿间隙	大而厚，无齿间隙
排列情况	牙齿排列整齐，齿表面平坦	排列不整齐，表面有浅槽

劳动人民在长期的生产实践中，总结了通过换牙来判断羊年龄的经验，并编成简单易记的歌诀，以便掌握应用。这条歌诀是："一岁不扎牙(不换牙)，两岁一对牙(切齿长出)，三岁两对牙(内中间齿长出)，四岁三对牙(外中间齿长出)，五齐(隅齿长出来)，六平(六岁时牙齿吃草磨损后，牙齿上部由尖变平)，七斜(齿龈凹陷，有的牙齿开始活动)，八歪(牙齿与牙齿之间有了空隙)，九掉(牙齿脱落)"。

(二)鉴定方法

1. 根据牙齿鉴定年龄　羊不同年龄生产性能、体型体态、鉴定标准都有所不同。现在比较可靠的年龄鉴定法仍然是牙齿鉴定。

羊的牙齿生长发育、形状、脱换、磨损、松动有一定的规律，人们就是利用这些规律，比较准确地进行羊的年龄鉴定。成年羊共有 32 枚牙齿，上颌有 12 枚，每边各 6 枚，上颌无门齿，下颌有 20 枚牙齿，其中 12 枚是臼齿，每边 6 枚，8 枚是门齿，也叫切齿。利用牙齿鉴定年龄主要是根据下颌门齿的发生、更换、磨损、脱落情况来判断。

羔羊一出生下颌就长有 6 枚门齿；约在 1 月龄，8 枚门齿长齐，这种羔羊称“原口”或“乳口”，这时的牙齿为乳白色，比较整齐，形状高而窄，接近长柱形，这种牙齿叫乳齿。1.5 岁左右，乳齿齿冠有一定程度的磨损，钳齿脱落，随之在原脱落部位长出第一对永久齿；2 岁时中间齿更换，长出第二对永久齿；约在 3 岁时，第四对乳齿更换为永久齿；4 岁时，8 枚门齿的咀嚼面磨得较为平直，俗称齐口；5 岁时，可以见到个别牙齿有明显的齿星，说明齿冠部已基本磨完，暴露了齿髓；6 岁时已磨到齿颈部，门齿间出现了明显的缝隙；7 岁时缝隙更大，出现露孔现象。为了便于记忆，总结出顺口溜：一岁半，中齿换；到两岁，换两对；两岁半，三对全；满三岁，牙换齐；四磨平；五齿星；六现缝；七露孔；八松动；九掉牙；十磨尽。图 2-20 为羊的牙齿脱换示意图。

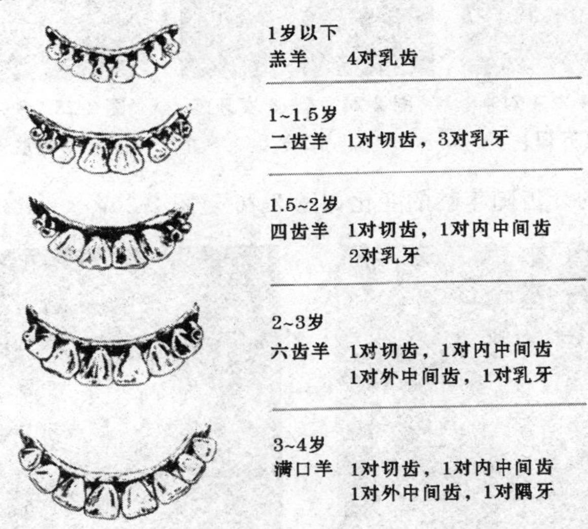

图 2-20　羊的齿龄鉴定示意图

绵羊的牙齿随年龄的变化如图 2-21 至图 2-25。

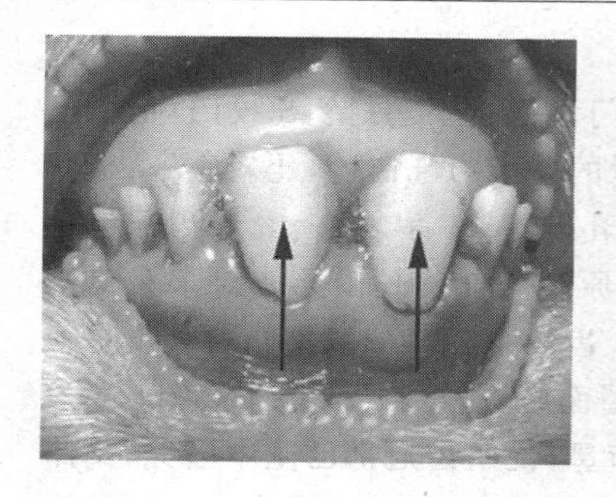

图 2-21　12 月龄 1 对永久齿

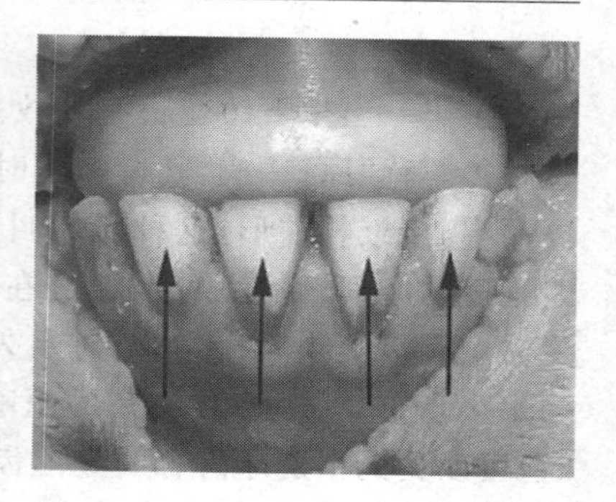

图 2-22　2 岁 2 对永久齿

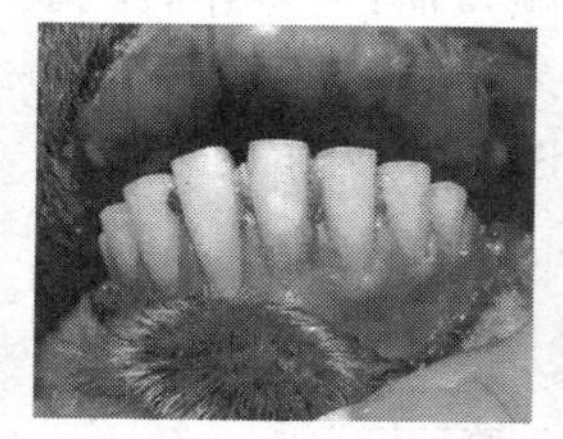

图 2-23　4 岁 4 对永久齿(齐口)

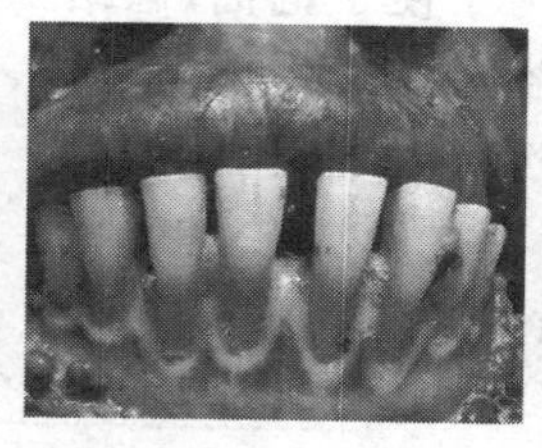

图 2-24　6～8 岁牙缝加宽

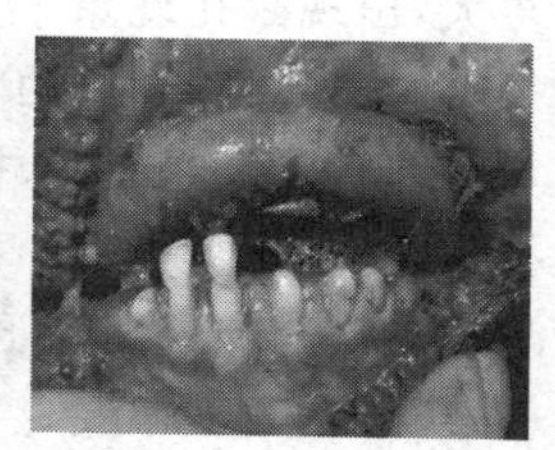

图 2-25　8～12 岁牙齿脱落

山羊的牙齿随年龄的变化如图 2-26 至图 2-30。

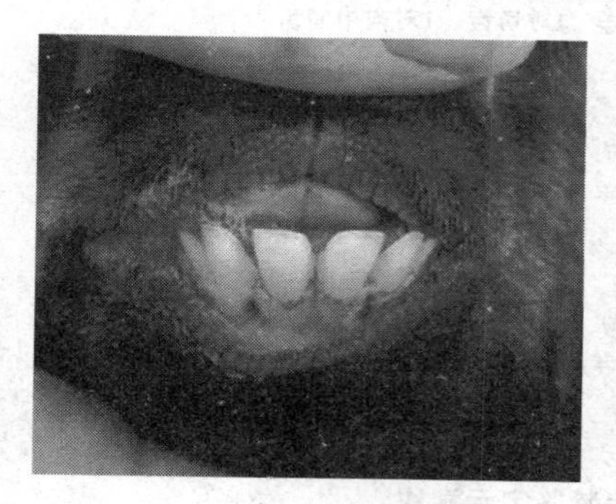

图 2-26　2 周龄的乳齿

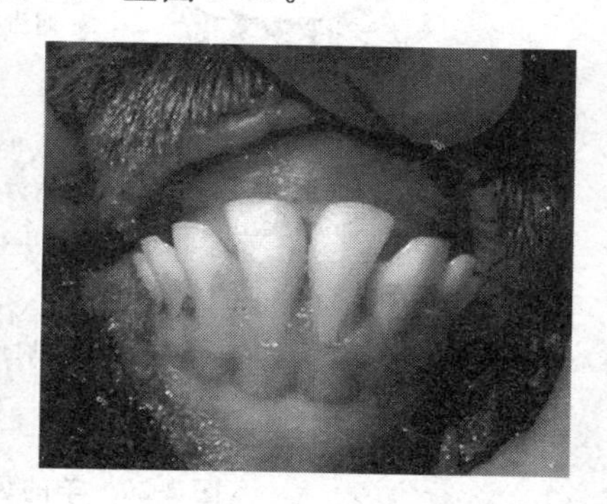

图 2-27　10 周龄的乳齿

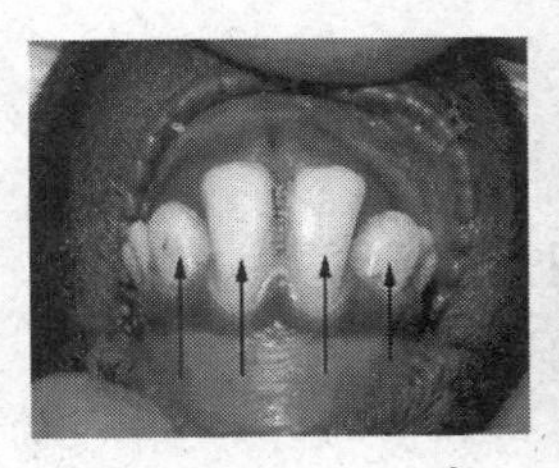

图 2-28　1.5～2 岁 2 对永久齿

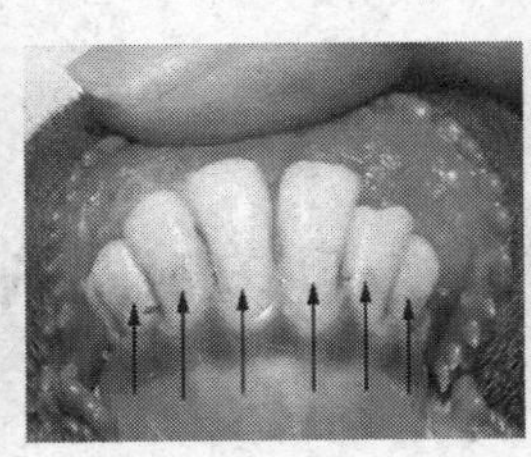

图 2-29　3 岁 3 对永久齿

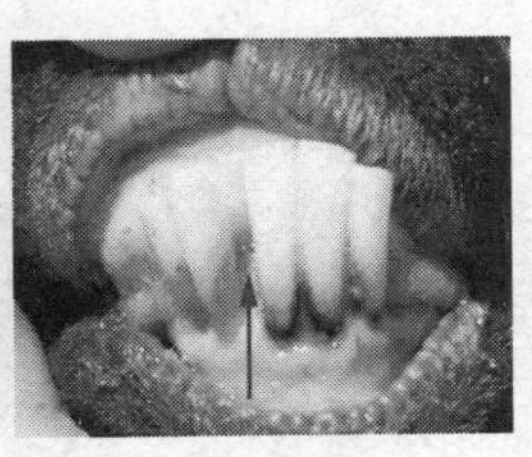

图 2-30　10 岁牙齿脱落

2. 根据羊的角轮判定年龄　对于有角羊来说，每一个角轮就是 1 岁，根据羊角轮的多少，就可知道羊的年龄。

(三)注意事项

要求鉴定人员经验丰富，熟悉羊牙齿脱换的规律及脱换的时间范围，确保鉴定准确。

鉴定过程中要注意羊只切实保定，避免羊只过分挣扎而受伤。

第三章　肉羊的品种及选育

羊的品种对生产有着重要的作用，品种也是养羊实现盈利的先决条件。因此，如何选择适合当地环境要求的配种，如何进行品种的选育，对养羊有着最为直接的影响。

一、肉羊品种

（一）小尾寒羊品种特征

1. 概述　小尾寒羊是中国乃至世界著名的肉裘兼用型绵羊品种，主要产于山东省的西南部地区，在世界羊业品种中小尾寒羊产量高、个头大、效益佳，被国家定为名畜良种，被人们誉为中国“国宝”、世界“超级羊”及“高腿羊”品种。近年来全国各地大力发展小尾寒羊，其数量目前已达 200 万只以上。小尾寒羊具有以下优点：

(1)早熟、多胎、多羔　小尾寒羊 6 月龄即可配种受胎，年产 2 胎，胎产 2～6 只，有时高达 8 只；平均产羔率每胎达 266%以上，每年产羔率达 500%以上。

(2)生长快、体格大、产肉多、肉质好　小尾寒羊 4 月龄即可肥育出栏，年出栏率 400%以上；体重 6 月龄可达 50 千克，周岁时可达 100 千克，成年羊可达 130～190 千克。周岁肥育羊屠宰率 55.6%，净肉率 45.89%。小尾寒羊肉质细嫩，肌间脂肪呈大理石纹状，肥瘦适度，鲜美多汁，肥而不腻，鲜而不膻；而且营养丰富，蛋白质含量高，胆固醇含量低，富含人体必需的各种氨基酸、维生素、矿物质元素等。

(3)裘皮质量好　小尾寒羊 4～6 月龄羔皮，制革价值高，加工熟制后，板质薄，重量轻，质地坚韧，毛色洁白如玉，光泽柔和，花弯扭结紧密，花案清晰美观。其制裘价值堪与中国著名的滩羊二毛皮相媲美，而皮张面积却比滩羊二毛皮大得多。小尾寒羊1～6月龄羔皮，毛股花弯多，花穗美观，是冬季御寒的佳品。成年羊皮面积大，质地坚韧，适于制革，一张成年公羊皮面积可达12 240～13 493厘米^2，相当于国家标准的2.48张特级皮面积。因此，制革价值很高，加工鞣制后，是制作各式皮衣、皮包等革制品及工业用皮的优质原料。

(4)遗传性稳定 小尾寒羊遗传性能稳定，高产后代能够很好地继承亲本的生产潜力，品种特征保持明显，尤其是小尾寒羊的多羔、多产特性能够稳定遗传。

(5)适应性强 小尾寒羊虽是蒙古羊系，但由于千百年来在鲁西南地区已养成“舍饲圈养”的习惯，因此日晒、雨淋、严寒等自然条件均可由圈舍调节，很少受地区气候因素的影响。小尾寒羊在全国各地都能饲养，北至黑龙江及内蒙古，南至贵州和云南，均能正常生长、发育、繁衍。凡是不违背小尾寒羊特殊生活习性的地区，饲养均获得成功。

GB/T 22909—2008标准规定了小尾寒羊的品种特性和等级评定，适用于小尾寒羊的品种鉴定和等级评定。

2. 品种特性

(1)产地分布 小尾寒羊原产于山东省西南部的梁山、郓城、嘉祥、东平、鄄城、汶上、巨野、阳谷等县，河南省东北部和河北省东南部。

(2)体型外貌 体格高大，体躯匀称、呈圆筒形，头大小适中，头颈结合良好。眼大有神，嘴头齐，鼻大且鼻梁隆起，耳中等大小，下垂。头部有黑色或褐色斑。公羊头大颈粗，有螺旋形大角，角形端正；母羊头小颈长，无角或有小角。四肢高，健壮端正，脂尾呈圆扇形，尾尖上翻内扣，尾长不超过飞节。公羊睾丸大小适中，发育良好，附睾明显。母羊乳房发育良好，皮薄毛稀，弹性适中，乳头分布均匀，大小适中，泌乳力好。被毛白色，毛股清晰，花穗明显。被毛可分为裘皮型、细毛型和粗毛型3类，裘皮型毛股清晰、弯曲明显；细毛型毛细密，弯曲小；粗毛型毛粗，弯曲大。小尾寒羊外貌特征见图3-1。

图 3-1　小尾寒羊(左公右母)

(3) 生产性能

①体重体尺　一级羊体重体尺指标见表 3-1。

表 3-1　小尾寒羊一级羊体重体尺指标

性别	年龄	体重(千克)	体高(厘米)	体长(厘米)	胸围(厘米)
公羊	6 月龄	64	80	82	95
	周岁	104	91	92	106
	2 岁	116	95	96	108
母羊	6 月龄	36	71	72	85
	周岁	50	75	78	90
	2 岁	58	82	84	98

②产肉性能　6 月龄公羊屠宰率在 47%以上，净肉率在 37%以上。

③繁殖性能　公、母羊初情期 5～6 月龄，公羊初次配种时间为 7.5～8 月龄，母羊初次配种时间为 6～7 月龄。公羊每次射精量 1.5 毫升以上，精子密度 2.5×10^{9} 个以上，精子活力 0.7 以上。母羊发情周期 17～18 天，妊娠期 143 天±3 天。母羊常年发情，春、秋季较为集中。初产母羊产羔率 200%以上，经产母羊 250%以上。

④毛皮品质　裘皮皮板轻薄，花穗明显，花案美观；板皮质地坚韧、弹性好，适宜制裘制革。

⑤产毛性能　成年公羊年剪毛量 4 千克左右，母羊 2 千克以上；净毛率在 60 以上；被毛白色，为异质毛，有少量干死毛。

3. 等级评定

(1) 评定时间　等级评定在 6 月龄、1 周岁、2 周岁进行。

(2) 评定内容　体型外貌、体尺体重、生产性能。

(3) 评定方法

①体型外貌评定　按照体型外貌评定表进行评定，确定等级。体型外貌评定表见表 3-2。

表 3-2　小尾寒羊体质外貌评定

部　位	评定要求	评　分	
		公　羊	母　羊
整体结构	体型结实，结构匀称，体格高大，体躯呈圆筒形；被毛白色为异质毛，有少量干死毛，头部有黑色或褐色色斑；裘皮型毛股清晰，弯曲明显，细毛型毛细密，弯曲小，粗毛型毛粗，弯曲大。	25	25
头颈部	头大小适中，头颈结合良好；眼大有神，嘴头齐，鼻大且鼻梁隆起，耳中等大小，下垂；公羊头大颈粗，有螺旋形大角，角形端正；母羊头小颈长，无角或有小角。前胸宽阔，肋骨开张；腹部紧凑而不下垂；尻部长、宽、平；四肢高，四肢粗壮，健壮，蹄圆大。	10	10
体躯部	胸背腰发育和结合良好，胸部宽深，坚实，蹄形端正；脂尾呈圆扇形，尾尖上翻内扣，尾长不超过飞节。	45	50
生殖器官	母羊乳房发育良好，皮薄毛稀，乳头大小适中；公羊睾丸大小适中，发育良好，附睾明显	20	15
合　计		100	100
分　级	特级 100～90，一级 89～80，二级 79～70，三级 69～60。		

②体重体尺评定　根据体重体尺实测值，按照评定标准评分，确定等级。体重体尺评定标准见表3-3，表3-4，表3-5。

表3-3　6月龄小尾寒羊体重体尺评定

项　目	母　羊					公　羊				
评分范围	特级 100～90	一级 89～80	二级 79～70	三级 69～60	系数 %	特级 100～90	一级 89～80	二级 79～70	三级 69～60	系数 %
体重(千克)	36以上	36～32	31～28	27～25	27	64以上	64～60	59～55	54～50	27
体长(厘米)	74以上	74～72	71～69	68～66	23	85以上	85～82	81～78	77～74	23
体高(厘米)	73以上	73～71	70～68	67～65	23	83以上	83～80	80～77	76～73	23
胸围(厘米)	88以上	87～85	84～82	81～79	27	100以上	100～95	94～90	89～85	27
合　计	100					100				

表3-4　1周岁小尾寒羊体重体尺评定

项　目	母　羊					公　羊				
评分范围	特级 100～90	一级 89～80	二级 79～70	三级 69～60	系数 %	特级 100～90	一级 89～80	二级 79～70	三级 69～60	系数 %
体重(千克)	53以上	53～50	49～46	45～42	27	108以上	108～104	103～99	98～95	27
体长(厘米)	80以上	80～78	77～75	74～72	23	85以上	85～82	81～78	77～74	23
体高(厘米)	78以上	78～76	75～73	72～70	23	83以上	83～80	80～77	76～73	23
胸围(厘米)	93以上	93～90	89～86	85～82	27	100以上	100～95	94～90	89～85	27
合　计	100					100				

③繁殖性能评定　以窝产羔数定等级，母羊窝产羔数3个以上的为特级，经产母羊窝产3羔者为一级，产2羔者为二级，产1羔者为三级。

表 3-5　2 周岁小尾寒羊体重体尺评定

项　目	母　羊					公　羊				
评分范围	特级 100～90	一级 89～80	二级 79～70	三级 69～60	系数 %	特级 100～90	一级 89～80	二级 79～70	三级 69～60	系数 %
体重(千克)	61 以上	61～58	57～53	52～49	27	120 以上	120～115	114～110	109～105	27
体长(厘米)	86 以上	86～84	83～81	80～78	23	100 以上	99～95	94～90	89～85	23
体高(厘米)	84 以上	84～82	81～79	78～76	23	95 以上	94～90	89～85	84～80	23
胸围(厘米)	101 以上	101～98	97～94	93～90	27	110 以上	109～105	104～100	99～95	27
合　计	100					100				

④综合评定　按照体型外貌、体重体尺、繁殖性能的单项评定办法，分别评定体型外貌、体重体尺、繁殖性能的等级，然后按照综合评定办法确定个体综合等级。综合评定标准见表 3-6。

表 3-6　小尾寒羊综合评定

体型外貌等级	体重体尺等级	繁殖性能等级	总评等级	体型外貌等级	体重体尺等级	繁殖性能等级	总评等级
特	特	特	特	一	一	一	一
特	特	一	特	一	一	二	一
特	特	二	一	一	一	三	二
特	特	三	二	一	二	二	二
特	一	一	一	一	二	三	二
特	一	二	一	一	三	三	三
特	一	三	二	二	二	二	二
特	二	二	二	二	二	三	二
特	二	三	二	二	三	三	三
特	三	三	三	三	三	三	三

4. 利用　小尾寒羊肉用性能优良，早期生长发育快，成熟早，易肥育，适于早期屠宰，因此小尾寒羊的主要用途是纯种繁育进行肉羊生产或作为羔羊肉生产杂交的优良母本素材。

小尾寒羊的双羔或多羔特性具有遗传性，在选留种公、母羊时，其上代公、母羊最好是从一胎双羔以上的后备羊群中选出。这些具有良好遗传基础的公、母羊留作种用，能在饲养中充分发挥其遗传潜能，提高母羊一胎多羔的概率。

小尾寒羊产单羔较少，一般只见于初产羊，而双羔的比例较高。母羊一生中以3～4岁时繁殖率最强，繁殖年限一般为8年。合理调整羊群结构，有计划地补充青年母羊，适当增加3～4岁母羊在羊群中的比例，及时发现并淘汰老、弱或繁殖力低下的母羊，以提高羊群的整体繁殖率。

（二）杜泊羊品种特征

1. 概述　杜泊羊原产于南非共和国。是该国在1942—1950年间，用从英国引入的有角陶赛特公羊与当地的波斯黑头母羊杂交，经选择和培育而成的肉用羊品种。南非于1950年成立杜泊肉用绵羊品种协会，促使该品种得到迅速发展。目前，杜泊羊品种已分布到南非各地。杜泊羊分长毛型和短毛型。长毛型羊生产地毯毛，较适应寒冷的气候条件；短毛型羊毛短，被毛没有纺织价值，但能较好地抗炎热和雨淋。大多数南非人喜欢饲养短毛型杜泊羊，因而，现在该品种的选育方向主要是短毛型。

2. 品种特性

(1)产地及分布　杜泊羊在培育时主要适应于南非较干旱的地区，但现在已广泛分布在南非各地。在多种不同草地草原和饲养条件下它都有良好表现，在精养条件下表现更佳。我国山东、河南、辽宁、北京等省(市)近年来已有引进，杜泊羊被推广到我国各地的温带各气候类型，都表现出良好适应性，耐热抗寒，耐粗饲，唯因体宽腿短，30°以上坡地放牧稍差，但在较平缓的丘陵地区放牧采食和游走表现很好。

(2)体型外貌 根据杜泊羊头颈的颜色，分为白头杜泊和黑头杜泊两种。这两种羊体躯和四肢皆为白色，头顶部平直、长度适中，额宽，鼻梁隆起，耳大稍垂，既不短也不过宽。颈粗短，肩宽厚，背平直，肋骨拱圆，前胸丰满，后躯肌肉发达。四肢强健而长度适中，肢势端正。整个身体犹如一架高大的马车。杜泊绵羊分长毛型和短毛型两个品系。长毛型羊生产地毯毛，较适应寒冷的气候条件；短毛型羊被毛较短(由发毛或绒毛组成)，能较好地抗炎热和雨淋，杜泊羊一年四季不用剪毛，因为它的毛可以自由脱落。杜泊羊体型外貌见图 3-2，图 3-3。

图 3-2 白头杜泊羊

图 3-3 黑头杜泊羊

(3)生产性能

①产肉性能 杜泊羊个体高度中等，体躯丰满，体重较大。成年公羊和母羊的体重分别在 120 千克和 85 千克左右。杜泊羔羊生长迅速，羔羊平均日增重 200 克以上，断奶体重大，以产肥羔肉特别见长，3.5～4 月龄的杜泊羊体重可达 36 千克，屠宰胴体约为 16 千克，4 月龄屠宰率 51%，净肉率 45%左右，肉骨比 9.1：1，料重比 1.8：1。胴体品质好，肉质细嫩、多汁、色鲜、瘦肉率高，被国际誉为“钻石级肉”。羔羊不仅生长快，而且具有早期采食的能力，特别适合生产肥羔。

②繁殖性能 杜泊羊公羊 5～6 月龄性成熟，母羊 5 月龄性成熟；公、母羊分别为 12～14 月龄和 8～10 月龄体成熟，杜泊羊为常年

发情，不受季节限制。在良好的生产管理条件下，杜泊母羊可在一年四季的任何时期产羔，母羊的产羔间隔期为 8 个月。在饲料条件和管理条件较好的情况下，母羊可达到两年三胎，一般产羔率能达到150%，在一般放养条件下，产羔率为 100%。由大量初产母羊组成的羊群中，产羔率在 120%左右。该品种具有很好的保姆性与泌乳力，这是羔羊成活率高的重要因素。

③产毛性能　杜泊羊年剪毛 1～2 次，剪毛量成年公羊 2～2.5 千克，母羊 1.5～2 千克，被毛多为同质细毛，个别个体为细的半粗毛，毛短而细，春毛平均 6.13 厘米，秋毛 4.92 厘米，羊毛主体细度为 64 支，少数达 70 支或以上；净毛率 50%～55%。

④种用性能　杜泊羊遗传性能稳定，无论纯繁后代或改良后代，都表现出极好的生产性能与适应能力，特别是产肉性能，为我国引进和国产的肉用绵羊品种都是不可比拟的。该品种皮质优良，也是理想的制革原料。

3. 利用　杜泊羊具有良好的抗逆性。在较差的放牧条件下，许多品种羊不能生存时，它却能存活。即使在相当恶劣的条件下，母羊也能产出并带好 1 头质量较好的羊羔。由于当初培育杜泊羊的目的在于适应较差的环境，加之这种羊具备内在的强健性和非选择的食草性，使得该品种在肉绵羊中有较高的地位。

杜泊羊食草性强，对各种草不会挑剔，这一优势很有利于饲养管理。在大多数羊场中，可以进行放养，也可饲喂其他品种家畜较难利用或不能利用的各种草料，羊场中既可单养杜泊羊，也可混养少量的其他品种，使较难利用的饲草资源得到利用。

（三）东弗里生羊品种特征

1. 概述　东弗里生羊源于生长于欧洲北海群岛及沿海岸的沼泽绵羊。荷兰的弗里生省既是包括荷斯坦牛在内的弗里生（黑白花）奶牛的发源地，也是弗里生奶绵羊的发源地之一。东弗里生羊原产于德国东北部，是目前世界绵羊品种中产奶性能最好的品种。

2. 品种特性

(1)产地及分布 东弗里生羊原产于德国东北部,有的国家利用东弗里生羊培育合成母系和新的乳用品种。我国也引入了该品种。

(2)体型外貌 东弗里生羊体格大,体型结构良好。公、母羊均无角,被毛白色,偶有纯黑色个体出现。体躯宽长,腰部结实,肋骨拱圆,臀部略有倾斜,尾瘦长无毛。乳房结构优良、宽广,乳头良好。外貌特点见图 3-4。

图 3-4 东弗里生羊

(3)生产性能

①体重 活重成年公羊 90～120 千克,成年母羊 70～90 千克。

②剪毛量 成年公羊剪毛量 5～6 千克,成年母羊剪毛量 4.5 千克左右。羊毛长度 10～15 厘米。羊毛同质,羊毛细度 46～56 支,净毛率 60%～70%。

③繁殖性能 母羔在 4 月龄达初情期,发情季节持续时间约为 5 个月,平均正常发情 8.8 次。欧洲北部的东弗里生羊与芬兰兰德瑞斯羊和俄罗斯罗曼诺夫羊都属于高繁殖率品种,东弗里生羊的产羔率为 200%～230%。

④产奶性能 成年母羊 260～300 天产奶量 500～810 千克,乳脂率 6%～6.5%。波兰的东弗里生羊日均产奶 3.75 千克,最高纪录达到 1 个泌乳期产奶 1 498 千克。

3. 利用 东弗里生羊是经过几个世纪的良好饲养管理和认真的遗传改良培育出的高产奶量品种,该品种性情温驯,适于固定式挤奶系统。这一品种用来同其他品种进行杂交来提高产奶量和繁殖力。

(四)萨福克羊品种特征

1. 概述 萨福克羊号称世界上长得最快的肉用型绵羊品种,在英国、美国是用作终端杂交的主要公羊。1888 年引入加拿大，现在为加拿大最主要的绵羊品种。

2. 品种特性

(1)产地及分布　萨福克羊原产于英国东部和南部丘陵地，南丘公羊和黑面有角诺福克母羊杂交，在后代中经严选择和横交固定育成，以萨福克郡命名。现广布世界各地。是世界公认的用于终端杂交的优良父本品种。澳洲白萨福克是在原有基础上导入白头和多产基因新培育而成的优秀肉用品种。

(2)体型外貌　萨福克羊体格大，头、耳较长，公、母羊均无角。颈长而粗，胸宽而深，背腰平直，腹大而紧凑，后躯发育丰满，呈桶形，四肢健壮，蹄质结实。公羊睾丸发育良好，大小适中、左右对称；母羊乳房发育良好，柔软而有弹性。体躯被毛白色，脸和四肢黑色或深棕色，并覆盖刺毛。萨福克羊体型外貌见图 3-5，图 3-6。

图 3-5　白头萨福克公羊

图 3-6　黑头萨福克羊

(3)生产性能

①产肉性能　萨福克羊具有适应性强、生长速度快、产肉多等特点，适于作羊肉生产的终端父本。萨福克成年公羊体重可达 114～136 千克、母羊 60～90 千克。萨福克羊早期生长速度快，羔羊日增重 400～600 克，萨福克公、母羊 4 月龄平均体重 47.7 千克，屠宰率 50.7%，7 月龄平均体重 70.4 千克，胴体重 38.7 千克，胴体瘦肉率

高、屠宰率54.9%。

用萨福克羊作终端父本与长毛种半细毛羊杂交，4～5月龄杂交羔羊体重可达35～40千克，胴体重18～20千克。

②产毛性能　萨福克羊产剪毛量2.5～3.0千克，毛细度56～58支，毛纤维长度7.5～10厘米，净毛率60%。

③繁殖性能　萨福克羊性成熟早，部分3～5月龄的公、母羊有互相追逐、爬跨现象，4～5月龄有性行为，7月龄性成熟。1年内多次发情，发情周期为17天，受胎率高，第一个发情期受胎率为91.6%，第二个发情期受胎率100%，总受胎率100%。妊娠周期短，一般为144～152天。产羔率140%。

3. 利用　我国新疆和内蒙古等自治区从澳大利亚引入该品种羊，除进行纯种繁育外，还同当地粗毛羊及细毛杂种羊杂交来生产肉羔。萨福克与国内细毛杂种羊、哈萨克羊、阿勒泰羊、蒙古羊等杂交，在相同饲养管理条件下，杂种羔羊具有明显的肉用体型。杂种一代羔羊4～6月龄体重高于国内品种3～8千克，胴体重高1～5千克，净肉重高1～5千克。利用这种方式进行专门化的羊肉生产，羔羊当年即可出栏屠宰，使羊肉生产水平和效率显著提高。

萨福克羊的头和四肢为黑色，被毛中有黑色纤维，杂交后代多为杂色被毛，所以在细毛羊产区要慎重使用。

（五）特克赛尔羊品种特征

1. 概述　特克赛尔羊原产于荷兰，为短毛型肉用细毛羊品种。是用林肯羊和莱斯特羊与当地羊杂交选育而成的，具有多胎、羔羊生长快、体大、产肉和产毛性能好等特征，是国外肉脂绵羊名种之一。

2. 品种特性

(1)产地及分布　特克赛尔羊为短毛型肉用细毛羊品种，主要分布于荷兰，是在19世纪中叶由林肯羊、边区莱斯特羊的公羊，改良当地沿海低湿地区的一种晚熟但毛质好的土种母羊选育而成。

特克赛尔羊主要繁殖在荷兰，在荷兰养殖已有 160 多年。该品种曾被引入欧洲、美洲和非洲的许多国家。我国也已经引入，分布于黑龙江、陕西、北京和河北等地，是肉羊育种和经济杂交非常优良的父本品种。

图 3-7　特克赛尔羊

(2)体型外貌　特克赛尔羊体躯呈长圆桶状，额宽，耳长大，无角，颈短粗，肩宽平，胸宽深，背腰长而平，后躯发育好，肌肉充实。被毛白色，头部无前额毛，四肢无被毛，四蹄为黑色。体型外貌见图 3-7。

(3)生产性能

①产肉性能　特克赛尔羊体型较大，成年公羊体重可达 85～140 千克，母羊 60～90 千克。公羔平均初生重为 5.0 千克，2 月龄平均体重为 26 千克，平均日增重为 350 克；4 月龄平均体重为 45 千克，2～4 月龄平均日增重为 317 克；6 月龄平均体重为 59 千克。母羔平均初生重为 4.0 千克，2 月龄平均体重为 22 千克，平均日增重为 300 克；4 月龄平均体重为 38 千克，2～4 月龄平均日增重为 267 克；6 月龄平均体重为 48 千克。4～6 月龄羔羊出栏屠宰，平均屠宰率为 55%～60%，瘦肉率、胴体出肉率高。

②产毛性能　成年公羊剪毛量平均 5 千克，成年母羊 4.5 千克，净毛率 60%，羊毛长度 10～15 厘米，羊毛细度 48～50 支。

③繁殖性能　特克赛尔羊性成熟早，母羊 7～8 月龄便可配种，且发情季节较长。80%的母羊产双羔，产羔率为 150%～200%。

3. 利用　特克赛尔羊羔羊肉品质好，肌肉发达，瘦肉率和胴体分割率高，市场竞争力强。因此，该品种已广泛分布到比利时、卢森堡、丹麦、德国、法国、英国、美国、新西兰等国，是这些国家推荐饲养的优良品种和用作经济杂交生产肉羔的父本。我国引入后主要用于肉羊的改良育种和杂种优势利用的杂交父本。

（六）美利奴羊品种特征

1. 概述 养羊业是澳大利亚的一大支柱产业，目前全澳7万个美利奴羊养殖场中有1.6亿头羊，其中80%是纯种美利奴羊，占世界美利奴羊总数的70%，其余的也带有美利奴血缘。澳大利亚是名副其实的"美利奴绵羊王国"。

2. 品种特性

(1)产地及分布 美利奴羊原产于西班牙，美利奴是细毛绵羊品种的统称，现在的细毛羊品种，都不同程度地含有16、17世纪西班牙美利奴羊的血缘。16世纪中叶，西班牙美利奴羊传入美国，18世纪又相继传入瑞典、德国、法国、意大利、澳大利亚、俄国、南非及其他一些国家，至19世纪遍布世界各地，美利奴羊的品种名称也常被冠以引进繁育国家的国名或地名。

西班牙美利奴羊育种目标主要是提高羊毛的细度和产量，因为羊毛是养羊业的主要收入。后来其他国家培育的美利奴羊在生产性能上发生很大变化，自19世纪初以后，随着工业、交通运输和冷藏设施的发展以及羊肉消费需要量的增加，育种的重点转向于增大美利奴羊的体格，以求不仅增产羊毛，而且提供更多的羊肉。1840年前后澳大利亚美利奴羊导入英国长毛种血缘产生的品种体型较大，羊毛则较粗。也有的国家如德国，就以发展肉用型美利奴羊为主。现有美利奴羊的共同性能是生产同质细毛，细度多在60支以上，毛色白而有光泽，富弹性。

(2)体型外貌

①澳大利亚美利奴羊 体质结实，体型外貌整齐一致。胸宽深、鬐甲宽平、背长、尻平直而丰满。公羊颈部有两个发达完整的横皱褶，母羊有发达的纵皱褶，羊毛密度大，细度均匀，白色油汗，弯曲为半圆形，整齐明显；羊毛光泽好，柔软，净毛率及净毛产量高，腹毛呈毛丛结构，四肢羊毛覆盖良好(图3-8)。

图 3-8　美利奴母羊

②中国美利奴羊　中国美利奴羊是由内蒙古、新疆、吉林等地，以澳大利亚美利奴公羊与波尔华斯羊、新疆细毛羊和军垦细毛羊母羊通过杂交培育而成，是我国目前最好的细毛羊品种。现内蒙古、辽宁、河北、山东等省均有饲养。中国美利奴羊体形呈长方形，后躯肌肉丰满；公羊颈部有1～2个横皱褶和发达的纵皱褶，母羊有发达的纵皱褶；公、母羊躯干均无明显皱褶。公羊有螺旋形角，母羊无角。胸宽深，背长，尾部平直而宽，四肢结实；羊毛覆盖头部至两眼连线，前肢达腕关节，后肢达飞节。具有体质结实、适应放牧饲养、毛丛结构好、羊毛长而明显弯曲、油汗白色和乳白色、含量适中均匀和净毛量高的特点。

③德国肉用美利奴羊　产于德国，由法国的泊列考斯羊和英国的莱斯特羊，与德国原美利奴母羊杂交培育而成。德国肉用美利奴羊被毛白色，密而长，弯曲明显；体格大、胸宽而深，背腰平直，肌肉丰满，后躯发育良好；公、母羊均无角，颈部及体躯皆无皱褶。具有产肉力高、繁殖力强、羔羊生长发育快、泌乳能力好、耐粗饲、被毛品质好的特点，对气候干燥地区适应能力较强。

成年公羊体重100～140千克，母羊70～80千克。4～6周龄断奶羔羊日增重300～350克，130天屠宰活重可达38～45千克，胴体重18～22千克，屠宰率47%～49%。成年羊剪毛量母羊为4～5千克，毛长6～8厘米，细度为64支；公羊为7～10千克，毛长8～10厘米，细度为60～64支；净毛率为50%以上。初配年龄为12月龄，常年发情，多胎，产羔率150%～250%；母羊泌乳性能好，羔羊死亡率低。

德国肉用美利奴羊与细毛羊杂交，杂种一代羔羊生长速度快，10～30日龄平均日增重208克，30日龄到断奶平均日增重215克，分别比细毛羊提高22.35%和22.86%。较适宜在我国北方地区饲养。

3. 利用 美利奴羊的毛用、毛肉兼用和肉毛兼用 3 种类型中，肉毛兼用型对营养需要和生态条件的要求较高，毛肉兼用型次之，毛用型的要求最低。

毛用型中的超细型美利奴羊，毛细并有极柔软的手感，大部分用于织造轻薄优良精纺毛织品；细型美利奴羊毛主要作衣料用毛，包括用于制造精纺和粗纺织品；中型美利奴羊毛产量最多，最适于织造男装用的优质精纺毛织品，特点是耐用美观；强壮型美利奴羊毛纤维较粗且长，用于织造耐穿的精纺衣料，亦适于织成轻细的针织毛线。较近期培养成的南秋莱尔夏立美利奴羊，其毛的外观、手感和工艺特性均类似山羊绒。

澳大利亚美利奴羊多作为提高我国细毛羊品种的被毛质量和净毛率而改良杂交的父本，主要在羊毛产区饲养。

德国美利奴羊在中国主要用于改良农区、半农半牧区的粗毛羊或细杂母羊，以增加羊肉产量，通常作为父本。

（七）无角陶赛特羊品种特征

1. 概述 无角陶赛特羊原产于澳大利亚和新西兰，继承了有角陶赛特羊性成熟早、生长发育快、全年发情、耐热及适应干燥气候条件的优良特性，在注重羊毛生产及适应性要求的大洋洲很受欢迎，是肥羔生产的主要父本。我国西北等多地区已引进，适应性和杂交效果良好，是为数不多的可常年繁殖的引进肉羊品种之一。

NY 811—2004 标准规定了无角陶赛特种羊的特性、等级评定，适用于无角陶赛特种羊的鉴定和等级评定。

2. 品种特性

(1)产地及分布 无角陶赛特羊是澳大利亚于 1954 年以雷兰羊和陶赛特羊为母本，考力代羊为父本，然后再用陶赛特公羊回交，选择所生无角后代培育而成。我国在 20 世纪 80 年代末、90 年代初从澳大利亚和新西兰引入该品种，现分布于内蒙古、新疆、北京、河南、河北、辽宁、山东、黑龙江等地，适合于我国北方农区和半农半牧区饲养。

图 3-9　无角陶赛特羊

(2)体型外貌　体型大，匀称，肉用体型明显。头小额宽，鼻端为粉红色。耳小，面部清秀，无杂色毛；颈部短粗，与胸部、肩部结合良好；体躯宽，呈圆筒形，结构紧凑；胸部宽深，背腰平直宽大，体躯丰满；四肢短粗健壮，腿间距宽，肢势端正，蹄质结实，蹄壁白色；被毛为半细毛，白色，皮肤为粉红色。外貌特征见图 3-9。

(3)生产性能

①体尺体重　种羊体尺体重基本指标见表 3-7。

②产肉性能　6 月龄羔羊屠宰率为 52%，净肉率为 45.7%。

表 3-7　无角陶赛特种羊体尺体重基本指标

性　别	年　龄	体高(厘米)	体长(厘米)	胸围(厘米)	胸宽(厘米)	体重(千克)
公　羊	6 月龄	57	69	83	24	38
	周　岁	65	74	95	26	70
	成　年	67	85	100	29	100
母　羊	6 月龄	56	65	80	23	36
	周　岁	63	70	92	26	60
	成　年	65	75	97	27	70

注：成年指 24 月龄以上，下同。

③繁殖性能

公羊：初情期 6～8 月龄，初次配种适宜时间为 14 月龄。公羊性欲旺盛，身体健壮，可常年配种。

母羊：初情期6～8月龄，性成熟8～10月龄，初次配种适宜时间为12月龄。发情周期平均为16天，妊娠期为145～153天。母羊可常年发情，但以春、秋两季尤为明显。保姆性强。经产母羊产羔率为140%～160%。

3. 等级评定

(1)等级评定时间 等级评定在6月龄、1周岁和成年(2周岁以上)进行。

(2)等级评定内容 6月龄评定，周岁评定，成年评定均按照体型外貌、生产性能等进行评定。

(3)等级评定方法

①外貌特征评定 采用目测法，按照种羊标准的外貌特征内容，对羊的外貌特征进行评定。

②体重体尺评定 按照体重体尺测量方法进行评定。

(4)等级划分 种羊应具有准确、真实、清晰的血缘来源和系谱资料。

①特级 符合种羊品种特性。特级种羊的体尺体重见表3-8。

表3-8 无角陶赛特特级种羊体尺体重

性别	年龄	体高（厘米）	体长（厘米）	胸围（厘米）	胸宽（厘米）	体重（千克）
公羊	6月龄	64	78	90	29	47
	周岁	69	82	102	31	82
	成年	71	94	116	35	120
母羊	6月龄	63	74	88	28	45
	周岁	67	80	98	30	68
	成年	69	87	106	33	85

②一级 符合种羊品种特性。一级种羊的体尺体重见表3-9。

表 3-9　无角陶赛特一级种羊体尺体重

性别	年龄	体高（厘米）	体长（厘米）	胸围（厘米）	胸宽（厘米）	体重（千克）
公羊	6月龄	62	75	87	28	44
	周岁	67	79	99	29	78
	成年	69	90	110	33	115
母羊	6月龄	61	71	85	26	42
	周岁	66	77	96	28	66
	成年	68	84	103	31	80

③二级　符合种羊品种特性。二级种羊的体尺体重见表 3-10。

表 3-10　无角陶赛特二级种羊体尺体重

性别	年龄	体高（厘米）	体长（厘米）	胸围（厘米）	胸宽（厘米）	体重（千克）
公羊	6月龄	60	72	85	26	41
	周岁	66	77	97	27	74
	成年	68	87	105	31	108
母羊	6月龄	59	68	83	25	39
	周岁	65	74	94	27	63
	成年	67	80	100	29	75

④基本合格羊　符合种羊品种特性，体尺体重符合种羊体尺体重基本标准而又达不到二级种羊标准的羊只，定位基本合格羊。

不符合种羊品种特征或体尺体重达不到种羊体尺体重基本指标的羊只，不能作为种羊利用。

4. 利用 自20世纪80年代我国新疆、内蒙古和北京等省、直辖市引进了无角陶赛特公羊，饲养结果表明，冬、春季舍饲5个月，其余季节放牧，基本上能够适应我国大多数省（自治区）的草场和农区饲养条件。采取无角陶赛特与低代细毛杂种羊、哈萨克羊、阿勒泰羊、蒙古羊、卡拉库尔羊、小尾寒羊和粗毛羊杂交，杂种一代具有明显的父本特征，肉用体型明显，前胸凸出，胸深且宽，肋骨开张大，后躯丰满。在新疆，无角陶赛特杂种一代5月龄屠宰胴体重16.67～17.47千克，屠宰率48.92％。无角陶赛特羊与小尾寒羊杂交，效果也十分明显，一代杂交公羊6月龄体重平均为40.44千克，母羊平均35千克。6月龄羔羊屠宰胴体平均重24.20千克。屠宰率54.49％。

无角陶赛特羊是适于我国工厂化养羊生产的理想品种之一，作终端父本对我国的地方品种进行杂交改良，可以显著提高产肉力和胴体品质，特别是进行肥羔生产具有巨大潜力。

（八）波尔山羊品种特征

1. 概述 波尔山羊原产于南非，以后被引入德国、新西兰、澳大利亚等国，我国也有引入。是目前世界上最著名的肉用山羊品种。

波尔山羊具有生长快、抗病力强、繁殖率高、屠宰率和饲料报酬高的特点，同时具备肉质好、胴体瘦肉率高、膻味小、多汁鲜嫩等优质羊肉特点，是世界上唯一经多年生产性能测验、目前最受欢迎的肉用山羊品种。波尔山羊性情温驯，易于饲养管理，对各种不同的环境条件具有较强的适应性。

GB 19376—2003标准规定了波尔山羊的品种特性、外貌特征、生产性能和种羊等级指标，适用于波尔山羊的品种鉴别和种羊的等级评定。

2. 品种特性 波尔山羊是肉用山羊品种，具有体型大、生长快；屠宰率高，肉质细嫩；繁殖率强，泌乳性能好；板皮厚，品质好；适应性强，耐粗饲；抗病力强和遗传性能稳定等特点。

(1)外貌特征　波尔山羊体型外貌见图 3-10。

图 3-10　波尔山羊(左公右母)

①头部　头部粗大，眼大有神呈棕色；额部突出，鼻呈鹰钩状；角坚实，长度适中。公羊角基粗大，角向后、向外弯曲。母羊角细而直立。公羊有髯。耳长而大，宽阔下垂。

②颈肩部　颈粗，长度适中，与体长相称；肩宽肉厚，颈肩结合良好。

③体躯与腹部　前躯发达，肌肉丰满；鬐甲宽阔，胸宽而深，肋骨开张，背部肌肉宽厚；体躯呈圆筒形；腹部紧凑；尻部宽，臀部和腿部肌肉丰满；尾根粗而平直，上翘；母羊乳房发育良好。

④四肢　四肢粗壮，长度适中、匀称；系部关节坚韧，蹄壳坚实，呈黑色。

⑤皮肤与被毛　全身皮肤松软，颈部和胸部有明显皱褶，尤以公羊为甚。眼睑和无毛部分有棕红色斑。全身被毛短而密，有光泽，有少量绒毛。头颈部和耳为棕红色或棕色，允许延伸到肩胛部。额端和唇端有一条不规则的白鼻通。体躯、胸、腹部与四肢为白色，尾部为棕红色或棕色，允许延伸到臀部。尾下无毛区着色面积应达 75% 以上，呈棕红色。允许少数全身被毛棕红色或棕色。

⑥性器官　公羊阴囊下垂明显，两个睾丸大小均匀，结构良好。

(2)生产性能

①生长发育　羔羊初生重平均为公 3.8 千克，母 3.5 千克；6 月龄平均体重为公羊 35 千克，母羊 30 千克；成年羊体重为公羊 80～110 千克，母羊 60～75 千克。300 日龄日增重 135～140 克。

②肉用性能

屠宰率：6～8 月龄活重 40 千克时屠宰率为 48%～52%，成年羊屠宰率为 52%～56%。

皮脂厚度：1.2～3.4 毫米。

骨肉比：1∶6～7。

③繁殖性能

性成熟：公羊 8 月龄性成熟，12 月龄以上用于配种；母羊 7 月龄性成熟，10 月龄以上配种。

产羔：经产母羊产羔率为 190%～230%。

3. 等级评定指标

(1)等级评定依据　体型外貌应符合品种特性的前提下，主要应以体尺、体重作为等级评定依据。

(2)体尺与体重　波尔山羊体尺与体重见表 3-11。

表 3-11　波尔山羊体尺与体重

年龄	性别	等级	体高（厘米）	体斜长（厘米）	胸围（厘米）	体重（千克）
周岁	公羊	特级	65	75	85	55
		一级	60	70	80	50
		二级	55	65	76	45
	母羊	特级	60	65	78	45
		一级	56	60	75	42
		二级	52	55	72	38

续表 3-11

年　龄	性　别	等　级	体　高（厘米）	体斜长（厘米）	胸　围（厘米）	体　重（千克）
成　年	公　羊	特　级	80	90	110	100
		一　级	75	84	97	90
		二　级	70	78	90	80
	母　羊	特　级	72	80	95	75
		一　级	67	76	90	70
		二　级	62	72	85	65

注：体重体尺测定方法，下同。

1. 测量用具：测量体重用台秤或地秤称量。测量体高、体长用测杖，测量胸围用软尺。
2. 羊只姿势：测量体尺时应注意羊只端正地站在平坦的地面上，使前、后肢均处于一条直线，头自然向前抬望。
3. 体重：在早晨空腹时进行，使用以千克为计量单位的台秤或地秤称重。
4. 体高：用测杖测定鬐甲最高处至地面的垂直距离。
5. 体长：用测杖测定肩胛前缘至坐骨结节的直线距离。
6. 胸围：用软尺测定肩胛后缘绕经前胸部的周长。

(3)种羊登记与评定　周岁以后方可申请登记和等级评定。等级评定按本标准执行，并建立相关档案。

(4)种羊出售　种羊出售应符合《种畜禽管理条例》有关规定。后备羊出场应在 6 月龄以上，并符合本标准规定的品种特征。用于人工授精的种公羊应达到一级以上。

3. 利用　波尔羊体质强壮，适应性强，善于长距离放牧采食，适宜于灌木林及山区放牧，适应热带、亚热带及温带气候环境饲养。抗逆性强，能防止寄生虫感染。与地方山羊品种杂交，能显著提高后代的生长速度及产肉性能。

我国引入波尔山羊主要用于杂交改良地方山羊，提高后代的肉用性能，一般作为终端杂交父本使用，进行肉羊生产。也有的地方用该品种进行级进杂交，彻底改变地方山羊的生产方向和显著提高杂交后代的肉用性能。

（九）黄淮山羊品种特征

1. 概述 黄淮山羊产于我国黄淮海平原南部，该流域自然资源丰富，在当地农民长期的饲养过程中，经过自然选择和人工选择，使体型较大，生长速度快，性成熟早，产羔率高的公羊、母羊得以选留，年复一年繁衍后代，久而久之形成了适应于黄淮流域饲养条件和自然环境的黄淮山羊。黄淮山羊以适应性强，采食能力强，抗病力强，肉质鲜美，皮张质量好，遗传稳定等优点深受黄淮流域广大农民的欢迎。

2. 品种特性

（1）产地及分布 黄淮山羊产于黄淮平原地区，主要分布在河南周口地区的沈丘、淮阳、项城、郸城和驻马店、许昌、信阳、商丘、开封等地；安徽的阜阳、宿州、滁州、六安以及合肥、蚌埠、淮北、淮南等市郊；江苏的徐州、淮阴两地区沿黄河故道及丘陵地区各县。

（2）体型外貌 黄淮山羊结构匀称，骨骼较细。鼻梁平直，眼大，耳长而立，面部微凹，下颌有髯。分有角和无角两个类型，67%左右有角。有角者，公羊角粗大，母羊角细小，向上向后伸展呈镰刀状；无角者，仅有0.5～1.5厘米的角基。公羊头大颈粗，胸部宽深，背腰平直，腹部紧凑，体躯呈桶形，外形雄伟，睾丸发育良好，有须和肉垂。母羊颈长，胸宽，背平，腰大而不下垂，乳房大，质地柔软。被毛白色，毛短有丝光，绒毛很少。黄淮山羊体型外貌见图3-11。

（3）生产性能

①产肉性能 黄淮山羊初生重，公羔平均为2.6千克，母羔平均为2.5千克。2月龄公羔平均为7.6千克，2月龄母羔平均为6.7千克。9月龄公羊平均为22.0千克，相当于成年母羊体重的62.3%。成年公羊体重平均为33.9千克，成年母羊平均为25.7千克。

图 3-11　黄淮山羊(左公右母)

产区习惯于春季生的羔羊冬季屠宰，一般在 7～10 月龄屠宰。肉质鲜嫩，膻味小，个别也有到成年时屠宰的。7～10 月龄的羯羊宰前重平均为 16.0 千克，胴体重平均为 7.5 千克，屠宰率平均为 47.13%。成年羯羊宰前重平均为 26.32 千克，屠宰率平均为 45.90%；成年母羊宰前重屠宰率平均为 51.93%。

②板皮性能　黄淮山羊的板皮为汉口路羊皮的主要来源，板皮致密坚韧，表面光洁，毛孔细匀，分层多，拉力强，弹性好，是国内著名的制革原料。黄淮山羊皮板一般取自晚秋、初冬宰杀的 7～10 月龄羊的皮，面积为 1 889～3 555 厘米^2，皮重 0.25～1.0 千克。皮板呈蜡黄色，细致柔软，油润光亮，弹性好，是优良的制革原料。

③繁殖性能　黄淮山羊性成熟早，初配年龄一般为 4～5 月龄。发情周期为 18～20 天，发情持续期为 24～48 小时。妊娠期为 145～150 天。母羊产羔后 20～40 天发情。能一年两胎或两年三胎。产羔率平均为 238.66%，其中单羔占 15.41%，双羔占 43.75%，3 羔以上占 40.84%。繁殖母羊的可利用年限为 7～8 年。

3. 利用　黄淮山羊对不同生态环境有较强的适应性，性成熟早，繁殖力强，皮板质量好。为充分利用该品种，应开展选育工作，提高产肉性能，推行羔羊肉生产。

在选育工作过程中，应充分考虑提高肉用性能的同时，注意杂交强度和与配羊的品种性能，尤其不能因片面强调产肉性能而导致板皮质量下降。

(十)南江黄羊品种特征

1. 概述 南江黄羊,是四川省南江县以纽宾奶山羊、成都麻羊、金堂黑山羊为父本,南江县本地山羊为母本,采用复杂育成杂交方法培育的,后又导入吐根堡奶山羊的血缘,经过长期的选育而成的肉用型山羊品种,1995 年 10 月经过南江黄羊新品种审定委员会审定,1996 年 11 月通过国家畜禽遗传资源管理委员会羊品种审定委员会实地复审,1998 年 4 月被农业部批准正式命名。南江黄羊不仅具有性成熟早、生长发育快、繁殖力高、产肉性能好、适应性强、耐粗饲、遗传性稳定的特点,而且肉质细嫩、适口性好、板皮品质优。南江黄羊适宜于在农区、山区饲养。南江黄羊是目前在我国山羊品种中产肉性能较好的品种群。

NY 809—2004 规定了南江黄羊的品种特性和等级评定,用于南江黄羊的品种鉴别和种羊的等级评定。

2. 品种特性

(1)产地及分布 南江黄羊原产于四川省南江县。

(2)外貌特征 南江黄羊全身被毛黄褐色,毛短富有光泽。颜面黑黄,鼻梁两侧有一对称的浅黄色条纹。公羊颈部及前胸被毛黑黄粗长。枕部沿背脊有 1 条黑色毛带,十字部后渐浅。头大小适中,母羊颜面清秀。大多数有角,少数无角。耳较长或微垂,鼻梁微隆。公、母羊均有毛髯,少数羊颈下有肉髯。颈长短适中,与肩部结合良好;胸深而广,肋骨开张;背腰平直,尻部倾斜适中;四肢粗壮,肢势端正,蹄质结实。体质结实,结构匀称。体躯略呈圆筒形。公羊额宽,头部雄壮,睾丸发育良好。母羊乳房发育良好。南江黄羊成年公、母羊体型外貌见图 3-12。

(3)生产性能

①体重 一级羊体重体尺标准下限见表 3-12。

图 3-12　南江黄羊(左公右母)

表 3-12　一级羊体重体尺标准下限

年　龄	性　别	体　重（千克）	体　高（厘米）	体　长（厘米）	胸　围（厘米）
6 月龄	公　羊	25	55	57	65
	母　羊	20	52	54	60
周　岁	公　羊	35	60	63	75
	母　羊	28	56	59	70
成　年	公　羊	60	72	77	90
	母　羊	40	65	68	80

②产肉性能　10 月龄羯羊胴体重 12 千克以上,屠宰率 44%以上,净肉率 32%以上。

③繁殖性能　母羊的初情期 3～5 月龄,公羊性成熟 5～6 月龄。初配年龄公羊 10～12 月龄,母羊 8～10 月龄。母羊常年发情,发情周期 19.5±3 天,发情持续期 34±6 小时,妊娠期 148±3 天,产羔率:初产 140%,经产 200%。

3. 等级评定

(1)评定时间　6 月龄、周岁、成年 3 个阶段。

(2)评定内容　体型外貌、体重体尺、繁殖性能、系谱。

(3)评定方法

①外貌等级划分　按体型外貌评分表评出总分，再按外貌等级标准划出等级。体型外貌评分表见表3-13，外貌等级划分表见表3-14。

表3-13　南江黄羊体型外貌评分

项目		评分要求	满分	
			公	母
外貌	被毛	被毛黄色，富有光泽，自枕部沿背脊有1条由粗到细的黑色毛带，至十字部后不明显，被毛短浅，公羊颈与前胸有粗黑长毛和深色毛髯，母羊毛髯细短色浅。	14	13
	头型	头大小适中，额宽面平，鼻微拱，耳大长直或微垂。	8	6
	外形	体躯略呈圆筒形，公羊雄壮，母羊清秀。	6	5
	小计		28	24
体躯	颈	公羊粗短，母羊较长，与肩部结合良好。	6	6
	前躯	胸部深广，肋骨开张。	10	10
	中躯	背腰平直，腹部较平直。	10	10
	后躯	荐宽，尻丰满斜平适中。母羊乳房呈梨形，发育良好，无附加乳头。	12	16
	四肢	粗壮端正，蹄质结实。	10	10
	小计		48	52
发育	外生殖器	发育良好，公羊睾丸对称，母羊外阴正常。	10	10
	整体结构	肌肉丰满，膘情适中，体质结实，各部结构匀称、紧凑。	14	14
	小计		24	24
总计			100	100

表 3-14　南江黄羊外貌等级划分

等　级	公　羊	母　羊
特　级	≥95	≥95
一　级	≥85	≥85
二　级	≥80	≥75
三　级	≥75	≥65

②体重体尺等级划分　体重体尺等级划分见表 3-15。

表 3-15　南江黄羊体重、体尺等级划分

年龄	等级	公羊				母羊			
		体高（厘米）	体长（厘米）	胸围（厘米）	体重（千克）	体高（厘米）	体长（厘米）	胸围（厘米）	体重（千克）
6 月龄	特	62	65	72	28	58	60	65	23
	一	55	57	65	25	52	54	60	20
	二	50	52	60	22	48	50	55	17
	三	45	47	55	19	44	46	50	15
周　岁	特	67	70	82	40	62	66	77	32
	一	60	63	75	35	56	59	70	28
	二	55	58	70	30	52	55	65	24
	三	50	53	65	25	48	51	60	21
成　年	特	79	85	99	69	72	75	87	45
	一	72	77	90	60	65	68	80	40
	二	67	72	84	55	60	63	75	36
	三	62	66	78	50	55	58	70	32

注：成年公羊 3 岁，成年母羊 2.5 岁。

③种母羊繁殖性能　种母羊繁殖性能划分见表 3-16。

表 3-16　南江黄羊繁殖性能等级划分

等　级	年产窝数	窝产羔数
特	≥2.0	≥2.5
一	≥1.8	≥2.0
二	≥1.5	≥1.5
三	≥1.2	≥1.2

④种公羊精液品质　南江黄羊种公羊每次射精量 1.0 毫升以上，精子密度每毫升达 20 亿个以上，活力 0.7 以上。公羊每天采精 2 次，连续采精 3 天休息 1 天。

⑤个体品质等级评定　个体品质根据体重（经济重要性权重 0.36）、体尺（经济重要性权重 0.24）、繁殖性能（经济重要性权重 0.3）、体型外貌（经济重要性权重 0.1）指标进行等级综合评定。综合评定见表 3-17。

表 3-17　南江黄羊个体品质等级评定

体型外貌	体重体尺															
	特				一				二				三			
	繁殖性能				繁殖性能				繁殖性能				繁殖性能			
	特	一	二	三	特	一	二	三	特	一	二	[illegible]	特	一	二	三
特	特	特	特	一	一	一	一	二	一	二	二	[illegible]	二	二	三	三
一	特	特	一	二	一	一	二	二	二	二	二	二	二	三	三	三
二	特	一	二	二	一	二	二	二	二	二	二	三	三	三	三	三
三	一	一	二	二	二	二	三	三	二	二	三	三	三	三	三	三

⑥系谱评定等级划分　系谱评定等级划分见表 3-18。

表 3-18　南江黄羊系谱评定等级划分

母　羊	公　羊			
	特	一	二	三
特	特	一	一	二
一	特	一	二	三
二	一	一	二	三
三	二	二	二	三

⑦综合评定　种羊等级综合评定，以个体品质(经济重要性权重 0.7)、系谱(经济重要性权重 0.3)两项指标进行评定，见表 3-19。

表 3-19　南江黄羊种羊等级综合评定

系谱	个体品质															
	特				一				二				三			
特	特	特	特	特	一	一	一	二	一	二	二	二	二	二	二	二
一	特	特	特	一	一	一	二	二	二	二	二	二	二	三	三	三
二	特	一	一	一	二	二	二	二	二	二	二	三	三	三	三	三
三	一	一	一	一	二	二	二	二	二	二	三	三	三	三	三	三

3. 利用　南江黄羊是国家农业部重点推广的肉用山羊品种之一，该品种已被推广到福建、浙江、陕西、河南、湖北等 10 多个省(自治区)，对各地方山羊品种的改良效果显著。

(十一)努比亚山羊品种特征

1. 概述　努比亚山羊是世界著名的肉、乳、皮兼用型山羊品种之一，原产于非洲的埃及，体高与萨能羊相当，产肉量高于萨能羊，性情温驯，繁殖力强，不耐寒冷但耐热性能强。

2. 品种特性

(1)产地与分布 努比亚山羊原产于非洲东北部的埃及、苏丹及邻近的埃塞俄比亚、利比亚、阿尔及利亚等国，在英国、美国、印度、东欧及南非等国都有分布，具有性情温驯、繁殖力强等特点。我国引入的努比亚山羊多来源于美国、英国和澳大利亚等国，主要饲养在四川省成都市、简阳市，广西壮族自治区，湖北省房县等地。

(2)体型外貌 努比亚山羊体格较大，外表清秀，具有“贵族”气质。头短小，耳大下垂，公、母羊无须无角，面部轮廓清晰，鼻骨隆起，为典型的“罗马鼻”。耳长宽，紧贴头部下垂。颈部较长，前胸肌肉较丰满。体躯较短，呈圆筒状，尻部较短，四肢较长。毛短细，色较杂，以带白斑的黑色、红色和暗红色居多，也有纯白者。在公羊背部和股部常见短粗毛。体型外貌见图 3-13。

图 3-13 努比亚山羊

(3)生产性能

①产肉性能 羔羊生长快，产肉多。成年公羊平均体重 79.38 千克，成年母羊 61.23 千克。

②泌乳性能 努比亚山羊性情温驯，泌乳性能好，母羊乳房发育良好，多呈球形。泌乳期一般 5～6 个月，产奶量一般 300～800 千克，盛产期日产奶 2～3 千克，高者可达 4 千克以上，乳脂率 4%～7%，奶的风味好。我国四川省饲养的努比亚奶山羊，平均一胎 261 天产奶 375.7 千克，二胎 257 天产奶 445.3 千克。

③繁殖性能 努比亚奶山羊繁殖力强，1 年可产 2 胎，每胎 2～3 羔。四川省简阳市饲养的努比亚奶山羊，妊娠期 149 天，各胎平均产羔率 190%，其中一胎为 173%，二胎为 204%，三胎为 217%。

3. 利用 努比亚奶山羊原产于干旱炎热地区，因而耐热性好，我国广西壮族自治区、四川省简阳市、湖北省房县从英国和澳大利亚等国引入饲养，与地方山羊杂交提高了当地山羊的肉用性能和繁殖性能，深受我国养殖户的喜爱。努比亚奶山羊是较好的杂交肉羊生产母本，也是改良本地山羊较好的父本，四川省用它与简阳本地山羊杂交，获得较好的杂交优势，形成了全国知名的简阳大耳羊品种类群。

（十二）马头山羊品种特征

1. 概述　马头山羊产于湖北省的郧阳、恩施市以及湖南省常德市，是生长速度较快、体型较大、肉用性能较好的地方山羊品种之一。1992 年被国际小母牛基金会推荐为亚洲首选肉用山羊，也是国家农业部重点推广的肉用山羊品种。

GB/T 22912—2008 标准规定了马头山羊的品种特性、外貌特征、生产性能和等级评定，用于马头山羊的品种鉴定和等级评定。

2. 品种特性　属肉、皮兼用型，具有体型大、生长快、屠宰率高、肉质细嫩、板皮性能好、繁殖力强、杂交亲和力好、适应性强等特点。

(1)外貌特征　公、母羊均无角，两耳平直略向下垂；被毛全白。马头山羊外貌特征见图 3-14。

图 3-14　马头山羊

(2)生产性能

①肉用性能　用 6 月龄，12 月龄，18 月龄公、母、羯羊的胴体重和屠宰率表示，在放牧加舍饲条件下应符合表 3-20 的规定。

表 3-20 6 月龄、12 月龄和 18 月龄马头山羊肉用性能

月龄	性别	屠宰前活重(千克)		胴体重(千克)		屠宰率(%)	
		平均数	范围	平均数	范围	平均数	范围
6 月龄	公	18.7	15.5～21.0	7.7	5.1～9.3	41.4	38～44
	母	17.3	14.7～19.5	6.9	5.7～7.4	39.8	37～43
	羯	20.5	18.4～23.9	8.7	6.4～9.6	42.6	39～47
12 月龄	公	28.5	23.5～30.0	12.6	9.8～14.5	44.1	41～47
	母	24.3	21.5～27.7	10.7	8.6～12.7	43.2	40～46
	羯	31.8	28.3～35.8	15.8	13.9～18.3	49.8	46～54
18 月龄	公	35.6	32.4～40.5	17.9	15.0～21.1	50.4	48～52
	母	32.3	29.3～36.1	15.6	13.3～20.2	48.3	46～50
	羯	40.2	35.8～41.5	21.2	17.5～23.2	52.8	50～56

②繁殖性能　公羊和母羊全年均可繁殖，母羊初情期 3～5 月龄，适配年龄 6～8 月龄。初产母羊窝产羔数不低于 1.7，经产母羊窝产羔数不低于 2.2；母羊利用年限不低于 5 年。公羊初情期 3～4 月龄，适配年龄 9～10 月龄，全年均可配种；采精频率每天 1～2 次（间隔 6 小时），射精量 1～2 毫升/次，利用年限 5～7 年。

③板皮性能　板皮厚薄均匀，油性足，弹性好，出革率高，成年板皮平均厚 0.3 厘米，特级板皮面积 8 500 厘米^{2}以上，一级板皮面积 7 000 厘米^{2}以上，二级板皮面积 6 500 厘米^{2}以上。

3. 等级评定

(1)等级评定方法　以综合评分法评定等级；分特级、一级、二级 3 个等级。

(2)评定依据　以体型外貌（表 3-21）、生长性状，即体重、体尺（表 3-22）、繁殖性状（表 3-23，表 3-24）为评定依据。

表 3-21　马头山羊体型外貌综合评定表

项　目	体型外貌标准
整体结构	体质结实、结构匀称;外表雄壮,模样清秀敏捷
头、颈肩部	头部大小适中,面长额宽,眼大突出有神,嘴齐,头顶横轴凹下,密生卷曲鬃毛,鼻梁平直,耳平直略向下倾斜,部分羊颌下有两个肉垂,母羊颈部细长,公羊颈短粗壮,颈肩结合良好
前　躯	发达,肌肉丰满,胸宽而深,肋骨开张良好
背、腹部	背腰平直,腹圆、大而紧凑
后　躯	较前躯略宽,尻部宽,倾斜适度,臀部和腿部肌肉丰满,肷窝明显;母羊乳房基部宽广、方圆,附着紧凑,向前延伸,向后突出,质地柔软,大小适中,有效乳头 2 个;公羊睾丸发育良好,左右对称,附睾明显,富有弹性,适度下垂
四　肢	四肢匀称,刚劲有力;系部紧凑强健,关节灵活;蹄质结实,蹄壳呈乳白色,无内向、外向、刀状姿势
皮肤与被毛	皮肤致密富有弹性,肤色粉红;全身被毛短密贴身,毛色全白而有光泽

表 3-22　马头山羊生长性状评定标准

月　龄	性　别	等　级	体　重（千克）	胸　围（厘米）	体斜长（厘米）
3	公　羊	特　级	14	54	52
		一　级	11	51	49
		二　级	8	48	46
	母　羊	特　级	14	53	51
		一　级	11	50	48
		二　级	8	47	45

续表 3-22

月　龄	性　别	等　级	体　重（千克）	胸　围（厘米）	体斜长（厘米）
6	公　羊	特　级	23	64	60
		一　级	19	60	56
		二　级	15	56	52
	母　羊	特　级	22	63	58
		一　级	18	59	54
		二　级	14	55	50
12	公　羊	特　级	33	75	70
		一　级	29	71	66
		二　级	25	67	62
	母　羊	特　级	30	73	68
		一　级	26	69	64
		二　级	22	65	60
18	公　羊	特　级	42	83	77
		一　级	37	78	72
		二　级	32	73	67
	母　羊	特　级	38	80	75
		一　级	33	75	70
		二　级	28	70	65

表 3-23　马头山羊公羊繁殖性能评定标准

等级	3月龄,6月龄	12月龄,18月龄		
	同胞数（只）	性欲强弱 爬跨间隔时间（分钟）	射精量（毫升）	鲜精活力（%）
特级	≥4	1	1.6～2.0	≥90
一级	≥2	2	1.3～1.5	85～89
二级	1	5	1.0～1.2	80～84

表 3-24　马头山羊母羊繁殖性能评定标准

等级	3月龄,6月龄	12月龄,18月龄
	同胞数（只）	窝产活羔数（只）
特级	≥4	3
一级	≥2	2
二级	1	1

4. 利用　马头山羊头形似马，行走时步态如马，性情迟钝，群众俗称“懒羊”。马头山羊按被毛长短可分为长毛型和短毛型两种类型，按背脊可分为“双脊”和“单脊”两类，以“双脊”和“长毛”型品质较好。

马头山羊抗病力强、适应性广、合群性强，易于管理，丘陵山地、河滩湖坡、农家庭院、草地均可放牧饲养，也适于圈养，在我国南方各省都能适应。华中、西南、云贵高原等地引种牧羊，表现良好，经济效益显著。

二、羊的选种选配

(一)概　述

我国的羊品种繁多,除了我国自己育成的羊品种之外,还从其他国家引进一些优秀品种,而每一个品种都是在一定自然条件下,经过人工选育和自然淘汰逐步形成的,每个品种都具有独特的生物学特点和生产性能及适宜的生长发育条件。

在羊产业发展的过程中,种羊的好坏是养羊业成败的关键因素,对种羊进行选择就称为选种。选种工作开展得是否科学、到位不仅影响到种羊群生产潜力的发挥,更主要的是影响后代的生产性能和养羊业的经济效益。因此选择种羊主要的目的是提高后代的数量和质量,具体地说就是选择理想的公、母羊留种,淘汰较差的个体,使群体中优秀个体具有更多的繁殖后代的机会,以提高后代群体的遗传素质和生产性能。

做好选种工作之后,还要做好种羊的选配工作,确保优秀的种羊生产出优秀的后代,为种羊群的持续发展、提高生产性能奠定基础。

(二)种羊的选择

1. 选种的根据　选种是在羊只个体鉴定的基础上进行的,主要根据体型外貌、生产性能、后代品质、血缘 4 个方面对羊只进行选择。

(1)体型外貌　体型外貌在纯种繁育中非常重要,凡是不符合本品种特征的羊不能作为选种对象。不同阶段羊的体型外貌和生理特征可以反映种羊的生长发育和健康状况等,因此可以作为选种的参考依据。从羔羊开始,到育成羊、繁殖羊,每一个阶段都要按该品种的固有特征,确定选择标准进行选择,这种选择方法简单易行。

我国先后引进一些国外羊种,参与我国羊的改良工作,在选种的过程中同样要注意纯种繁育后应该按照该品种的外貌特征选留种羊,杂交羊如果后期不进行杂交配套尽量不留种用。

(2)生产性能　生产性能指体重、屠宰率、繁殖力、泌乳力,早熟性等方面。

羊的生产性能,可以通过遗传传给后代,因此选择生产性能好的种羊是选育的关键环节。但要在各个方面都优于其他品种是不可能的,应突出主要优点。

(3)后裔　种羊本身是否具备优良性能是选种的前提条件,但它的生产性能水平是否能真实稳定地遗传给后代,就要根据其所产后代(后裔)的成绩进行评定,这样就能比较正确地选出优秀种羊个体。但是这种选择方法经历的时间长,耗费的人力、物力多,一般只有非常重要的选种工作才会开展后裔测定,如通过近交建系法建立优秀家系则可以采用此法。在选种过程中,要不断地选留那些性能好的后代作为后备种羊。

(4)血缘　血缘即系谱,这种选择方法适合于尚无生产性能记录的羔羊、育成羊或后备种羊,根据它们的双亲和祖代的记录成绩和遗传结果进行选择。系谱选择主要是通过比较其祖先的生产性能记录来推测它们稳定遗传祖先优秀性状的能力,据遗传原理可知,血缘关系越近的祖先对后代的影响越大,所以选种时最重要的参考资料是父母的生产记录,其次是祖代的记录。系谱选择对于低遗传力性状如繁殖性能的选择效果较好。

2. 选种的方法　生产中种羊的选择方法主要有根据体型外貌和生理特点选择和根据生产性能记录资料选择两种方法,选种时群体选择和个体选择交叉进行。

(1)根据体型外貌和生理特点选择　选种要在对羊只进行体型外貌和生理特点鉴定的基础上进行。羊的鉴定有个体鉴定和等级鉴定两种,都按鉴定的项目和等级标准准确地进行评定等级。个体鉴定要按项目进行逐项记载,等级鉴定则不做具体的个体记录,只写等级编号。

需要进行个体鉴定的羊包括特级、一级公羊和其他各级种用公羊，准备出售的成年公羊和公羔，特级母羊和指定作后裔测验的母羊及其羔羊。除进行个体鉴定的羊只以外都做等级鉴定，前面所介绍的羊品种有国家标准和农业行业标准的我们已经一一列出，没有相关标准的羊品种等级标准可根据育种目标的要求自行制定选育标准，等级鉴定的相关内容在此不再赘述。

羊的鉴定一般在体型外貌、生产性能达到充分表现，且有可能作出正确判断的时候进行。公羊一般在到了成年，母羊第一次产羔后对生产性能予以测定。为了培育优良羔羊，对初生、断奶、6 月龄、周岁的时候都要进行鉴定，裘皮型的羔羊，在羔皮和裘皮品质最好时进行鉴定。后代的品质也要进行鉴定，主要通过各项生产性能测定来进行。对后代品质的鉴定，是选种的重要依据。凡是不符合要求的及时淘汰，合乎标准的作为种用。除了对个体鉴定和后裔的测验之外，对种羊和后裔的适应性、抗病力等方面也要进行考察。

①羊的个体鉴定具体方法　个体鉴定首先要确定羊只的健康情况，健康是生产的最重要基础。健康无病的羊只一般活泼、好动，肢势端正，乳房形态、功能好，体况良好，不过肥也不过瘦，精神饱满，食欲良好，不会离群索居。有红眼病、腐蹄病、瘸腿的羊只，都不宜作为种用。

在健康的基础上进行羊的外貌鉴定，体型外貌应符合品种标准，无明显失格：

嘴形：正常的羊嘴是上颌和下颌对齐。上、下颌轻度对合不良问题不大，但比较严重时就会影响正常采食。要确定羊上、下颌齐合情况，宜从侧面观察。若下颌或上颌突出，则属于遗传缺陷。下颌短者，俗称鹦鹉嘴。上颌短者，俗称猴子嘴。羊的嘴形见图 3-15。

牙齿：羊的牙齿状况依赖于它的食物及其生活的土壤环境。采食粗饲料多的羊只牙齿磨损较快。在咀嚼功能方面，臼齿较切齿更重要。它们主要负责磨碎食物。要评价羊的牙齿磨损情况，需要进行检查。不要直接将手指伸进羊口中，否则会被咬伤。臼齿有问题

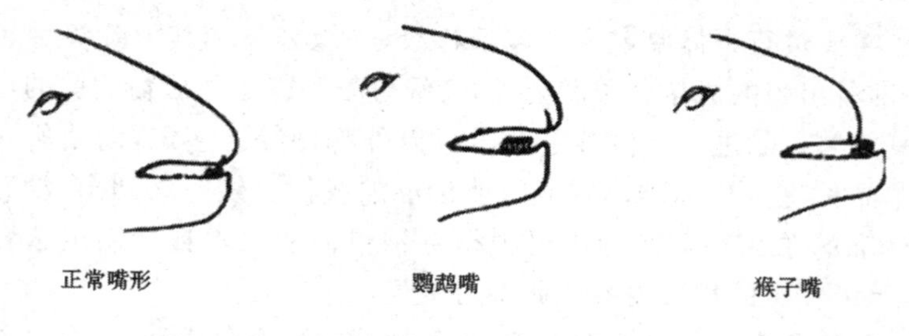

图 3-15　羊的嘴形

的羊多伴有呼吸急促。有牙病者不宜留种。

蹄部和腿部:健康的羊只,应是肢势端正,球节和膝部关节坚实,角度合适。肩胛部、髋骨、球节倾角适宜,一般应为 45°左右,不能太直,也不能过分倾斜。蹄腿部有轻微毛病者一般不影响生活力和生产性能,但失格比较严重的往往生活力较差。蹄甲过长、畸形、开裂者或蹄甲张开过度的羊只均不宜留种。

体型和体格:不同用途的羊体型应符合主生产力方向的要求,如肉羊体型应呈细致疏松型,乳用羊体型为细致紧凑型,而毛用羊体型则为细致疏松型。各种用途的羊的体格都要求骨骼坚实,各部结合良好,躯体大。个体过小者应被淘汰。公羊应外表健壮,雄性十足,肌肉丰满。母羊一般体质细腻,头清秀细长,身体各部角度线条比较清晰。

乳房:乳房发育不良的母羊没有种用价值。母羊乳房大小因年龄和生理状态不同而异。应触诊乳房,确定是否健康无病和功能正常。若乳房坚硬或有肿块者,应及时淘汰。乳房应有两个功能性的乳头,乳头应无失格。乳房下垂、乳头过大者都不宜留种。此外,也应对公羊的乳头进行检查。公羊也应有两个发育适度的乳头。

睾丸:公羊睾丸的检查需要触诊。正常的睾丸应是质地坚实,大小均衡,在阴囊中移动比较灵活。若有硬块,有可能患有睾丸炎或附睾炎。若睾丸质地正常,但睾丸和阴囊周径较小,也不宜留种。阴囊周径随品种、体况、季节变化,青年公羊的阴囊大小一般应在 30 厘米以上。成年公羊的应在 32 厘米以上。

②羊的生产性能鉴定　羊的生产性能主要指的是主要经济性状的生产能力，包括产肉性能、产毛皮性能、产乳性能、生长发育性能、生活力和繁殖性能等，第二章我们介绍了羊的生产性能评价指标和羊的生产性能测定方法，依据评价指标在生产中对种羊的生产性能进行评定，指导种羊群的选种和育种工作。同时，必须系统记录羊的生产性能测定结果，根据测定内容不同设计不同形式的记录表格，可以是纸质表格，也可以建立电子记录档案，保存在计算机中，特别是记录时间长、数据量大时使用电子记录更便于进行相关数据分析。

(2)根据记录资料进行选择　种羊场应做好羊只主要经济性状的成绩记录，应用记录资料的统计结果采取适当的选种方法，能够获得更好的选育效果。

①根据系谱资料进行选择　这种选择方法适合于尚无生产性能记录的羔羊、育成羊或后备种羊，根据它们的双亲和祖代的记录成绩和遗传结果进行选择。系谱选择主要是通过比较其祖先的生产性能记录来推测它们稳定遗传祖先优秀性状的能力，据遗传原理可知，血缘关系越近的祖先对后代的影响越大，所以选种时最重要的参考资料是父、母的生产记录，其次是祖代的记录。系谱选择对于低遗传力性状如繁殖性状的选择效果较好。

系谱审查要求有详细记载，因此凡是自繁的种羊应做详细的记载，购买种羊时要向出售单位或个人，索取卡片资料，在缺少记载的情况下，只能根据羊的个体鉴定作为选种的依据，无法进行血缘的审查。

②根据本身成绩进行选择　本身成绩是羊生产性能在一定饲养管理条件下的现实表现，它反映了羊自身已经达到的生产水平，是种羊选择的重要依据。这种选择法对遗传力高的性状(如肉用性能)选择效果较好，因为这类性状稳定遗传的可能性大，只要选择了好的亲本就容易获得好的后代。

据本身成绩选择公羊：公羊对群体生产性能改良作用巨大，选择优秀公羊可以改善每只羔羊的生产性能，加快群体重要经济性状的遗传进展。在一般中小型羊场，80％～90％的遗传进展是通过选择公羊得到的，其余10％～20％通过选择母羊而得。小型羊场一般都需要从外面购买公羊，这时要特别重视公羊的质量。

在使用多个公羊的群体内，可用羔羊断奶重和断奶重比率来进行公羊种用价值评定（表3-25）。在评估公羊生产性能时，需要考虑公羊和母羊的比率，将母羊羔羊窝重调整为公羊羔羊窝重。

表3-25　公羊生产性能评估表

公羊号	羔羊数目	矫正羔羊90日龄断奶重	羔羊断奶重比率

注：矫正羔羊90日龄断奶重＝（断奶重÷断奶日龄）×90。

$$羔羊断奶重比率=\frac{某羔羊90日龄断奶重}{羔羊群体平均90日龄断奶重}\times 100$$

据母羊本身成绩选择母羊：对于每只母羊，可用实际断奶重或矫正90日龄断奶重进行评价。也可以计算母羊生产效率评价：

$$母羊生产效率=\frac{每年羔羊断奶窝重}{断奶时母羊体重}\times 100$$

从上面公式可知，母羊生产效率在50％～100％。生产效率越高，则饲料转化率越高，利润越大。

③根据同胞成绩进行选择　可根据全同胞和半同胞2种成绩进行选择。同父同母的后代个体间互称全同胞，同父异母或同母异父的后代个体间互称半同胞。它们之间有共同的祖先，在遗传上有一定的相似性，它能对种羊本身不表现性状的生产优势做出判断。这种选择方法适合限性性状或活体难度量性状的选择，如种公羊的产羔潜力、产乳潜力就只能用同胞、半同胞母羊的产羔或产乳成绩来选

择，种羊的屠宰性能则以屠宰的同胞、半同胞的实测成绩来选择。

④根据后裔成绩进行选择　根据系谱、本身记录和同胞成绩选择可以确定选择种羊个体的生产性能，但它的生产性能是否能真实稳定地遗传给后代，就要根据其所产后代（后裔）的成绩进行评定，这样就能比较正确地选出优秀种羊个体。但是这种选择方法经历的时间长，耗费的人力、物力多，一般只有非常重要的选种工作才会开展后裔测定，如通过近交建系法建立优秀家系则可以采用此法。

公羊后裔测定的基本方法是：使公羊与相同数量、生产性能相似的母羊进行交配。然后记录母羊号、母羊年龄、产羔数、羔羊初生重、断奶日龄等信息，计算矫正 90 日龄断奶重、断奶重比率等指标，然后进行比较。在产羔数相近的情况下，以断奶重和断奶重比率为主比较公羊的优劣。

⑤根据综合记录资料进行选择　反映种羊生产性能的有多个性状，每个性状的选择可靠性对不同的记录资料有一定差异。对成年种羊来说其亲本、后代、自身等均有生产性能记录资料，就可以根据不同性状与这些资料的相关性大小，上下代成绩表现进行综合选择，以选留更好的种羊。

3. 做好后备种羊的选留工作　为了选种工作顺利进行，选留好后备种羊是非常必要的。后备种羊的选留要从以下几个方面进行：

(1) 选窝（看祖先）　从优良的公、母羊交配后代中，全窝都发育良好的羔羊中选择。母羊需要选择第二胎以上的经产多羔羊。

(2) 选个体　要在初生重和生长各阶段增重快、体尺好、发情早的羔羊中选择。

(3) 选后代　要看种羊所产后代的生产性能，是不是将父母代的优良性能传给了后代，凡是没有这方面的遗传，不能选留。

后备母羊的数量，一般要达到需要数的 3～5 倍，后备公羊的数也要多于需要数，以防在育种过程中有不合格的羊不能种用而数量不足。

（三）种羊的选配

在选种的基础上，有目的、有计划地选择优秀公、母羊进行交配，有意识地组合后代的遗传基础、获得体型外貌理想和生产性能优良的后代就称为选配。选配是选种工作的继续，决定着整个羊群以后的改进和发展方向，选配是双向的，既要为母羊选取最合适的与配公羊，也要为公羊选取最合适的与配母羊。

1. 选配的原则

第一，选配要与选种紧密地结合起来，选种要考虑选配的需要，为其提供必要的资料；选配要和选种配合，使双亲有益性状固定下来并传给后代。

第二，要用最好的公羊选配最好的母羊，但要求公羊的品质和生产性能，必须高于母羊，较差的母羊，也要尽可能与较好的公羊交配，使后代得到一定程度的改善，一般二、三级公羊不能作种用，不允许有相同缺点的公、母羊进行选配。

第三，要尽量利用好的种公羊，最好经过后裔测验，在遗传性未经证实之前，选配可按羊体型外貌和生产性能进行。

第四，种羊的优劣要根据后代品质做出判断，因此要有详细和系统的记载。

2. 选配的方法　羊的选配主要包括个体选配和种群选配。个体选配又分为品质选配和亲缘选配；种群选配又分为纯种繁育和杂交繁育，种群选配的内容将在下一个项目中叙述。

个体选配，是在羊的个体鉴定的基础上进行的选配。它主要是根据个体鉴定，生产性能，血缘和后代品质等情况决定交配双方。

(1)品质选配　品质选配又可分为同质选配、异质选配及等级选配。搞好品质选配，既能巩固优秀公羊的良好品质，又能改善品质欠佳的母羊品质，故肉用羊应广泛进行品质选配。

①同质选配　是一种以表型相似性为基础的选配，它是指选用性状相同、性能表现一致或育种值相似的优秀公、母羊配种，以获得

与亲代品质相似的优秀后代，这种选配常用于优良性状的固定及杂交育种过程中理想型的横交固定。

生产中不要过分强调同质选配的优点，否则容易造成单方面的过度发育，使体质变弱，生活力降低。因此，在繁育过程中的同质选配，可根据育种工作的实际需要而定。

②异质选配　是一种以表型不同为基础的选配，主要是选择具有不同优异性状的公、母羊相配，以期将公、母羊所具备的不同优良性状结合起来，获得兼备双亲不同优点的后代；或者是利用公羊的优点纠正或克服母羊的缺点或不足而进行的选配。

这种选配方式的优缺点，在某种程度上与同质选配相反。

③等级选配　是根据公、母羊的综合评定等级，选择适合的公、母羊进行交配，它既可以是同质选配（特级、一级母羊与特级、一级公羊的选配），也可以是异质选配（二级以下的母羊与二级及其以上等级公羊的选配）。

(2)亲缘选配　亲缘选配是指选择有一定亲缘关系的公、母羊交配。按交配双方血缘关系的远近又可分为近交和远交 2 种。近交是指交配双方到共同祖先的代数之和在 6 代以内的个体间的交配；反之，则为远交。近交在养羊业中主要用来固定优良性状，保持优良血统，提高羊群同质性，揭露有害基因，近交在育种工作中具有其特殊作用，但近交又有其危害性（近交衰退），故在生产中应尽量避免近交，不可滥用。

亲缘选配的作用在于遗传性稳定，这是优点，但亲缘选配容易引起后代的生活力降低，羔羊体质弱，体格变小，生产性能降低。亲缘交配，应采取下列措施，预防不良后果的产生。

①严格选择和淘汰　必须根据体质和外貌来选配，使用强壮的公、母羊配种可以减轻不良后果。亲缘选配所产生的后代，要仔细鉴别，选留那些体质坚实和健壮的个体继续作种羊。凡体质弱，生活力低的个体应予以淘汰。

②血缘更新　就是把亲缘选配的后代与没有血缘关系、并培育

在不同条件下的同品种个体进行选配，可以获得生活力强和生产性能好的后代。

三、羊的杂交育种

羊的杂交育种是区别于纯种选育的一种繁育方法，是指用 2 个或 2 个以上羊品种进行品种间交配，组合后代的遗传结构，创造新的类型，或直接利用新类型进行生产或利用新类型培育新品种或新品系，根据杂交目的不同可以把杂交繁育分为引入杂交、级进杂交、育成杂交和经济杂交。

（一）引入杂交

引入杂交指在保留原有品种基本品质的前提下，利用引入品种改良原有品种某些缺点的一种有限杂交方法。具体操作手段是利用引入的种公羊与原有母羊杂交 1 次，再在杂交子代中选出理想的公羊与原有母羊回交 1 次或 2 次，使外源血缘含量低于 25%，把符合要求的回交种自群繁育扩群生产。这样，既保持了原有品种的优良特性，又将不理想的性状改良提高了。

引入杂交在养羊业中广泛应用，其成败在很大程度上取决于改良用品种公羊的选择和杂交过程中的选配，同时注意加强杂交后代羔羊的培育。在引入杂交时，选择品种的个体很重要，要选择经过后裔测验和体型外貌特征良好，配种能力强的公羊，还要为杂种羊创造一定的饲养管理条件，并进行细致的选配。此外，还要加强原品种的选育工作，以保证供应好的回交种羊。

（二）级进杂交

级进杂交也称吸收杂交，改进杂交。改良用的公羊与当地母羊杂交后，从第一代杂种开始，以后各代所产母羊，每代继续用原改良品种公羊选配，到 3～5 代杂种后代生产性能基本与改良品种相似。杂交后代基本上达到目标时，杂交应停止。符合要求的杂种公、母羊可以横交。如波尔山羊引入我国后，与一些地方品种开展级进杂交，杂交 3 代以上的后代在体型外貌、生长速度、产肉性能上基本上与波尔山羊相似。

(三)育成杂交

以培育新品种、新品系，改良品种品系为目的的杂交，称为育成杂交。有很多优良羊品种在形成过程中都用到了育成杂交，如新中国成立后我国的新疆细毛羊、东北细毛羊等的育成，现代知名的肉羊品种杜泊羊、夏洛莱羊等都是采用育成杂交培育成的，在育种过程中逐渐选育提高品种的主要生产性能如毛用性能、产肉性能等，纯化群体的一致性，最终形成稳定遗传的优良品种。育成杂交的过程一般为：不同品种间的杂交试验、配合力的测定，选择比较优良的组合进行反交、回交，再筛选最佳组合，进行世代选育，经过多个世代的选育和多方面的育种试验测定，育成新的品种。如杜泊羊是由有角陶赛特羊和波斯黑头羊杂交育成。

我国至今尚未培育出高水平的专门化肉羊品种，应根据肉羊区划，积极推进良种培育工作。在中原地区以肉用绵羊育种为主，利用小尾寒羊、湖羊、东弗里生羊等品种培育综合肉羊品种；也可以小尾寒羊、湖羊为基础，适度引入东弗里生羊的血缘，培育出比小尾寒羊、湖羊更优良的多胎多产母本品种。在西南地区应加强黑山羊的利用，可应用努比亚山羊和波尔山羊，培育出肉用性能胜过南江黄羊和接近波尔山羊的新型肉用山羊品种。在中东部和西北地区，可将小尾寒羊和湖羊的多胎基因导入当地绵羊群体，培育出适宜当地自然生态条件的高繁殖力母本绵羊；或者培育出适应性好、耐粗饲、繁殖力较强的肉用山羊品种。

（四）经济杂交

经济杂交也称杂种优势利用，杂交的目的是获得高产、优质、低成本的商品羊。采用不同羊品种或不同品系间进行杂交，可生产出比原有品种、品系更能适应当地环境条件和高产的杂种羊，极大地提高养羊业的经济效益。

1. 杂交亲本选择

（1）母本　在肉羊杂交生产中，应选择在本地区数量多、适应性好的品种或品系作母本。母羊的繁殖力要足够高，产羔数一般应为2个以上，至少应两年三产，羔羊成活率要足够高。此外，还要泌乳力强、母性好。母性强弱关系到杂种羊的成活和发育，影响杂种优势的表现，也与杂交生产成本的降低有直接关系。在不影响生长速度的前提下，不一定要求母本的体格很大。小尾寒羊、洼地绵羊、湖羊、黄淮山羊、陕南白山羊及贵州白山羊等都是较适宜的杂交母本。

（2）父本　应选择生长速度快、饲料报酬高、胴体品质好的品种或品系作为杂交父本。萨福克羊、无角陶赛特羊、夏洛莱羊、杜泊羊、特克赛尔羊、德国肉用美利奴羊及波尔山羊、努比亚山羊等都是经过精心培育的专门化品种，遗传性能好，可将优良特性稳定地遗传给杂种后代。若进行三元杂交，第一父本不仅要生长快，还要繁殖率高。选择第二父本时主要考虑生长快、产肉力强。

2. 经济的杂交主要方式

（1）二元经济杂交　2个羊品种或品系间的杂交。一般是用肉种羊作父本，用本地羊作母本，杂交一代通过肥育全部用于商品生产。二元杂交杂种后代可吸收父本个体大、生长发育快、肉质好和母本适应性好的优点，方法简单易行，应用广泛，但母系杂种优势没有得到充分利用。

（2）三元经济杂交　以本地羊作母本，选择肉用性能好的肉羊作第一父本，进行第一步杂交，生产体格大、繁殖力强、泌乳性能好的F_1代母羊，作为羔羊肉生产的母本，F_1代公羊则直接肥育。再选择体格大、早期生长快、瘦肉率高的肉羊品种作为第二父本（终端父本），与F_1代母羊进行第二轮杂交，所产F_2代羔羊全部肉用。三元杂交效果一般优于二元杂交，既可利用子代的杂交优势，又可利用母本杂交优势，但繁育体系相对复杂。

(3)双杂交 4个品种先两两杂交，杂种羊再相互进行杂交。双杂交的优点是杂种优势明显，杂种羊具有生长速度快、繁殖力高、饲料报酬高，但繁育体系更为复杂，投资较大。

3. 常见绵羊杂交组合

(1)二元杂交组合

①萨寒杂交组合 以萨福克羊为父本和小尾寒羊为母本进行二元杂交，羔羊平均初生重4.25千克，0～3月龄日增重271.11克，3～6月龄平均日增重200.00克，6月龄平均体重46.86千克。

②白寒杂交组合 以白头萨福克为父本和小尾寒羊为母本进行二元杂交，羔羊初生重可达4.16千克，0～3月龄平均日增重280.00克，3～6月龄平均日增重203.33克，6月龄平均体重47.39千克。白寒组合初生重较小，但生长速度超过萨寒组合。

③陶寒杂交组合 以无角陶赛特羊为父本和小尾寒羊为母本进行二元杂交。羔羊初生重3.72千克，4月龄平均体重23.77千克，6月龄平均活重30.54千克。

④夏寒杂交组合 以夏洛莱羊为父本，与小尾寒羊为母本进行二元杂交。羔羊初生重4.76千克，4月龄平均体重22.82千克，6月龄平均体重28.28千克。夏寒杂交F_1代母羊繁殖指数的杂种优势率为11.20%。

⑤德寒杂交组合 以德国肉用美利奴羊为父本，与小尾寒羊为母本进行二元杂交。羔羊初生重3.2千克，3月龄体重21.09千克，6月龄体重可达36.64千克。

⑥特寒杂交组合 以特克赛尔羊为父本，与小尾寒羊为母本进

行二元杂交。羔羊初生重 3.97 千克,3 月龄体重 24.20 千克,6 月龄体重 48.0 千克。0～3 月龄平均日增重为 225 克,3～6 月龄平均日增重 263 克。

图 3-16　杜寒杂交羊

⑦杜寒杂交组合　以杜泊羊为父本,与小尾寒羊为母本进行二元杂交。羔羊初生重 3.88 千克,3 月龄平均重为 24.6 千克,6 月龄平均体重 51.0 千克。0～3 月龄平均日增重 230 克,3～6 月龄平均日增重间 293 克(图 3-16)。

(2)三元杂交组合

①特陶寒杂交组合　无角陶赛特羊与小尾寒羊二元杂交,F_1 代母羊再与特克赛尔公羊杂交。羔羊初生重 3.74 千克,3 月龄平均重 20.63 千克,6 月龄体重 29.91 千克。0～3 月龄平均日增重 207.86 克。

②南夏考杂交组合　夏洛莱羊与考力代二元杂交,F_1 代母羊再与南非肉用美利奴公羊杂交。羔羊平均初生重 4.65 千克,100 日龄断奶平均体重 22.35 千克,0～100 日龄平均日增重 176 克,100 日龄断奶至 6 月龄平均日增重 80.10 克。

③南夏土杂交组合　夏洛莱羊与山西本地土种羊进行二元杂交,杂交 F_1 代母羊再与南非肉用美利奴公羊杂交。羔羊初生重 4.05 千克,100 日龄断奶平均体重 16.30 千克,0～100 日龄平均日增重 122 克,100 日龄断奶至 6 月龄平均日增重 51.73 克。该组合是山西等地重要的杂交组合类型。

④陶夏寒杂交组合　夏洛莱羊与小尾寒羊二元杂交,F_1 代母羊再与无角陶赛特公羊杂交。3 月龄杂种羔羊 29.97 千克,6 月龄杂种羔羊平均 44.98 千克,0～6 月龄平均日增重 165.71 克。

⑤萨夏寒杂交组合　夏洛莱羊与小尾寒羊二元杂交,F_1 代母羊

再与萨福克公羊杂交。3月龄杂种羔羊平均27.21千克,6月龄杂种羔羊平均42.59千克,0～6月龄日增重166.31克。

⑥德夏寒杂交组合　夏洛莱羊为父本与小尾寒羊为母本进行二元杂交,F_1代母羊再与德国肉用美利奴公羊杂交。3月龄杂种羔羊平均32.63千克,6月龄杂种羔羊平均53.19千克,0～6月龄平均日增重223.48克。

4. 常见山羊杂交组合

(1)二元杂交

①波鲁杂交组合　波尔山羊公羊与鲁北白山羊母羊杂交。6月龄、12月龄杂种羊平均体重分别为35.85千克、59.05千克,分别较鲁北山羊提高25.57%、14.00%。

②波宜杂交组合　波尔山羊公羊与宜昌白山羊母羊杂交。羔羊初生、2月龄断奶、8月龄杂种羊平均体重分别为2.82千克、12.08千克、25.43千克,分别较宜昌白山羊提高51.96%、30.59%、83.61%。屠宰率(47.26%)比宜昌白山羊高6.67%。

③波黄杂交组合　波尔山羊公羊与黄淮山羊母羊杂交。F_1代羊初生、3月龄、6月龄、9月龄平均体重分别达2.89千克、16.31千克、21.59千克、43.85千克,分别比黄淮山羊提高69.50%、105.93%、41.76%、138.44%。

④波南杂交组合　波尔山羊公羊与南江黄羊母羊杂交,F_1代公、母羊的初生重分别为2.67千克、2.44千克,2月龄平均体重分别为10.69千克、9.10千克,8月龄平均体重分别为22.56千克、20.84千克,杂种羊从初生到周岁的体重比南江黄羊高30%以上。

⑤波长杂交组合　波尔山羊与长江三角洲白山羊杂交,F_1代初生、断奶、周岁平均体重分别为2.50千克、11.18千克、22.11千克,比长江三角洲白山羊分别提高72.60%、83.58%、42.11%。周岁羯羊胴体重可达14.37千克,屠宰率为54.35%,比长江三角洲白山羊分别提高7.20千克、12.95%。初生重和产羔率的杂种优势率分别为10.13%、12.8%。

⑥波简杂交组合 波尔山羊与简阳大耳羊杂交，F_1代初生、2月龄、6月龄、12月龄平均体重分别达3.59千克、15.58千克、28.15千克、38.94千克，分别比大耳羊提高52.44%、41.06%、44.41%、30.34%。

⑦波马杂交组合 波尔山羊与马头山羊杂交，F_1代初生、3月龄、6月龄、9月龄、12月龄平均体重分别达2.7千克、18.5千克、22.7千克、28.8千克、32.7千克，分别比马头山羊提高54.3%、48.0%、29.0%、26.3%、16.8%。

⑧波福杂交组合 波尔山羊公羊与福清母山羊杂交。羔羊初生、3月龄、8月龄平均重分别为2.87千克、16.08千克、22.63千克，分别较福清山羊提高14.34%、23.12%、34.27%。

⑨波陕杂交组合 波尔山羊与陕南白山羊杂交，F_1代初生、3月龄、6月龄、12月龄、18月龄平均体重分别为3.4千克、16.60千克、27.26千克、40.33千克、46.30千克，分别比陕南白山羊提高56.0%、15.27%、39.79%、37.20%、40.73%。

⑩波贵杂交组合 波尔山羊与贵州白山羊杂交，F_1代初生、3月龄、6月龄、12月龄、18月龄分别为2.48千克、13.68千克、22.95千克、31.05千克、38.10千克，分别比贵州白山羊提高50.46%、54.61%、51.84%、61.09%、59.38%。

(2)三元杂交

①波努马杂交组合 努比亚山羊公羊先与马头山羊母羊杂交，F_1代母羊再与波尔山羊公羊杂交。F_2代初生、3月龄、6月龄、9月龄、12月龄平均体重分别为3.0千克、12.0千克、22.0千克、27.9千克、34.0千克，分别比马头山羊提高71.4%、0、25.0%、22.2%、21.4%。

②波奶陕杂交组合 关中奶山羊公羊先与陕南白山羊杂交，F_1代母羊再与波尔山羊公羊杂交。波奶陕、波陕、奶陕、陕南白山羊羔羊的初生重分别为3.63千克、3.07千克、2.45千克、2.18千克。波奶波、波陕、奶陕、陕南白山羊羔羊3月龄平均体重分别达19.46千

克、16.60 千克、15.19 千克、14.40 千克，6 月龄平均体重分别达 32.30 千克、27.45 千克、21.35 千克、19.50 千克。

5. 经济杂交利用中应注意的问题 从以往的杂交试验结果看，萨福克羊、无角陶赛特羊、德国肉用美利奴羊、夏洛莱羊、特克赛尔羊、杜泊羊、波尔山羊、努比亚山羊等引进肉羊品种对我国地方羊种的改良作用很明显，但在进行经济杂交中应注意以下问题：

第一，杂种优势与性状的遗传力有关。一般认为低遗传力性状的杂种优势高，而高遗传力性状的杂种优势低。繁殖力的遗传力为 0.1～0.2，杂种优势率可达 15%～20%。肥育性状的遗传力为 0.2～0.4，杂种优势率为 10%～15%。胴体品质性状的遗传力在 0.3～0.6，杂种优势率仅为 5%左右。

第二，一般 F_1 代羊杂种优势率最高，随杂交代数的增加，杂种优势逐渐降低，且有产羔率降低、产羔间隔变长的趋势。因此，不应无限制级进杂交。引进肉用绵羊品种较多，可以多品种杂交替代单品种级进杂交。引进肉用山羊品种相对较少，可适当进行级进杂交，但不宜超过两代。在肉用山羊生产中，除积极培育新品种外，可加强努比亚山羊的利用。

第三，应注意综合评价改良效果，不可单以增重速度来衡量。母羊的生产指数综合了增重速度和繁殖力的总体效应，是比较适宜的杂交效果评价指标。

第四，杂交对于山羊板皮可能产生不利影响，应引起足够的重视。

第五，选择适宜杂交组合的同时，注意改善饲养管理。优良的遗传潜力只有在良好营养的基础上才能充分发挥。国外肉羊品种繁殖能力受营养条件影响较大，如杜泊羊、德国肉用美利奴羊产羔率随营养水平不同在 100%～250%范围内变动。波尔山羊也有类似的现象。

四、本品种选育

（一）概　述

本品种选育指以保持和发展品种固有优点为目标，在本品种内通过选种、选配、品系繁育、改善培育条件等为基本措施，提高品种性能的一种育种方法。本品种选育的根本任务是保持和发展本品种的优良特性，增加品种内优良个体的比例，克服本品种的某些缺点，故并不排除在个别情况下，一定时期、个别范围的小规模导入杂交。

不同用途的羊品种与其他任何品种一样，并非都是完全纯合的群体，本品种选育的前提正是品种内存在着差异。尤其是高产的品种群，受人工选择的作用较大，品种内的异质性更大，这些有差异的个体间交配，由于基因重组会使后代表现多种变异，为选育提供了丰富的素材，为全面提高本品种质量奠定了基础。当一个品种存在一定缺点而导入杂交时，引进某些基因而加快选育进展。然而，一个品种即使品质优良，一旦放松选育提高工作，自然选择作用相对增长，使群体向着原始类型发展，导致品种退化。因此，为了巩固和提高羊品种的主要生产性能，本品种选育是其经常性的育种活动。

（二）本品种选育的原则、措施

尽管羊品种资源繁多，品种特点各不相同，选育措施也不应当完全一样，但在羊场进行本品种选育过程中，有其共同的基本原则和措施。

第一，进行品种普查，摸清品种分布区域及其自然生态条件、社会经济条件及产区群众养羊习惯，掌握羊群数量和质量消长及分布特点，根据品种现状，制定品种标准。

第二，制定本品种资源的保存和利用规划，提出选育目标，保持和发展品种固有的经济类型和独特优点，根据品种普查状况，确定重点选育性状和选育指标。

第三，划定选育基地，建立良种繁殖体系。本品种选育工作应以品种的中心产区为基地，在选育基地范围内，逐步建立育种场和良种繁殖场，建立健全良种繁殖体系，使良种不断扩大数量，提高质量。在育种场内要建立良种核心群，为选育场提供优良种羊，促进整个品种性能的提高。

第四，严格执行选育技术措施，定期进行性能测定。本品种选育要拟定简便易行的良种鉴定标准和办法，实行专业选育与群众选育相结合，不断精选育种群，扩大繁殖群，在选种选配方案及选育目标的指导下，以同质选配为主导与异质选配相结合，严格执行选种标准，强化选优淘劣，迅速提高羊群种质纯度。同时，要改善饲养管理条件，实行合理培育原则。

第五，开展品系繁育，全面提高品种质量。根据品种内的区域性差异和不同区域（或羊场）的羊群类型或性能特点，建立起各具特色的生长快、胴体品质优良的品系，把品种的优良特性提高到一个新的高度。

第六，加强组织领导，充分调动群众选育工作的积极性，建立育种协作组织，制定选育方案，定期进行种羊鉴定，广泛开展良种登记和评定交流活动，积极控进本品种选育工作。

（三）品系繁育

品系是品种内具有共同特点，彼此间有亲缘关系的个体组成的遗传性稳定的群体，是品种内部的结构单位。一个品种内品系越多，遗传基础越丰富，通过品系繁育，品种整体质量就会不断得到提高。例如，在一个半细毛羊品种内，需要同时提高几个性状的生产性能。由于考虑的性状过多，使每个性状的遗传进展都很微小。如果将群体中有不同优点（如净毛率高，毛长）的个体分别组合起来，形成品种内小群体(品系),在各个品系内进行选育,有重点地将这些特点加以巩固提高,然后再将这些不同品系进行杂交,便可快速提高整个品种质量。所以,品系繁育是现代家畜育种中一种高级育种技术。品系培育不仅是为了建立品系,更重要的是利用品系,其作用是促进新品种的育成、加快现有品种的改良,充分利用杂种优势。

品系繁育大致可分为3个阶段。

1. 组建品系基础群　根据育种目的,选择品种内具有符合需求特点的个体,组建成品系繁育基础羊群。例如,在毛用羊的育种中,可考虑建立高产毛量系、高净毛量系、毛长系、毛密系、高产绒量系、体大系、高繁殖力系等。组建品系时,可按两种方式进行:

(1)按表型特征组群　这种方法简便易行,不考虑个体间的血缘关系,只要将具有符合拟建品系要求的个体组成群体即可。在育种和生产实践中,对于有中、高度遗传力的性状,多数采用这种方法建立品系。

(2)按血缘关系组群　对选中个体逐一清查系谱,将有一定血缘关系的个体按拟建品系的要求组群。这种品系对于遗传力低的性状,如繁殖力、肉品质特性等有较好效果。

2. 闭锁繁育阶段　品系基础群组建后,用选中的系内公羊(又叫系祖)与母羊进行"品系内繁育",或者说将品系群体"封闭"起来进行繁育。在这个阶段应注意以下几方面的问题:

第一,按血缘关系建品系的封闭繁育,应尽量利用遗传稳定的优秀公羊作系祖;注意选择和培养具有系祖特点的后代作为系祖的接班羊。按表型特征组建成的品系,早期应对所用公羊进行后裔测验,发现和培养优秀系祖,系祖一经确定,就要尽量扩大它的利用率。优秀系祖的选定和利用,往往是品系繁育能否成功的关键。

第二,及时淘汰不符合要求的个体,始终保持品系同一性。

第三,封闭繁育到一定阶段,必然出现近亲繁殖现象,特别是按血缘组建的品系,一开始实行的就是近交。因此,控制近交是十分必要的。开始阶段可采用父—女、母—子等嫡亲交配,逐代疏远,最后将近交系数控制在20%左右。采用随机交配时,可通过控制公羊数量来掌握近交程度。

第四,必要时进行血缘更新,血缘更新是指把遗传性和生产性能一致非近交的同品系的种羊引入闭锁羊群,这样的公、母羊属于同一品系,仍是纯种繁育。血缘更新主要是在闭锁羊群中,由于羊的数量较少而存在近交产生不良后果时,或者是新引进的品种改变环境后,生产性能降低时,再者是羊群质量达到一定水平,生产性能及适应性等方面呈现停滞状态时使用。

3. 品系间杂交阶段 当各品系繁育到一定程度,所需的优良性状,遗传特性达到一定稳定程度后,便可按育种目标及需要,开展品系间杂交,将各品系优点集合起来,提高品种的整体品质。例如,用高产毛量品系与毛长品系杂交,就会将这两个性状固定于群体中;但是,在进行品系间杂交后,还需要根据羊群中出现的新特点和育种的要求创建新的品系,再进行品系繁育,不断提高品种水平。

如南江黄羊是四川省培育成功的我国第一个肉用山羊新品种,在品种培育前期和中期阶段,选育工作比较粗糙,因而进展缓慢,为了提高羊群品质和加快培育速度,在20世纪80年代后期开始建立了体大系、高繁殖力系和早熟系等品系,分别进行品系繁育。经过近10年的努力,终于成功地培育出了具有体格高大、繁殖力高、生长发育快、产肉性能好和适应性强的新型肉山羊品种——南江黄羊。

五、肉羊的选育改良

(一)概　述

所谓羊的品种是人类在一定的社会条件下,为了生产和生活的需要,通过长期选育而成的具有共同经济特点,并能将其特点稳定地遗传给后代的类群。羊的品种按其生产力方向分类,主要可分为毛用羊、肉用羊、乳用羊、皮用羊、兼用羊等，近年来我国肉羊业的发展迅速，呈现逐年上升趋势。

据不完全统计，我国目前饲养的肉羊品种共有 30 余种。但不管它们是什么品种，不管是山羊还是绵羊，其主要生产方向是肉用的，就应具备肉用羊品种的一般特征：

第一，早熟，一般肉用羊品种比毛用羊性成熟早，在 7～8 月龄，甚至 5～6 月龄即具备繁殖能力，而毛用品种羊大多在 10～12 月龄。

第二，四季发情，常年配种并产多羔，而毛用品种多集中在秋季发情配种，每胎只产 1 个羔，双羔少见。

第三，生长发育快，经肥育 4～6 月龄可达到上市体重。

第四，具备圆筒状的肉用体型。

（二）肉羊的选择方法

作为肉用种羊，首先要求它本身生产性能、体型外貌好，发育正常，其次还要求它繁殖性能好，合乎品种标准，种用价值高。

肉种羊以上 6 个方面都要进行评定，前 5 个方面根据肉用种羊本身的性能表现即可评定，而种用价值的评定就是对种羊遗传型的鉴定。

1. 肉种羊外貌评定　肉用羊主要生产方向是生产羊肉，因此在外形选择时，应掌握肉用羊的外形特征：

从整体看，应选体躯低垂，皮薄骨细，全身肌肉丰满，疏松而匀称的个体；从局部看，应着重与产肉性能关系重要的部位，这些部位是鬐甲、前胸和尻部。要选鬐甲宽、厚、多肉，与背腰在一条直线上。前胸饱满，突出于两前肢之间，肉垂细软而不甚发达，肋骨比较直立而弯曲不大，肋骨间隙较窄，两肩与胸部结合良好，无凹陷痕迹，显得十分丰满多肉。背部宽广与鬐甲及尾根在一条直线上，显得十分平坦而多肉，沿脊椎两侧和背腰肌肉非常发达，常形成“复腰”，腰短，肷小，腰线平直，宽广而丰满，整个体躯呈现粗短圆桶形状。尻部要宽、平、长，富有肌肉，忌尖尻和斜尻。两腿宽而深厚，显得十分丰满。腰角丰圆不突出。坐骨端距离宽,厚实多肉;连接腰角、坐骨端宽与飞节 3 点,要构成丰满多肉的肉三角。

肉用型羊的选择,在外貌上应抓住两个重点:一是细致疏松型明显;二是前望、后望、上望都构成矩形。即前望由于胸宽深,鬐甲十分平直,肋骨十分弯曲,构成前望矩形;侧望由于颈短而宽,胸尻深宽,前胸突出,股后平直,构成侧望矩形;上望由于鬐甲宽,背腰、尻部宽,构成上望矩形。

肉用羊外貌选择方法,可以采用肉眼评定方法,也可根据各种肉用品种羊的外貌特征、体尺、体重标准,种羊场和生产羊场的记载资料,采用综合评定法。从现实讲,生产场多采用肉眼评定。凭技术员的学识和经验来选择,选择时着重外貌。

2. 肉种羊种用价值评定 种用价值高是对种羊的最根本的要求,也是最重要的,因为种羊的主要价值不在于它本身能生产多少产品,而在于它能生产多少品质优良的后代羔羊。肉用种羊的选择,既要依据本身的表型评定结果,又要依据其遗传型的评价结果。

种用羊遗传型的鉴定,必须根据来自其亲属的遗传资料,所谓的亲属就是祖先(父母)、后裔(子女)和同胞(包括全同胞和半同胞)。质量性状的遗传型通常采用亲属资料并结合测交方法来鉴定;数量性状的遗传型采用本身记录及亲属资料并结合育种值估计方法来鉴定。由于种羊本身的性能表现,祖先、同胞及后裔的测定成绩都是在不同时期获得的。所以,只能在不同阶段依据既有的不同来源的遗传信息,或单项、或多项、或综合全部来源的遗传信息来评价种羊的种用价值,进行种羊选择。

一般情况下,当羔羊出生后或断奶后,根据它们的系谱和同胞成绩,选择后备种羊;当它们有了性能表现后,可根据其本身发育情况和生产性能以及更多的同胞资料,再一次选优去劣。只有最优秀的羊只才进行后裔测验,确认是优秀者,才能加强利用,扩大生产。实质上,种羊的选择早在选配时就开始了。

(三)肉羊繁育体系建立

所谓肉羊繁殖体系，就是指为了开展肉羊的杂种优势利用工作，建立的一整套合理的组织机构，包括建立各种性质的羊场，确定羊场之间的相互关系，在规模、经营方式、互助协作等方面密切配合，从而达到整体经营，工作效率高，产品高额优质。

为了提高肉羊生产效率，利用不同品种间杂交产生的杂种供肥羔生产。目前，发达国家多采用 3 品种或 4 品种杂交生产肥羔。利用不同的品种相杂交，产生的各代杂种，具有生活力强、生长发育快、饲料利用率高、产品率高等优势，在肉羊业中被广泛应用。试验表明，2 品种杂交产生的羔羊断奶体重的杂种优势率在 13%以上，3 品种杂交的杂种优势率在 38%以上，4 品种杂交的杂种优势又超过了 3 品种杂交。

我国农村肉羊生产尚处在对品种的初步利用水平上，大部分地区仅是利用地方品种生产肉羊，部分地区采用 2 品种杂交生产杂种肉羊，个别地区有 3～4 个品种杂交生产的肉羊试点。肉羊繁育体系很不健全，缺乏合理而持续利用的长期规划。我国农村要开展肉羊的杂种优势利用工作，应根据各地的品种资源及基础条件，在杂交试验的基础上，制定杂交规划，有领导、有计划、有步骤地开展经济杂交工作。盲目杂交不仅不能获得稳定的杂交优势，而且会把纯种搞混杂，破坏肉羊品种资源。因此，除进行配合力测定试验外，应有组织、系统地建立起完善的纯繁和杂交繁育体系。目前，我国北方许多省(自治区)引进了萨福克羊、无角陶赛特羊和夏洛莱羊等国外肉用羊品种，是我国农村广泛开展杂种优势利用的父本品种，用我国地方良种作母本，开展二元和三元杂交生产肥羔。根据杂交方式的不同，分别可建立两级或三级繁体系。

1. 两级繁育体系　进行二元杂交应建立两级繁育体系，即两个纯种繁殖场和商品生产场。一个地区可由国家建立纯种繁殖场，大型专业户可建立商品生产场，利用两个纯繁场提供的父本和母本杂交，或仅饲养母本羊，利用地方配种站的父本公羊杂交，为小型专业户提供杂种羔羊，或自繁自养，进行肥羔生产。

2. 三级繁育体系 三元杂交应建立三级繁育体系，其中有两级繁殖场和一级商品生产场。一般由国家建立两级繁殖场，一级为纯种繁殖场，共有 3 个，每个纯种繁殖场饲养 1 个品种；另一级为杂种繁殖场（即二级繁殖场），利用纯种繁殖场提供的母本和第一父本进行杂交，专门生产杂种母本。大型专业户建立商品生产场，利用杂种繁殖场提供的杂种一代母本与纯种繁殖场提供的第三品种父本（终端父本）或配种站饲养的第三品种公羊搞 3 品种杂交，为专业户提供 3 品种杂交羔羊，或者自繁自养，进行肥羔生产。

3. 肉羊繁育体系建设需要注意的问题

第一，一级纯繁场需要注意切实开展品种内的系统选育工作，确保优良羊种的性能能够保持和提高。我国近年来引入的羊品种往往由于风土驯化、选育手段、种群数量等原因导致部分品种的生产性能降低，甚至退化严重，失去改良价值。

第二，杂交用种羊种质、代数要确实，生产中避免随意杂交。经济杂交由于其良好的经济效益往往在生产中被广泛使用，但一定要明确两个理念：一是不是所有的杂交组合都有优势，要选用已经经过试验并且效果确实的杂交组合，同时要注意利用正确的杂交方式，有时同样的两个品种或品系可能会由于正反交不同杂交效果相差甚远。二是参与杂交的亲本越纯，杂种优势越明显，因此生产中一定要明确没有纯种就没有杂种优势可言，必须做好杂交亲本的纯种繁育工作后或选择纯种、纯系开展杂交才有望获得杂种优势。

第三，杂交代不留种。切忌用不明血缘的羊混交乱配，尤其是杂交代不能反复留种，除非是育种环节中的正、反反复杂交或多元杂交的母本。

第四，参考已有的杂交方式进行杂交。如果没有被选父母本杂交效果的相关报道，则应小范围配套试验，待探索到最优的杂交组合后，再大范围推广。

六、羊的引种

（一）引种原则

1. 根据生产目的引进合适的羊品种　在引入种羊之前，要明确本养殖场的主要生产方向，全面了解拟引进品种羊的生产性能，以确保引入羊种与生产方向一致。如长江以南地区，适于山羊饲养，在寒冷的北方则比较适合于绵羊饲养，山区丘陵地区也较适于山羊饲养。有的地区也有相当数量的地方羊种，只是生产水平相对较低，这时引入的羊种应该以肉用性能为主，同时兼顾其他方面的生产性能。可以通过场家的生产记录、近期测定站公布的测定结果以及有关专家或权威机构的认可程度了解该羊种的生产性能，包括生长发育、生活力和繁殖力、产肉性能、饲料消耗、适应性等进行全面了解。同时，要根据相应级别（品种场、育种场、原种场、商品生产场）选择良种。如有的地区引进纯系原种，其主要目的是为了改良地方品种，培育新品种、品系或利用杂交优势进行商品羊生产；也有的场家引进杂种代直接进行肉羊生产。

确保引进生产性能高而稳定的羊种。根据不同的生产目的，有选择性地引入生产性高且稳定的品种，对各品种的生产特性进行正确比较。如从肉羊生产角度出发，既要考虑其生长速度、出栏时间和体重，尽可能高地增加肉羊生产效益，又要考虑其繁殖能力，有的时候还应考虑肉质，同时要求各种性状能保持稳定和统一。

花了大量的财力、物力引入的良种要物尽其用，各级单位要充分考虑到引入品种的经济、社会和生态效益，做好原种保存、制种繁殖和选育提高的育种计划。

2. 选择市场需求的品种　根据市场调研结果，引入能满足市场需要的羊种。不同的市场需求不同的品种，如有些地区喜欢购买山羊肉，有些地区则喜食绵羊肉，并且对肉质的需求也不尽相同。生产中则要根据当地市场需求和产品的主要销售地区选择合适的羊种。

3. 根据养殖实力选择羊种 要根据自己的财力,合理确定引羊数量,做到即有钱买羊,又有钱养羊。俗话说“兵马出征,粮草先行”,准备购羊前要备足草料,修缮羊舍,配备必要的设施。刚步入该行业的养殖户不适合花太多钱引进国外品种,也不适合搞种羊培育工作。最好先从商品肉羊生产入手,因为种羊生产投入高、技术要求高,相对来说风险大,待到养殖经验丰富、资金积累成熟时再从事种羊养殖、制种推广。

(二)引种方法

1. 到规模化育种场引进种羊 引羊时要注意地点的选择,一般要到该品种的主产地去。国外引进的羊品种大都集中饲养在国家、省级科研部门及育种场内,在缺乏对品种的辨别时,最好不要到主产地以外的地方去引种,以免上当受骗。引种时要主动与当地畜牧部门取得联系。

2. 做好引种准备 引种前要根据引入地饲养条件和引入品种生产要求做好充分准备。

准备圈舍和饲养设备,圈舍、围栏、采食、饮水、卫生维护等基础设施的准备到位,饲养设备做好清洗、消毒,同时备足饲料和常用药物。如果两地气候差异较大,则要充分做好防寒保暖工作,减小环境应激,使引入品种能逐渐适应气候的变化。

培训饲养和技术人员,技术人员能做到熟悉不同生理阶段种羊饲养技术,具备对常见问题的观察、分析和解决能力,能做到指导和管理饲养人员,对羊群的突发事件能及时采取相应措施。

3. 做到引种程序规范,技术资料齐全 签订正规引种合同,引种时一定要与供种场家签订引种合同,内容应注明品种、性别、数量、生产性能指标,售后服务项目及责任、违约索赔事宜等。

索要相关技术资料,不同羊种、不同生理阶段生产性能、营养需求、饲养管理技术手段都会有差异,因此引种时向供种方索要相关生产技术材料便于生产中参考。

了解种羊的免疫情况,不同场家种羊免疫程序和免疫种类有可能有差异,因此必须了解供种场家已经对种羊做过何种免疫,避免引种后重复免疫或者漏免造成不必要的损失。

4. 保证引进健康、适龄种羊　羊只的挑选是引种的关键,因此到现场参与引羊的人,最好是一位有养羊经验的人,能够准确把握羊的外貌鉴定,能够挑选出品质优良的个体,会看羊的年龄,了解羊的品质。到种羊场去引羊,首先要了解该羊场是否有畜牧部门签发的《种畜禽生产许可证》、《种羊合格证》及《系谱耳号登记》,三者是否齐全。若到主产地农户收购,应主动与当地畜牧部门联系,也可委托畜牧部门办理,让他们把好质量关,挑选时,要看羊的外貌特征是否符合品种标准,公羊要选择 1～2 岁,手摸睾丸富有弹性,注意不购买单睾羊;手摸有痛感的多患有睾丸炎,膘情中、上等但不要过肥过瘦。母羊多选择周岁左右,这些羊多半正处在配种期,母羊要强壮,乳头大而均匀,视群体大小确定公、母羊比例,一般比例要求 1∶15～20,群体越小,可适当增加公羊数,以防近交。

5. 确定适宜的引羊时间　引羊最适季节为春、秋两季,因为这两季节气温不高,也不太冷,冬季在华南、华中地区也能进行,但要注意保温设备。引羊最忌在夏季,6～9 月份天气炎热、多雨,大都不利于远距离运羊。如果引羊距离较近,不超过 1 天的时间,可不考虑引羊的季节。如果引地方良种羊,这些羊大都集中在农民手中,所以要尽量避开“夏收”和“三秋”农忙时节,这时大部分农户顾不上卖羊,选择面窄,难以引到好羊。

图 3-17　种羊运输后的卸车

6. 运输注意事项　羊只装车不要太拥挤,一般加长挂车装 50 只(图 3-17),冬天可适当多装几只、夏天要适当少装几只,汽车运输要匀速行驶，避免急刹车，一般每 1 小时左右要停车检查一下，趴下的羊要及时拉起，防止踩、压，特别是山地运输更要小心。途中要及时给予充足的饮水，羊只装车时要带足当地羊喜吃的草料，1 天要给料 3 次，饮水 4～5 次。

7. 严格检疫，做好隔离饲养 引种时必须符合国家法规规定的检疫要求，认真检疫，办齐一切检疫手续。严禁进入疫区引种。引入品种必须单独隔离饲养，一般种羊引进隔离饲养观察 2 周，重大引种则需要隔离观察 1 个月，经观察确认无病后方可入场。有条件的羊场可对引入品种及时进行重要疫病的检测。

8. 要注意加强饲养管理和适应性锻炼 引种第一年是关键性的一年，应加强饲养管理，要做好引入种羊的接运工作，并根据原来的饲养习惯，创造良好的饲养管理条件，选用适宜的日粮类型和饲养方法。在迁运过程中为防止水土不服，应携带原产地饲料供途中或到达目的地时使用。根据引进种羊对环境的要求，采取必要的降温或防寒措施。

第四章 羊场的规划设计

羊场的科学规划设计，是提高羊生产性能的保证，可以使建设投资较少、生产流程通畅、劳动效率最高、生产潜力得以发挥、生产成本较低。反之，不合理的规划设计将导致生产指标无法实现、羊场直接亏损、破产。

一、羊场场址的选择

羊场场址的选择是养羊的重要环节，也是养羊成败的关键，无论是新建羊场，还是在现有设施的基础上进行改建或扩建，选址时必须综合考虑自然环境、社会经济状况、畜群的生理和行为需求、卫生防疫条件、生产流通及组织管理等各种因素，科学和因地制宜地处理好相互之间的关系。

因此，羊场场址的选择要从羊的生理特点着手，结合当地环境、资源等基础条件，为羊创造一个最佳的生活环境。在《农产品质量安全 无公害畜禽肉产地环境要求》GB/T 18407.3—2001 和《无公害食品 肉羊饲养管理准则》NY/T 5151—2002 所要求的基础上进行合理的选择。

（一）羊场场址的选择原则

总体来讲，羊场场址的选择要有利于羊的生产、管理和防疫，同时保证当地的生态环境不受影响。一是周围及附近饲草，特别是像花生秧、甘薯秧、大蒜秆、大豆秸等优质农副秸秆资源必须丰富；二是交通方便而又不紧邻交通要道；三是地势高燥，既有利于防洪排涝而又不至于发生断层、陷落、滑坡或塌方；四是地形比较平坦，土层透水性好；五是有水、有电或水、电问题较易解决；六是不至造成社会公用水源的污染；七是要与村落保持150米以上的距离，并尽量处在村落下风向和低于农舍、水井的地方；八是土地开发利用价值低。

（二）羊场场址的基本要求

1. 地形地势 地形是指场地的形状、范围以及地物，包括山岭、河流、道路、草地、树林、居民点等的相对平面位置状况；地势是指场地的高低起伏状况。羊场的场地应选在地势较高、干燥平坦、排水良好和背风向阳的地方。

平原地区一般场地比较平坦、开阔，场址应注意选择在较周围地段稍高的地方，以利排水。地下水位要低，以低于建筑物地基深度0.5米以下为宜。

靠近河流、湖泊的地区，场地要选择在较高的地方，应比当地水文资料中最高水位高1～2米，以防涨水时被水淹没。

山区建场应尽量选择在背风向阳、面积较大的缓坡地带。应选在稍平缓坡上，坡面向阳，总坡度不超过25°，建筑区坡度应在2.5°以内。坡度过大，不但在施工中需要大量填挖土方，增加工程投资，而且在建成投产后也会给场内运输和管理工作造成不便。山区建场还要注意地质构造情况，避开断层、滑坡、塌方的地段，也要避开坡底和谷地以及风口，以免受山洪和暴风雪的袭击。

羊有喜干燥厌潮湿的生活习性，如长期生活在低洼潮湿环境中，不仅影响生产性能的发挥，而且容易引发寄生虫病等一些疾病。因而，切忌将羊场建在低洼地、山谷、朝阴、冬季风口等处。土质黏性过重，透气透水性差，不易排水的地方，也不适宜建场。地下水位应在2米以下，土质以沙壤土为好，且舍外运动场具有5°～10°的小坡度。这样，既有利于防洪排涝而又不至于发生断层、陷落、滑坡或塌方，地形比较平坦，土层透水性好。

2. 饲草料来源　饲草料是羊赖以生存的最基本条件，在以放牧为主的牧场，必须有足够的牧地和草场。以舍饲为主的农区、垦区和较集中的肉羊肥育产区，必须要有足够的饲草、饲料基地或便利的饲料原料来源。羊场周围及附近饲草，特别是像花生秧、甘薯秧、大蒜秆、大豆秸等优质农副秸秆资源必须丰富。建羊场要考虑有稳定的饲料供给，如放牧地、饲料生产基地、打草场等。因此，对以舍饲为主的羊场，必须有足够的饲草饲料基地和便利的饲料原料来源；对以放牧为主的羊场，必须有足够的牧地和草场。切忌在草料缺乏或附近无牧地的地方建立羊场。

3. 水、电资源　水资源应符合《NY 5027—2001 无公害食品 畜禽饮用水水质标准》。具有清洁而充足的水源，是建羊场必须考虑的基本条件。羊场要求四季供水充足，取用方便，最好使用自来水、泉水、井水和流动的河水；并且水质良好，水中大肠杆菌数、固形物总量、硝酸盐和亚硝酸盐的总含量应低于规定指标。

水源水质关系着生产和生活用水与建筑施工用水，要给以足够的重视。首先要了解水源的情况，如地面水（河流、湖泊）的流量，汛期水位；地下水的初见水位和最高水位，含水层的层次、厚度和流向。对水质情况需了解酸碱度、硬度、透明度，有无污染源和有害化学物质等，并应提取水样做水质的物理、化学和生物污染等方面的化验分析。了解水源水质状况是为了便于计算拟建场地地段范围内的水的资源，供水能力，能否满足羊场生产、生活、消防用水要求。

在仅有地下水源地区建场，第一步应先打一眼井。如果打井时出现任何意外，如流速慢、泥沙或水质问题，最好是另选场址，这样可减少损失。对羊场而言，建立自己的水源，确保供水是十分必要的。此外，水源和水质与建筑工程施工用水也有关系，主要与砂浆和钢筋混凝土搅拌用水的质量要求有关。水中的有机质在混凝土凝固过程中发生化学反应，会降低混凝土的强度，锈蚀钢筋，形成对钢混结构的破坏。

如羊场附近有排污水的工厂，应将羊场建于其上游。切忌在严重缺水或水源严重污染的地方建立羊场。尽量要求有电或水电问题较易解决;不造成社会公用水源的污染;土地开发利用价值低的地方。

羊场内生产和生活用电都要求有可靠的供电条件。因此,需了解供电源的位置,与羊场的距离,最大供电允许量,是否经常停电,有无可能双路供电等。通常,建设羊场要求有Ⅱ级供电电源。在Ⅲ级以下供电电源时,则需自备发电机,以保证场内供电的稳定可靠。为减少供电投资,应尽可能靠近输电线路,以缩短新线路敷设距离。

4. 交通 羊场要求建在交通便利的地方,便于饲草和羊只的运输。羊场的交通方便而又不紧邻交通要道。距离公路、铁路交通要道远近适宜,同时考虑交通运输的便利和防疫两个方面的因素。要与村落保持150米以上的距离,并尽量处在村落下风向和低于农舍、水井的地方。但为了防疫的需要,羊场应距离村镇不少于500米,离交通干线1 000米、一般道路500米以上。同时,应考虑能提供充足的能源和方便的电讯条件,特别是电力供应要正常。

还应有充足的能源和方便的电讯条件,这是现代养羊生产对外交流、合作的必备条件,也便于商品流通。应根据国家畜牧业发展规划和各地畜禽品种发展区划,将羊场选在适合当地主要发展品种的中心。

5. 防疫 在羊场场地及周围地区必须为无疫病区,放牧地和打草场均未被污染。羊场周围的畜群和居民宜少,应尽量避开附近单位的羊群转场通道,以便在一旦发生疫病时容易隔离、封锁。选址时要充分了解当地和周围的疫情状况,切忌将养羊场建在羊传染病和寄生虫病流行的疫区,也不能将羊场建于化工厂、屠宰场、制革厂等易造成环境污染的企业的下风向。同时,羊场也不能污染周围环境,应处于居民点的下风向。

6. 环境生态 遵循国家《恶臭污染物排放标准》GB 14554—1993和《畜禽场环境质量标准》NY/T 388—1999,了解国家羊生产相关政策、地方生产发展方向和资源利用等。在开始建场以前,应获得市政、建设、环保等有关部门的批准。此外，还必须取得符合实用法规的施工许可证。

选择场址必须符合本地区农牧业生产发展总体规划、土地利用发展规划和城乡建设发展规划的用地要求。必须遵守十分珍惜和合理利用土地的原则，不得占用基本农田，尽量利用荒地和劣地建场。大型羊企业分期建设时，场址选择应一次完成，分期征地。近期工程应集中布置，征用土地满足本期工程所需面积。远期工程可预留用地，随建随征。以下地区或地段的土地不宜征用：规定的自然保护区、生活饮用水水源保护区、风景旅游区；受洪水或山洪威胁及有泥石流、滑坡等自然灾害多发地带；自然环境污染严重的地区。

二、羊场总体规划设计

羊场的规划完成后并经建设主管单位、城乡规划、环境保护等有关部门批准，即可进行羊场的具体工艺设计和场内羊舍、办公管理、库房等生产生活建筑与水、暖、电等基础设施的工程设计和建设。

（一）羊场的规划原则

羊场规划的主要内容包括羊场场址选择、羊场工艺设计、羊场总平面布置、羊场基础设施工程规划 4 个方面。羊场的规划原则要有利于羊的生产，安全的防疫卫生条件和防止对外部环境的污染是羊场规划建设与生产经营面临的首要问题，应按以下原则进行。

第一，根据羊场的生产工艺要求，结合当地气候条件、地形地势及周围环境特点，因地制宜，做好功能分区规划。合理布置各种建（构）筑物，满足其使用功能，创造出经济合理的生产环境。

第二，充分利用场区原有的自然地形、地势，建筑物长轴尽可能顺场区的等高线布置，尽量减少土石方工程量和基础设施工程费用，最大限度地减少基本建设费用。

第三，合理组织场内、外的人流和物流，创造最有利的环境条件和低劳动强度的生产联系，实现高效生产。

第四，保证建筑物具有良好的朝向，满足采光和自然通风条件，并有足够的防火间距。

第五，利于羊粪尿、污水及其他废弃物的处理和利用，确保其符合清洁生产的要求。

第六，在满足生产要求的前提下，建（构）筑物布局紧凑，节约用地，少占或不占耕地。并应充分考虑今后的发展，留有余地。特别是对生产区的规划，必须兼顾将来技术进步和改造的可能性，可按照分阶段、分期、分单元建场的方式进行规划，以确保达到最终规模后总体的协调和一致。

（二）羊场的功能分区及其规划

羊场的功能分区是否合理，各区建筑物布局是否得当，不仅影响基建投资、经营管理、生产组织、劳动生产率和经济效益，而且影响场区的环境状况和防疫卫生。因此，应认真做好羊场的分区规划，确定场区各种建筑物的合理布局。

1. 羊场的功能分区　羊场通常分为生活管理区、辅助生产区、生产区和隔离区。生活管理区和辅助生产区应位于场区常年主导风向的上风处和地势较高处，隔离区位于场区常年主导风向的下风处和地势较低处。

2. 羊场的规划布置

（1）生活管理区　主要包括管理人员办公室、技术人员业务用房、接待室、会议室、技术资料室、化验室、食堂、职工值班宿舍、厕所、传达室、警卫值班室以及围墙和大门，外来人员第一次更衣消毒室和车辆消毒设施等。

对生活管理区的具体规划因羊场规模而定。生活管理区一般应位于场区全年主导风向的上风处或侧风处，并且应在紧邻场区大门内侧集中布置。羊场大门应位于场区主干道与场外道路连接处，设施布置应使外来人员或车辆经过强制性消毒，并经门卫放行才能进场。按地势、风向的规划图见图 4-1,生活管理区大体规划见图 4-2。

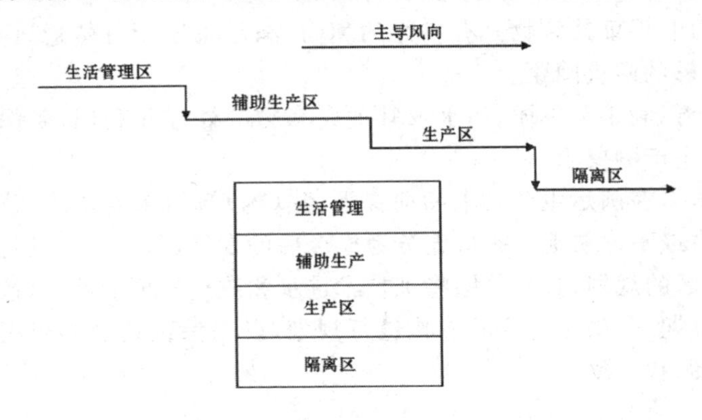

图 4-1　按地势、风向的分区规划图

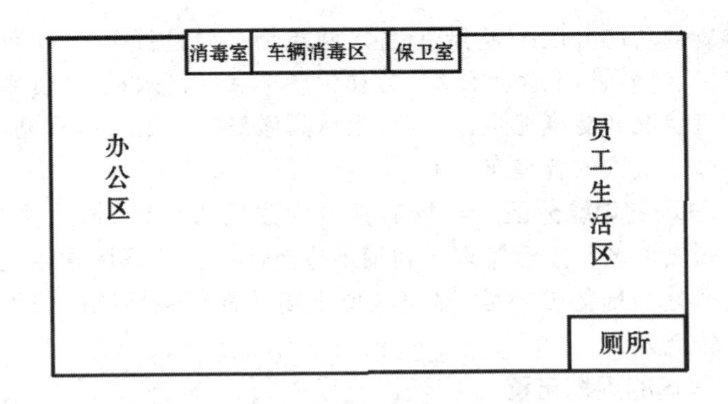

图 4-2　生活管理区大体规划

生活管理区应与生产区严格分开,与生产区之间有一定缓冲地带,生产区入口处设置第二次人员更衣消毒室和车辆消毒设施。

(2)辅助生产区　主要是供水、供电、供热、设备维修、物资仓库、饲料贮存等设施,这些设施应靠近生产区的负荷中心布置,与生活管理区没有严格的界限要求。对于饲料仓库,则要求仓库的卸料口开在辅助生产区内,仓库的取料口开在生产区内,杜绝外来车辆进入生产区，保证生产区内外运料车互不交叉使用。

(3)生产区 主要布置不同类型的羊舍、剪毛间、采精室、人工授精室、羊装车台、选种展示厅等建筑。这些设施都应设置两个出入口，分别与生活管理区和生产区相通。

(4)隔离区 隔离区内主要是兽医室、隔离羊舍、尸体解剖室、病尸高压灭菌或焚烧处理设备及粪便和污水贮存与处理设施。隔离区应位于全场常年主导风向的下风处和全场场区最低处，与生产区的间距应满足兽医卫生防疫要求。绿化隔离带、隔离区内部的粪便污水处理设施和其他设施也需有适当的卫生防疫间距。隔离区内的粪便污水处理设施与生产区有专用道路相连，与场区外有专用大门和道路相通。

3. 羊场主要建筑构成

(1)生产建筑设施 生产建筑设施包括种公羊舍、母羊舍、羔羊舍、肥育羊舍、病羊隔离舍等。

(2)辅助生产建筑设施 辅助生产建筑设施包括更衣室、消毒室、兽医室、药浴池、青贮窖(塔)、饲料加工间、变(配)电室、水泵房、锅炉房、仓库、维修间、粪便污水处理设施等。

(3)生活和管理建筑 生活和管理建筑包括管理区内的办公用房、食堂、宿舍、文化娱乐用房、围墙、大门、门卫、厕所、场区其他工程等。

4. 羊场规划的主要技术经济指标 羊场规划的技术经济指标是评价场区规划是否合理的重要内容。新建场区可按下列主要技术经济指标进行，对局部或单项改、扩建工程的总平面设计的技术经济指标可视具体情况确定。

(1)占地估算 按存栏基础母羊计算：占地面积为15～20米^2/只，羊舍建筑面积为5～7米^2/只，辅助和管理建筑面积为3～4米^2/只。按年出栏商品羊计算：占地面积为5～7米^2/只，羊舍建筑面积为1.6～2.3米^2/只，辅助和管理建筑面积为0.9～1.2米^2/只。

(2)所需面积 羊舍建筑以50只种母羊为例，建筑面积147

米^2,运动场850米^2,不同规模按比例折算,具体参数如表4-1。

表4-1 羊场建筑物占地面积

羊舍构成	存栏数(只)	羊舍面积(米^2)	运动场(米^2)
待配及妊娠母羊舍	25	38	100
哺乳母羊及产羔舍	25+50	45	250
青年羊舍	50	40	500
饲料间	—	10	—
观察室	—	8	—
人工授精室	—	6	—

(3)羊舍高度 2~2.5米。

(4)门窗面积 窗户与羊舍面积之比为1∶12。

(5)羊场的规模 按年终存栏数来说,大型场为1万~5万只,中型场3 000~10 000只,小型场500~3 000只以下,养羊专业户一般饲养500只以下。

(6)建筑密度 ≤35%。

(7)绿地率 ≥30%。

(8)运动场面积 按每只成年羊10米^{2}估算,其他羊不计。

(9)造价指标 300~450元/米^2。

(三)羊场规划设计

1. 规划阶段 主要包括规划设计说明书、总平面规划图、道路及其竖向工程规划图、给排水和粪污处理与利用工程规划图、采暖工程规划图、电力电讯工程规划图、绿化工程规划图(以上图纸均为1∶1 000或1∶500)。

2. 初步设计阶段 主要为了说明设计方案的合理性和技术的

可行性，包括：场区总平面图，所有生活、生产、生产辅助建筑的平面图、主要立面图、剖面图，生产建筑的工艺平面图，粪污处理与利用工程工艺图，投资估算和工程技术经济指标汇总表，初步设计说明书。

3. 施工图设计阶段 根据上级和各有关部门的审批意见修改初步设计后，由各专业工种为了工程施工而进行详细的施工图设计，要求所有图纸与设计文件准确、齐全、简明、清晰、统一。

施工图文件包括：总平面图，所有拟建建筑和设施的建筑施工图（含平面图、立面图、剖面图、建筑构造详图等）、结构施工图、设备施工图（含给排水、采暖通风、电气），各专业施工图说明书与计算书，工程预算书。

三、羊舍规划建设

羊舍是羊只生活的主要环境之一，羊舍的建设是否利于羊生产的需要，在一定程度上成为养羊成败的关键。羊舍的规划建设必须结合不同地域和气候环境进行。

（一）羊舍建设的基本要求

要结合当地气候环境，南方地区由于天气较热，羊舍建设主要以防暑降温为主，而北方地区则以保温防寒为主；尽量使建设成本降低，经济实用；创造有利于羊的生产环境；圈舍的结构要有利于防疫；保证人员出入、饲喂羊群、清扫栏圈方便；圈内光线充足、空气流通、羊群居住舒适。同时，主要圈舍应选择南北朝向，后备羊舍、产羔舍、羔羊舍要合理布局，而且要留有一定间距。

1. 地点要求 根据羊的生物学特性，应选地势高燥、排水良好、背风向阳、通风干燥、水源充足、环境安静、交通便利、方便防疫的地点建造羊舍。山区或丘陵地区可建在靠山向阳坡，但坡度不宜过大，南面应有广阔的运动场。低洼、潮湿的地方容易发生羊的腐蹄病和滋生各种微生物病，诱发各种疾病，不利于羊的健康，不适合羊舍建设。羊舍应接近放牧地及水源，要根据羊群的分布而适当布局。羊舍要充分利用冬季阳光采暖，朝向一般为坐北朝南，位于办公室和住房的下风向，屋角对着冬、春季的主导风向。用于冬季产羔的羊舍，要选择背山、避风、冬春季容易保温的地方。

2. 面积要求 各类羊只所需羊舍面积，取决于羊的品种、性别、年龄、生理状态、数量、气候条件和饲养方式。一般以冬季防寒、夏季防暑、防潮、通风和便于管理为原则。

羊舍应有足够的面积，使羊在舍内不感到拥挤，可以自由活动。羊舍面积过大，既浪费土地，又浪费建筑材料；面积过小，舍内拥挤潮湿、空气污染严重有碍于羊体健康，管理不便，生产效率不高。各类羊舍所需面积，见表 4-2。

表 4-2 各类羊舍所需面积 （单位：米^2）

羊 别	面 积（米^2/只）	羊 别	面 积（米^2/只）
单饲公羊	4.0～6.0	育成母羊	0.7～0.8
群饲公羊	1.5～2.0	去势羔羊	0.6～0.8
春季产羔母羊	1.2～1.4	3～4 月龄羔羊	0.3～0.4
冬季产羔母羊	1.6～2.0	肥育羯羊、淘汰羊	0.7～0.8
育成公羊	0.7～0.9	—	—

农区多为传统的公、母、大、小混群饲养，其平均占地面积应为 0.8～1.2 米^2。产羔舍可按基础母羊数的 20%～25%计算面积。运动场面积一般为羊舍面积的 2～2.5 倍。成年羊运动场面积可按 4 米^2/只 计算。

在产羔舍内附设产房，产房内有取暖设备，必要时可以加温，使产房保持一定的温度。产房面积根据母羊群的大小决定，在冬季产羔的情况下，一般可占羊舍面积的25%左右。

3. 高度要求　羊舍高度要依据羊群大小、羊舍类型及当地气候特点而定。羊数愈多，羊舍可愈高些，以保证足量的空气，但过高则保温不良，建筑费用亦高，一般高度为2.5米，双坡式羊舍净高(地面至天棚的高度)不低于2米。单坡式羊舍前墙高度不低于2.5米，后墙高度不低于1.8米。南方地区的羊舍防暑防潮重于防寒，羊舍高度应适当增加。

4. 通风采光要求　一般羊舍冬季温度保持在0℃以上，羔羊舍温度不超过8℃，产羔舍温度在8℃～10℃比较适宜。由于绵羊有厚而密的被毛，抗寒能力较强，所以舍内温度不应过高。山羊舍内温度应高于绵羊舍内温度。为了保持羊舍干燥和空气新鲜，必须有良好的通气设备。羊舍的通气装置，既要保证有足够的新鲜空气，又能避免贼风。可以在屋顶上设通气孔，孔上有活门，必要时可以关闭。在安设通气装置时要考虑每只羊每小时需要3～4米^{3}的新鲜空气，对南方羊舍夏季的通风要求要特别注意，以降低舍内的高温。

羊舍内应有足够的光线，以保证舍内卫生。窗户面积一般占地面面积的1/15，冬季阳光可以照射到舍内，既能消毒又能增加舍内温度；夏季敞开，增大通风面积，降低舍温。在农区，绵羊舍主要注重通风，山羊舍要兼顾保温。

5. 造价要求　羊舍的建筑材料以就地取材、经济耐用为原则。土坯、石头、砖瓦、木材、芦苇、树枝等都可以作为建筑材料。在有条件的地区及重点羊场内应利用砖、石、水泥、木材等修建一些坚固的永久性羊舍，这样可以减少维修的劳动力和费用。

6. 内外高差　羊舍内地面标高应高于舍外地面标高0.2～0.4米，并与场区道路标高相协调。场区道路设计标高应略高于场外路面标高。场区地面标高除应防止场地被淹外，还应与场外标高相协调。场区地形复杂或坡度较大时，应做台阶式布置，每个台阶高度应能满足行车坡度要求。

（二）羊舍类型

羊舍形式（图 4-3）按其封闭程度可分为开放舍、半开放舍和密闭舍。从屋顶结构来分：有单坡式、双坡式及圆拱式。从平面结构来分：有长方形、正方形及半圆形。从建筑用材来分：有砖木结构、土木结构及敞篷围栏结构等。

单坡式羊舍的跨度小，自然采光好，适用于小规模羊群和简易羊舍选用；双坡式羊舍跨度大，保暖能力强，但自然采光、通风差，适合于寒冷地区采用，是最常用的一种类型。在寒冷地区，还可选用拱式、双折式、平屋顶等类型；天气炎热地区可选用钟楼式羊舍。

在选择羊舍类型时，应根据不同类型羊舍的特点，结合当地的气候特点、经济状况及建筑习惯全面考虑，选择适合本地、本场实际情况的羊舍形式。

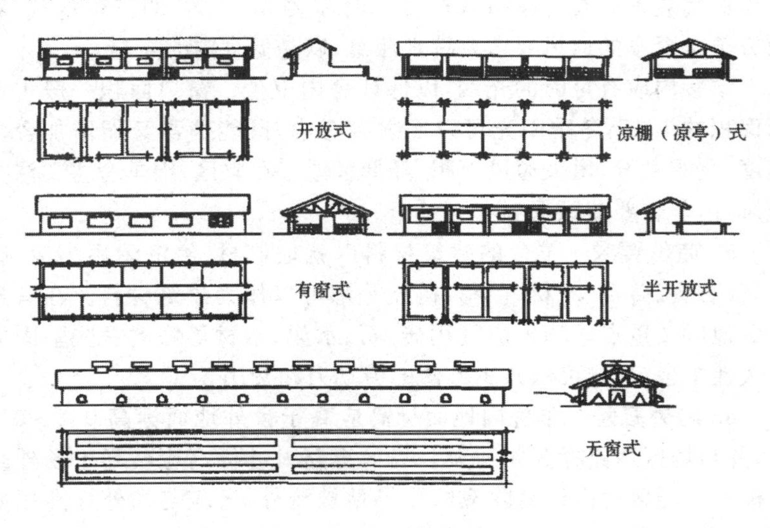

图 4-3　羊舍建筑形式

（三）羊舍的布局

羊舍修建宜坐北朝南，东西走向。羊场布局以产房为中心，周围依次为羔羊舍、青年羊舍、母羊舍与带仔母羊舍。公羊舍建在母羊舍与青年母羊舍之间，羊舍与羊舍相距保持15米，中间种植树木或草。隔离病房建在远离其他羊舍地势较低的下风向。羊场内清洁通道与排污通道分设。办公区与生产区隔开，其他设施则以方便防疫，方便操作为宜。

1. 羊舍的排列

(1)单列式　单列式（图4-4）布置使场区的净污道路分工明确，但会使道路和工程管线线路过长。此种布局是小规模羊场和因场地狭窄限制的一种布置方式，地面宽度足够的大型羊场不宜采用。

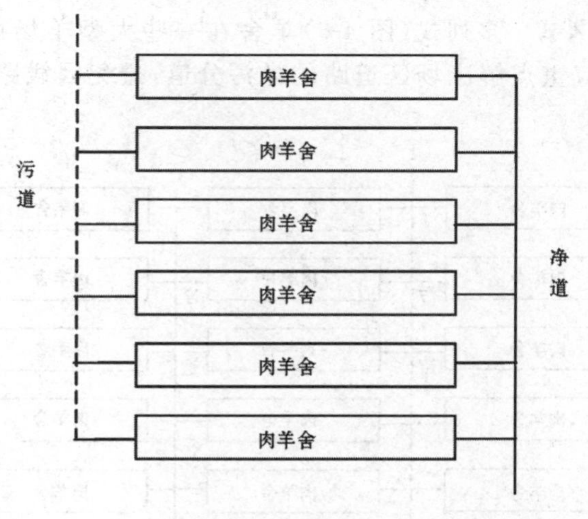

图4-4　单列式羊舍

(2)双列式　双列式（图4-5）布置是羊场最经常使用的布置方式，其优点是既能保证场区净污道路分流明确，又能缩短道路和工程管线的长度。

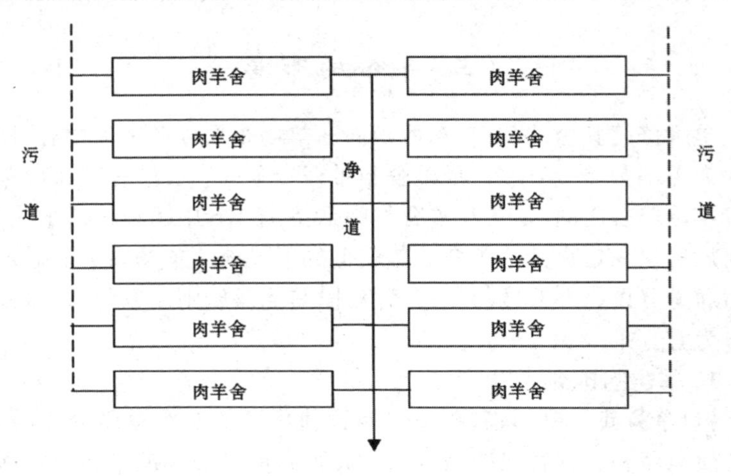

图 4-5　双列式羊舍

(3)多列式　多列式(图 4-6)羊舍在一些大型羊场使用,此种布置方式应重点解决场区道路的净污分道,避免因线路交叉而引起互相污染。

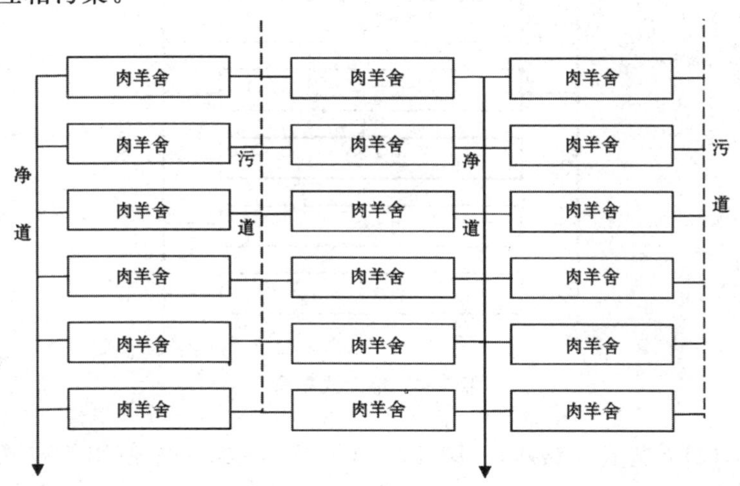

图 4-6　多列式羊舍

2. 羊舍朝向　羊舍朝向的选择与当地的地理纬度、地段环境、局部气候特征及建筑用地条件等因素有关。适宜的朝向一方面可以合理地利用太阳辐射能，避免夏季过多的热量进入舍内，而冬季则最大限度地允许太阳辐射能进入舍内以提高舍温；另一方面，可以合理利用主导风向，改善通风条件，以获得良好的羊舍环境。

羊舍要充分利用场区原有的地形、地势，在保证建筑物具有合理的朝向，满足采光、通风要求的前提下，尽量使建筑物长轴沿场区等高线布置，以最大限度减少土石方工程量和基础工程费用。生产区羊舍朝向一般应以其长轴南向，或南偏东或偏西40°以内为宜。

（四）羊舍基本构造

羊舍的基本构造包括：基础、地基、地面、墙、门窗、屋顶和运动场。

1. 基础和地基　基础是羊舍地面以下承受羊舍的各种负载，并将其传递给地基的构件。基础应具备坚固、耐久、防潮、防震、抗冻和抗机械作用能力。在北方通常用毛石做基础，埋在冻土层以下，埋深厚度30～40厘米，防潮层应设在地面以下60毫米处。

地基是基础下面承受负载的土层，有天然、人工地基之分。天然地基的土层应具备一定的厚度和足够的承重能力，沙砾、碎石及不易受地下水冲刷的沙质土层是良好的天然地基。

2. 地面　地面是羊躺卧休息、排泄和生产的地方，是羊舍建筑中重要组成部分，对羊只的健康有直接的影响。通常情况下羊舍地面要高出舍外地面20厘米以上。由于我国南方和北方气候差异很大，地面的选材必须因地制宜就地取材。羊舍地面有以下几种类型。

(1)土质地面　属于暖地面（软地面）类型。土质地面柔软，富有弹性也不光滑，易于保温，造价低廉。缺点是不够坚固，容易出现小坑，不便于清扫消毒，易形成潮湿的环境。只能在干燥地区采用。用土质地面时，可混入石灰增强黄土的黏固性，粉状石灰和松散的粉土按3∶7或4∶6的体积比加适量水拌和而成灰土地面。也可用石灰∶黏土∶碎石、碎砖或矿渣＝1∶2∶4或1∶3∶6拌制成三合土。一般石灰用量为石灰土总重的6%～12%，石灰含量越大，强度和耐水性越高。

(2)砖砌地面　属于冷地面(硬地面)类型。因砖的孔隙较多，导热性小，具有一定的保温性能。成年母羊舍粪尿相混的污水较多，容易造成不良环境，又由于砖砌地面易吸收大量水分，破坏其本身的导热性，地面易变冷变硬。砖地吸水后，经冻易破碎，加上本身易磨损的特点，容易形成坑穴，不便于清扫消毒。所以，用砖砌地面时，砖宜立砌，不宜平铺。

(3)水泥地面　属于硬地面。其优点是结实、不透水、便于清扫消毒。缺点是造价高，地面太硬，导热性强，保温性差。为防止地面湿滑，可将表面做成麻面。水泥地面的羊舍内最好设木床，供羊休息、宿卧。

(4)漏缝地板　漏缝地面能给羊提供干燥的卧地，集约化羊场和种羊场可用漏缝地板。国外典型漏缝地面羊舍，为封闭双坡式，跨度为6.0米，地面漏缝木条宽50毫米、厚25毫米，缝隙22毫米。双列饲槽通道宽50厘米，可为产羔母羊提供相当适宜的环境条件。我国有的地区采用活动的漏缝木条地面，以便于清扫粪便。木条宽32毫米、厚36毫米，缝隙宽15毫米。或者用厚38毫米、宽60～80毫米的水泥条筑成，间距为15～20毫米。漏缝或镀锌钢丝网眼应小于羊蹄面积，以便于清除羊粪而羊蹄不至于掉下为宜。漏缝地板羊舍需配以污水处理设备，造价较高。国外大型羊场和我国南方一些羊场已普遍采用。这类羊舍为了防潮，可隔日抛撒木屑，同时应及时清理粪便，以免污染舍内空气。

在南方天气较热、潮湿地区，采用吊楼式羊舍，羊舍高出地面1～2米，吊楼上为羊舍，下为承粪斜坡，后与粪池相接，楼面为木条漏缝地面。这种羊舍的特点是离地面有一定高度，防潮，通风透气性好，结构简单。通常情况下饲料间、人工授精室、产羔舍可用水泥或砖铺地面，以便消毒。

(5)自动清粪地面装置 全自动清粪羊舍改变了传统的人工清粪模式,羊舍既卫生、有利于羊的健康,又节约了劳动力,减少生产成本。全自动清粪羊舍是现代标准化羊养殖的典范(图 4-7)。

图 4-7 羊舍自动清粪地面装置

3. 墙 墙是基础以上露出地面将羊舍与外部隔开的外围结构,对羊舍保温起着重要作用。我国多采用土墙、砖墙和石墙等。土墙造价低,导热小,保温好,但易湿不易消毒,小规模简易羊舍可采用。砖墙是最常用的一种,其厚度有半砖墙、一砖墙、一砖半墙等,墙越厚保暖性能越强。石墙,坚固耐久,但导热性大,寒冷地区效果差。国外采用金属铝板、胶合板、玻璃纤维材料建成保温隔热墙,效果很好。

墙要坚固保暖。在北方墙厚为 24～37 厘米,单坡式羊舍后墙高度约 1.8 米,前高 2.2 米。南方羊舍可适当提高高度,以利于防潮防暑。一般农户饲养量较少时,圈舍高度可略低些,但不得低于 2.0 米。地面应高出舍外地面 20～30 厘米,铺成斜跨台以利排水。

墙壁根据经济条件决定用料,全部砖木结构或土木结构均可。无论采用哪种结构都要坚固耐用。潮湿和多雨地区可采用墙基和边角用石头,砖垒一定高度,上边用土坯或打土墙建成。木头紧缺地区也可用砖建拱顶羊舍，既经济又实用。

4. 门窗 羊舍门、窗的设置既要有利于舍内通风干燥，又要保证舍内有足够的光照，要使舍内硫化氢、氨气、二氧化碳等气体尽快排出，同时地面还要便于积粪出圈。羊舍窗户的面积一般占地面面积的1/15，距地面的高度一般在1.5米以上。门宽度为2.5～3米，羊群小时，宽度为2～2.5米，高度为2米。运动场与羊床连接的小门，宽度为0.5～0.8米，高度为1.2米。

5. 屋顶 屋顶具有防雨水和保温隔热的作用。要求选用隔热保温性好的材料，并有一定厚度，结构简单，经久耐用，保温隔热性能良好，防雨、防火，便于清扫消毒。其材料有陶瓦、石棉瓦、木板、塑料薄膜、稻（麦）草、油毡等，也可采用彩色钢板和聚苯乙烯夹心板等新型材料。在寒冷地区可加天棚，其上可贮冬草，能增强羊舍保温性能。棚式羊舍多用木椽、芦席，半封闭式羊舍屋顶多用水泥板或木椽、油毡等。羊舍净高（地面至天棚的高度）2.0～2.4米。在寒冷地可适当降低净高。羊舍屋顶形式有单坡式、双坡式等，其中以双坡式最为常见。单坡式羊舍，一般前高2.2～2.5米，后高1.7～2.0米。屋顶斜面呈45°。

6. 运动场 运动场是舍饲或半舍饲规模羊场必需的基础设施。一般运动场面积应为羊舍面积的2～2.5倍，成年羊运动场面积可按4米^2/只计算。其位置排列根据羊舍建筑的位置和大小可位于羊舍的侧面或背面，但规模较大的羊舍宜建在羊舍的两个背面，低于羊舍地面60厘米以下，地面以沙质土壤为宜，也可采用三合土或者砖地面，便于排水和保持干燥。运动场周边可用木板、木棒、竹子、石板、砖等做围栏，高2.0～2.5米。中间可隔成多个小运动场，便于分群管理。运动场地面可用砖、水泥、石板和沙质土壤，不得高于羊舍地面，周边应有排水沟，保持干燥和便于清扫，并有遮阳棚或者绿植，以抵挡夏季烈日。

第五章 肉羊的繁殖技术

提高繁殖，增加年产羔数和羔羊成活率，是实现养种羊盈利的基础。充分利用现代繁殖技术，尤其是人工授精技术。肉羊的人工授精技术相对自然交配来讲，不仅可少养公羊，也确保了精液的品质，从而提高了受配率和受胎率，另外，通过同期发情技术和早期妊娠诊断均能提高繁殖率。

一、羊的发情鉴定

（一）概　述

发情是指性成熟的母畜在特定季节表现出来的有利于交配的一系列变化。卵巢上卵泡迅速发育、成熟和排卵；生殖道子宫充血肿胀、分泌增强，阴道上皮角质化、充血、分泌物增多；精神兴奋不安；食欲下降、泌乳减少，离群、追跨其他家畜、外阴红肿并流出分泌物。发情的实质是卵泡发育、成熟和排卵。

绵羊发情持续期为24～36小时，山羊40小时左右。排卵时间在发情结束时。山羊发情表现明显，绵羊发情征状不明显。发情主要表现为鸣叫、追逐公羊、个别的可爬跨其他母羊。

（二）发情鉴定方法

1. 外部观察法　直接观察母羊的行为、征状和生殖器官的变化来判断其是否发情，这是鉴定母羊是否发情最基本、最常用的方法。

山羊发情时，尾巴直立，不停摇晃(图 5-1)；绵羊发情时外阴红肿明显(图 5-2)。

图 5-1　山羊发情征状

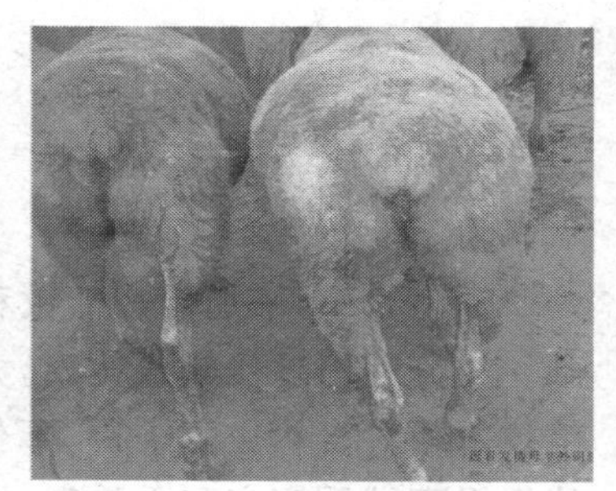

图 5-2　绵羊发情时外阴红肿

2. 阴道检查法　将羊用开膣器插入母羊阴道，检查生殖器官的变化，如阴道黏膜的颜色潮红充血，黏液增多，子宫颈松弛等，可以判定母羊已发情。

3. 公羊试情法　用公羊对母羊进行试情，根据母羊对公羊的行为反应，结合外部观察来判定母羊是否发情。试情公羊要求性欲旺盛，营养良好，健康无病，一般每 100 只母羊配备试情公羊 2～3 只。试情公羊需做输精管切断手术或戴试情布。试情布一般宽 35 厘米、长 40 厘米，在四角扎上带子，系在试情公羊腹部。然后把试情公羊放入母羊群，如果母羊已发情便会接受试情公羊的爬跨(图 5-3)。

图 5-3　公羊试情

(三)注意事项

羊的发情鉴定的主要方法是试情法,结合外部观察法。

母羊发情后,兴奋不安、反应敏感,食欲减退,有时反刍停止,母羊之间相互爬跨,咩叫摇尾,靠近公羊,接受爬跨。公羊戴上试情布,放入母羊群中,开始嗅闻母羊外阴。发情好的母羊会主动靠近公羊并与之亲近,摇尾,接受公羊爬跨。试情公羊与母羊的比例为1∶20～30。

发情母羊阴道红肿、充血、湿润、有透明黏液流出,子宫颈口松弛、开张,呈深红色。

山羊发情时,尾巴上翘,不停地左右摇摆。

二、羊的采精技术

(一)概　述

采精即收集公羊的精液。采精过程保证以下4个方面:一是全量,即收集到全部的一次射精量。二是原质,采集到的精液,品质不能发生改变。三是无损伤,不能造成公羊的损伤,也不能造成精子的损伤。四是简便,整个采精操作过程要求尽量简便。

(二)采精方法与步骤

1. 采精前准备

(1)采精场地(采精室)　要求宽畅、明亮、地面平整,安静,清洁,设有采精架、台羊和精液操作室等必要设施。采精场地的基本结构包括采精室和实验室两部分。

羊的采精室:羊采精室大小也因规模而定,实验室必须是可以封闭的建筑,羊场的采精室可以采用敞开棚舍。

(2)台羊　台羊有真台羊和假台羊两种。真台羊要求健康、温驯、卫生。假台羊要求设计合理、方便。羊的采精可以使用母羊作为台羊，也可以使用假台羊。真台羊可以人为保定，也可以使用保定架。

羊的采精通常采用发情母羊作台羊，对性欲强的公羊也可用未发情的母羊。

(3)假阴道的准备　安装好并消毒备用。

(4)公羊的准备　采精前调整公羊的性欲到最佳状态；体况适中防止过肥和过瘦；要饲喂全价饲料；适当运动；定期检疫；定期清洗。

(5)精液品质检查用具　器皿、用具备齐，需消毒的消毒备用。

2. 假阴道法采精　羊从阴茎勃起到射精只有很短的时间，所以要求操作人员更要动作敏捷、准确。羊的采精操作规程如下。

(1)台羊保定和消毒　将真台羊人为保定，抓住台羊的头部，不让其往前跑动。如用采精架保定，将真台羊牵入采精架内，将其颈部固定在采精架上。将真台羊的外阴及后躯用0.3%的高锰酸钾水冲洗并擦干。

(2)公羊的消毒　将种公羊牵到采精室内，将公羊的生殖器官进行清洗消毒，尤其要将包皮部分清洗消毒干净。

(3)采精员的准备　将种公羊牵到台羊旁，采精员应蹲在台羊的右后侧，手持假阴道，随时准备将假阴道固定在台羊的尻部。

(4)采精操作　当公羊阴茎伸出，跃上台羊后，采精员手持假阴道，迅速将假阴道筒口向下倾斜与公羊阴茎伸出方向成一直线，用左手在包皮开口的后方，掌心向上托住包皮(切不可用手抓握阴茎，否则会使阴茎缩回)。将阴茎拨向右侧导入假阴道内。

当公羊用力向前一冲后，即表示射精完毕。射精后，采精员同时使假阴道的集精杯一端略向下倾斜，以便精液流入集精杯中。

当公羊跳下时，假阴道应随着阴茎后移，不要抽出。当阴茎由假阴道自行脱出后，立即将假阴道直立，筒口向上，并立即送至精液处理室内，放气后，取下精液杯，盖上盖子。

假阴道法采精见图 5-4,图 5-5。

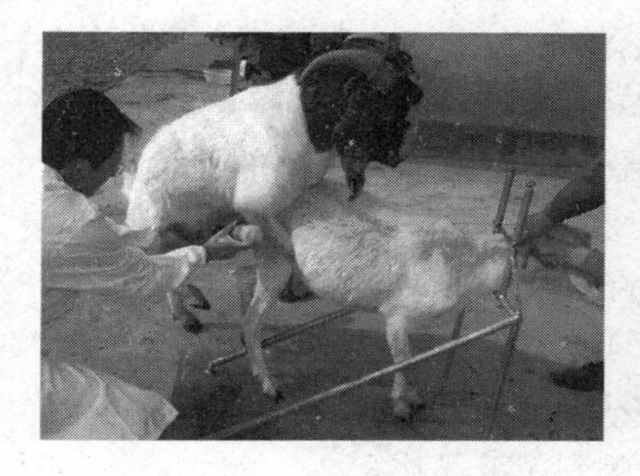

图 5-4　假阴道法对山羊采精

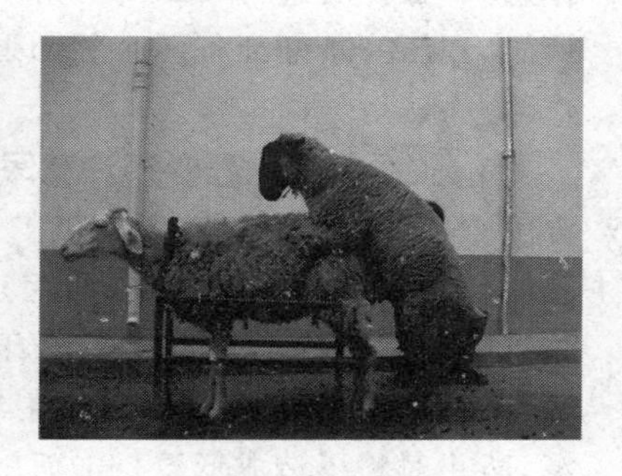

图 5-5　假阴道法对绵羊采精

3. 电刺激法采精　电刺激采精器如图 5-6 所示。电刺激采精是通过脉冲电流刺激生殖器引起动物性兴奋并射精来达到采精目的。电刺激模仿了在自然射精过程中的神经和肌肉对各种由副交感神经、交感神经等神经纤维介导的不同的化合物反应的生理学反射。通过刺激副交感神经或骨盆神经、交感神经或下腹部神经和外阴部的神经,就能导致勃起、精液释放和射精。

图 5-6　电刺激采精器

羊的电刺激采精主要用于由于无法采用假阴道采精的情况下使用。

(三)注意事项

1. 采精频率　通常以每周计算。羊在春季之前最差,秋季时可达 7～20 次。羊每周 2 天采精,当日采 2 次。主要根据精液品质与公羊的性功能状况而定。

采精后应将精液尽快送到精液处理室。公羊第一次射精后,可休息15分钟后进行第二次采精。采精前应更换新的集精杯，并重新调温、调压。最好准备两个假阴道，第二次采精。采精后，让公羊略作休息，然后赶回羊舍。

2. 整个采精过程必须注意保温和防污染　种公羊的性反射快，温度重要，勿触及阴茎，可触包皮。

(1)保温　保温主要有假阴道的保温和精液的保温两个方面。采精时假阴道内胎温度不能低于40℃，否则直接影响到公畜的性欲，影响采精量和精液品质。在冬季采精时，注意对采集的精液保温，防止对精子造成低温打击而影响到精液品质。

(2)防污染　主要是防止精液被污染，采精时的精液污染源有假阴道、阴茎、采精室污物和尿道及粪便的污染。

三、羊的精液品质检查技术

(一)概　述

精液品质检查的目的是在于鉴定精液品质的优劣，以便决定配种负担能力，同时也反映出公羊饲养管理水平和生殖功能状态、技术操作水平，并依此作为精液稀释、保存和运输效果的依据。

1. 重要性　在人工授精技术中，我们要采集公羊的精液，并在体外进行一系列的处理。那么，精液的质量必然要受到公羊本身的生精能力、健康状况以及采集方法、处理方法的影响。因此，检查精液品质是人工授精技术中一个非常重要的技术环节：一是检查种公羊的配种能力；二是公羊的饲养水平和性功能；三是确定精液可稀释的倍数；四是检查精液的处理方法是否正确；五是检查精液产品的质量；六是反映技术操作水平。

2. 精液品质检查的项目分类　根据检查的方法，精液品质检查的项目可分为直观检查项目和微观检查项目2类；根据检查项目，又可分为常规检查项目和定期检查项目 2 类。

直观检查项目包括射精量、色泽、气味、云雾状、pH 值和美蓝退色试验等。微观检查项目包括精子活力、密度和畸形率。

常规检查项目主要包括射精量、色泽、气味、云雾状、活力、密度和畸形率 7 项指标。目前,羊精液品质检查主要按常规检查项目进行检查。定期检查项目包括 pH 值、精子活力、精子存活时间及生存指数、精子抗力等。

(二)方法与步骤

1. 量 量就是射精量,指公羊每次射精的体积。以连续 3 次以上正常采集到的精液的平均值代表射精量,测定方法可用体积测量容器,如刻度试管或量筒,也可用电子秤称重近似代表体积。

(1)正常射精量 公羊在繁殖季节射精量在 0.8～1.5 毫升,平均 1.2 毫升,在非繁殖季节射精量在 1 毫升以内。

(2)射精量不正常及原因 射精量超出正常范围的均认为是射精量不正常,射精量不正常的原因见表 5-1。

表 5-1 射精量不正常及原因

现　象	原　因
过　少	采精过频、性功能衰退、睾丸炎、发育不良
过　多	副性腺发炎、假阴道漏水、尿潴留、采精操作不熟练

2. 色 色指精液的色泽,羊精液的颜色一般为白色或乳白色,羊的精液在密度高时呈现浅黄色,总体颜色因精子浓度高低而异,乳白色程度越重,表示精子浓度越高。在不正常情况下,精液可能出现红色、绿色或褐色等。其原因如表 5-2。

3. 味 味指精液的气味,羊精液一般无味或略有膻味,若有异味就不正常(表 5-3)。

表 5-2　精液的色泽及原因

类　别	色　泽	原　因
正常精液	依从浓到稀:乳黄—乳白—白色—灰白	
不正常精液	淡红(鲜红)色	生殖道下段出血或龟头出血
	淡红(暗红)色	副性腺或生殖道出血
	绿　色	副性腺或尿生殖道化脓
	褐　色	混有尿液
	灰　色	副性腺或尿生殖道感染,长时间没有采精

表 5-3　精液的气味

类　别	气　味	原　因
正常精液	无味或略有膻味	
不正常精液	膻味过重	采精时未清洗包皮
	尿臊味	混有尿液
	恶臭味(臭鸡蛋味)	尿生殖道有细菌感染

4. 云雾状　正常羊精液因精子密度大则混浊不透明,肉眼观察时,由于精子运动翻滚如云雾状。云雾状特征见表 5-4。

表 5-4　精液的云雾状

表示方法	运动状态	精液特征
+++	翻滚明显而且较快	密度高(在 10 亿个/毫升或以上),活力好
++	翻滚明显但较慢	密度中等(5 亿～10 亿个/毫升)
+	仔细看才能看到精液的移动	密度较低(2 亿～5 亿个/毫升)
—	无精液移动	密度低(2 亿个/毫升以内)

5. 活　力

(1)活力的定义和表示方法　活力也称为活率，指37℃环境下，精液中前进运动精子占总精子数的比率。

活力的表示方法有百分制和十级制2种，百分制是用%表示精液的活力，十级制是目前普遍采用的表示方法，是用0、0.1、0.2、0.3、0.4……0.9，10个数字表示精液的活力。0表示精子全部死亡或精液中没有前进运动的精子，0.1指大概有10%的精子在前进运动，0.2指大概有20%的精子在前进运动，如此类推到0.9。

通常对精子活力的描述为做直线前进运动的精子，但实际上，无论从精子本身特点还是运动轨迹，是不可能按直线前进的，只不过是在围绕较大半径做绕圈运动。

(2)活力的测定

①主要仪器设备　生物显微镜、显微镜恒温台、载玻片、盖玻片、生理盐水、滴管、移液枪和精液(图5-7，图5-8)。测定方法：精子活力的主要测定方法是估测法。

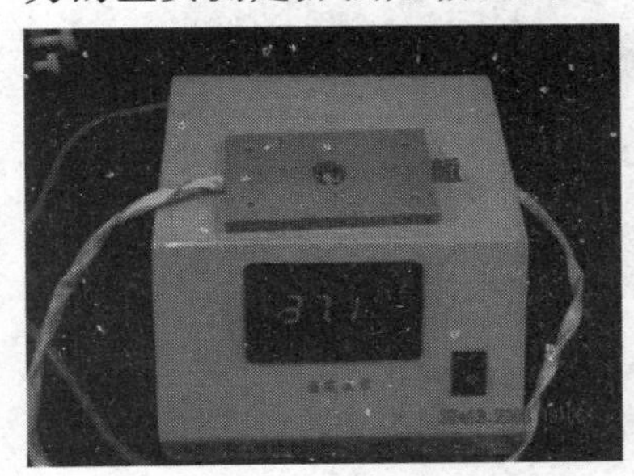

图5-7　恒温加热板

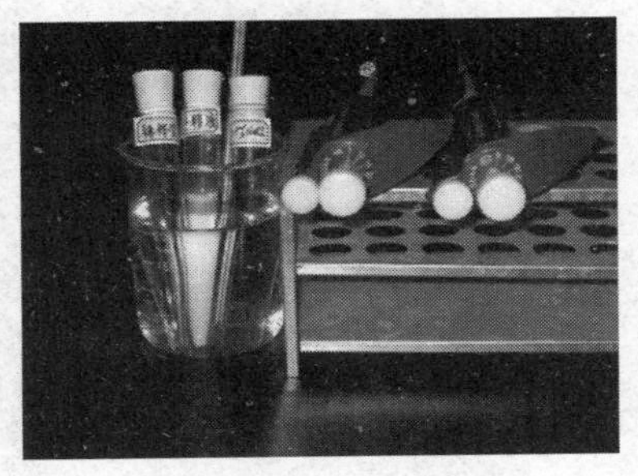

图5-8　精液稀释用品

②测定程序　载玻片预温→精液稀释→取样检查→镜检→活力估测→活力记录

载玻片预温：将恒温加热板放在载物台上，打开电源并调整控制温度至37℃，然后放上载玻片。

精液稀释：将生理盐水与精液等温后，按1∶10稀释。例如，用移液枪取 10 微升精液，再用 100 微升 0.9%氯化钠(生理盐水)等温稀释。

取样检查：取 20～30 微升稀释后的精液，放在预温后载玻片中间，盖上盖玻片。

显微镜镜检：用 100 倍和 400 倍观察。

活力测定：判断视野中前进运动精子所占的百分率(图 5-9)。

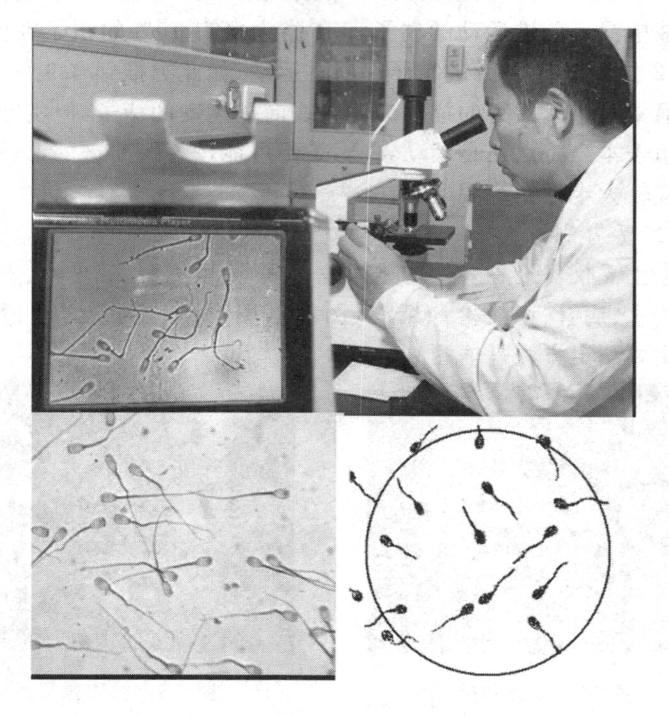

图 5-9　精子的活力测定

观察 1 个视野中大体 10 个左右的精子，计数有几个前进运动精子，如有 7 个前进运动的精子，则活力为 0.7。至少观察 3 个视野，3 个视野估测活力的平均值为该份精液的活力。如 3 次估测的活力分别为 0.5、0.6、0.5，平均为 0.53，活力则评定为 0.5。

活力记录:按十级制评分和记录。

(3)羊精液活力的要求 羊新鲜精液精子活力≥65%,才可以用于人工授精和冷冻精液制作。羊冷冻精液的活力≥30%。

6. 密 度

(1)密度的定义和表示 精子密度也称精子浓度,指单位体积精液中所含的精子数,表示方法用个/毫升或亿个/毫升。

羊精液中精子的密度20亿~30亿个/毫升,羊精液的精子密度不能低于6亿个/毫升,否则不能用于人工授精和制作冷冻精液。

(2)精子密度的测定方法 目前测定精子密度的方法常采用估测法和血细胞计数法。估测法是在显微镜下根据精子分布的稀稠程度,将精子密度粗略地分为"密"、"中"、"稀"。"密"表示精子数量多,精子间隔距离不到1个精子;"中"表示精子数量较多,精子与精子的间隔为1~2个精子;"稀"表示精子数量较少,精子与精子的间距为2个以上精子。但这种方法误差太大,不适合在生产中使用。目前主要介绍血细胞计数法。

①精子密度计数板(器) 精子计数室长、宽各1毫米,面积1毫米^2,盖上盖玻片时,盖玻片和计数室的高度为0.1毫米,计数室的总体积为0.1毫米^3。计数室的构成由双线或三线组成25个(5×5)中方格;每个中方格内有16个小方格(4×4);共计400个小方格,如图5-10所示。

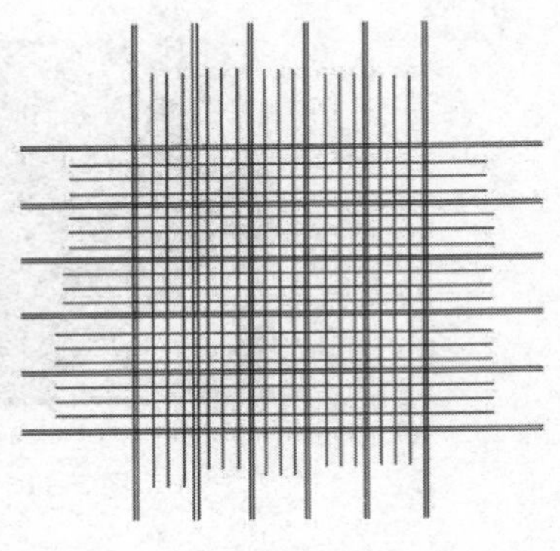

图5-10 精子密度计数板的结构

②精液的稀释 将精液注入计数室前必须对精液进行稀释,以便于计数。稀释的比例根据动物精液的密度范围确定。稀释方法为用5~25微升移液器和100~1 000微升移液器,在小试管中进行组合不同的稀释。见表5-5。

表 5-5　测定精子密度时精液稀释倍数

项　目	数　量
稀释倍数	201
3%氯化钠(微升)	1000
原精液(微升)	5

稀释液:3%氯化钠溶液,用以杀死精子,便于计数。

先在试管中加入 3%氯化钠(羊 1 000 微升),取原精液 5 微升直接加到 3%氯化钠中,充分混匀。

③显微镜准备　在 400 倍显微镜下,找出计数板上的方格,在计数室上盖上盖玻片,将方格调整到最清晰位置。

④精液注入计数室　取 25 微升稀释后的精液,将吸嘴放于盖玻片与计数板的接缝处,缓慢注入精液,使精液依靠毛细管作用吸入计数室(图 5-11)。

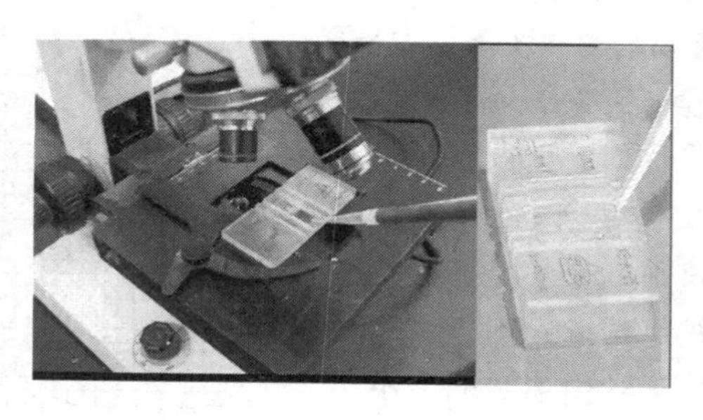

图 5-11　精液注入计数室

⑤精子计数　将计数板固定在显微镜的推进器内,用 400 倍找到计数室的第一个中方格。计数左上角至右下角 5 个中方格的总精子数,也可计数四个角和最中间 5 个中方格的总精子数。计数以精子的头部为准,依数上不数下、数左不数右的原则进行计数格线上的精子,如图 5-12 所示。

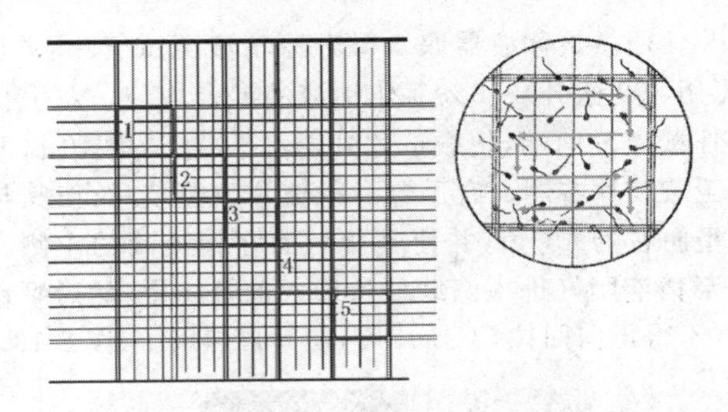

图 5-12　精子计数方法

以图示次序计数，精子的头部为准，依数上不数下、数左不数右的原则进行计数格线上的精子。白色精子不计数。

⑥精液密度计算　公式如下：

精液密度＝5 个中方格总精子数×5×10×1 000×稀释倍数

例如，羊精液通过计数，5 个中方格总精子数为 200 个，则精液密度＝200×5×10×1 000×101＝10.1 亿/毫升。

7. 畸形率

(1)定义和表示　精液中形态不正常的精子称为畸形精子，精子畸形率是指精液中畸形精子数占总精子数的百分比，对精子畸形率也用%来表示。畸形率对受精率有着重要影响，如果精液中含有大量畸形精子，则受精能力就会降低。

畸形精子各种各样，大体可分为 3 类：头部畸形，即顶体异常、头部瘦小、细长、缺损、双头等；颈部畸形，即膨大、纤细、带有原生滴、双颈等；尾部畸形，即纤细、弯曲、曲折、带有原生滴等。

(2)畸形率的检查方法　精子的畸形率通常采用染色后显微镜检查。

①染液　精液染色可选用的染液有巴氏染液、0.5 克龙胆紫、纯红或纯蓝墨水、瑞士染液等。0.5 克龙胆紫用 20 毫升酒精助溶，加水至 100 毫升，过滤至试剂瓶中备用。

②抹片　用微量移液器取5微升原精液至试管中，并吸取100微升（羊可用200微升）0.9%氯化钠溶液混合均匀。左手食指和拇指向上捏住载玻片两端，使载玻片处于水平状态，取10微升稀释后的精液滴至载玻片右侧。右手拿一载玻片或盖玻片，使其与左手拿的载玻片呈向右的45°角，并使其接触面在精液滴的左侧。将载玻片向右拉至精液刚好进入两载玻片形成的角缝中，然后平稳地向左推至左边（不得再向回拉）。抹片后，使其自然风干（图5-13）。

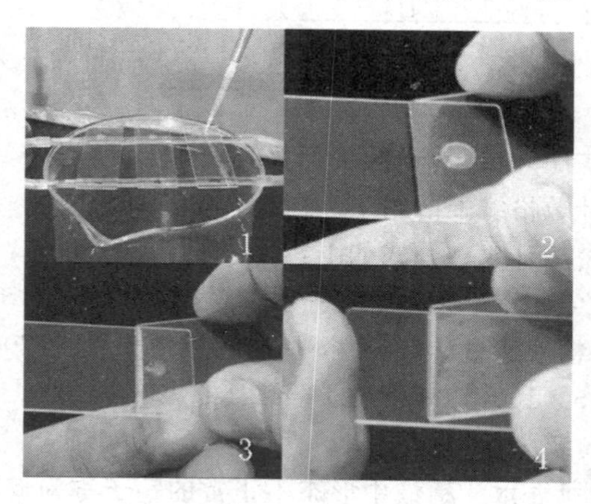

图5-13　抹片操作过程

③固定　在抹片上滴95%的酒精数滴，固定4～5分钟后，甩去多余的酒精。

④染色　将载玻片放在用玻璃棒制成的片架上，滴上0.5%龙胆紫或纯蓝（或红）墨水5～10滴，染色5分钟。固定与染色见图5-14所示。

⑤冲洗　用洗瓶或自来水轻轻冲去染色剂，甩去水分晾干（图5-15）。

⑥计数　载玻片放在400倍的显微镜下进行观察，共记录若干个视野200个左右的精子（图5-16）。

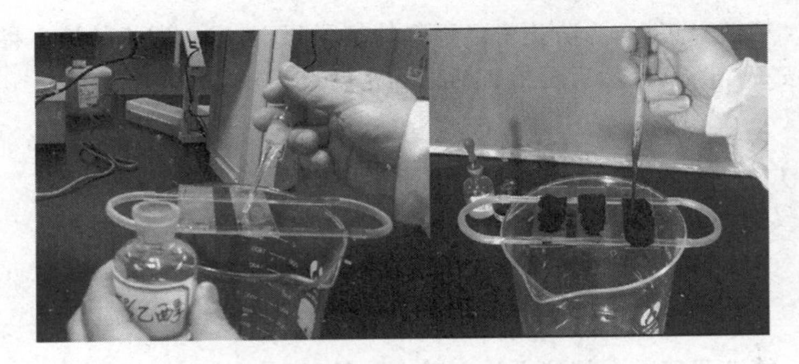

图 5-14　左图为固定，右图为染色

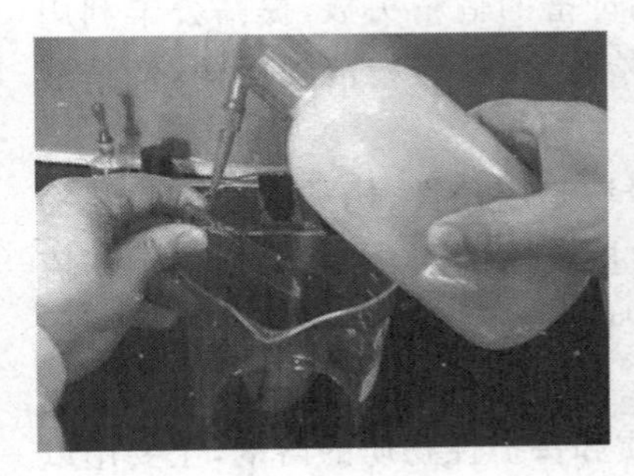

图 5-15　冲　洗

图 5-16　精子计数

⑦计算公式　如下：

$$畸形率=\frac{计数的畸形精子总数}{总精子数}\times 100\%$$

羊精液畸形率的要求为羊新鲜精液畸形率≤15%才可以使用；冷冻精液解冻后畸形率≤20%才能用于人工授精。

(三)注意事项

羊新鲜精液精子活力≥65%，才可以用于人工授精和冷冻精液制作；羊冷冻精液精子的活力应≥30%。羊新鲜精液精子畸形率≤15%才可以使用；冷冻精液解冻后精子畸形率≤20%才能用于人工授精。

精液采集后，为防止未经稀释的精子死亡，应立即将精液∶稀释液按1∶3稀释，然后再检查活力和密度。

四、羊精液稀释和稀释液配制

（一）概　述

精液稀释是向精液中加入适宜于精子存活的稀释液。其目的有两个：一是扩大精液容量，从而增加母畜的输精头数，提高公羊利用率；二是延长精子的保存时间及受精能力，便于精液的运输，使精液得以充分利用。

1. 稀释液的成分和作用　稀释液是用糖类、奶类、卵黄、化学物质、抗生素及酶类等，将其按一定数量或比例配合，能延长精子在体外的生存时间或在冷冻过程中保护精子免受冻害，提高冷冻后精子活力的精液保存液（稀释液）。

（1）水　水是溶解各种营养物质和保护性物质的溶剂，主要用以扩大精液的容量。必须是蒸馏水或更严格的水，保证不含有盐类、金属类和矿物质等，pH值稳定。

（2）营养物质　常用的营养物质有葡萄糖、蔗糖、果糖、乳糖、奶和卵黄等。主要提供营养以补充精子生存和运动所消耗的能量。

（3）保护性物质

①缓冲剂　常用的有柠檬酸钠、酒石酸钾钠、磷酸二氢钾等。精液在保存过程中，随着精子代谢产物如乳酸和二氧化碳的积累，pH值会逐渐降低，超过一定的限度时，会使精子发生不可逆的变性。因此，应防止精液保存过程中的pH值变化。

②防冷抗冻物质　在精液的低温和冷冻保存中，必须加入防冷抗冻剂以防止精子冷休克和冻害的发生。常用的抗冻剂有甘油、二甲亚砜、三羟甲基氨基甲烷（Tris），常用的防冷剂有卵黄和奶类。

③抗菌物质　主要有青霉素、链霉素等抗生素，主要是抑制细菌生长繁殖，延长精子存活时间。

(4)稀释剂　主要用于扩大精液容量，各种营养物质和保护物质的等渗溶液都具有稀释精液、扩大容量的作用，一般单纯用于扩大精液量的物质多采用等渗氯化钠、葡萄糖、果糖、蔗糖和奶类等。

(5)其他添加剂　主要作用于改善精子外在环境的理化特性，以及母羊生殖道的生理功能，以利于提高受精机会，促进受精卵的发育。常用的有酶类、激素类、维生素类等，具有改善精子活率，提高受胎率的作用。

2. 羊精液稀释液　根据精液保存温度的不同，精液稀释液分为常温保存液、低温保存液和冷冻保存液。常温保存液适用于常温保存精液；低温保存液用于精液的低温保存；冷冻保存液用于牛、羊冷冻精液的保存。

(1)常温保存液　主要用于羊的新鲜精液人工授精，由于羊的冷冻精液受胎率较低，目前多数羊场采用新鲜精液人工授精。

羊精液的常温保存液主要有：生理盐水(0.9% NaCl)、鲜奶(牛奶或羊奶)、5%葡萄糖等等渗液，也有采用配方稀释液稀释的，如：

配方一：葡萄糖 1.5 克＋柠檬酸钠 0.7 克＋卵黄 10 毫升混合均匀。

配方二：生理盐水 90 毫升＋卵黄 10 毫升混合均匀。

(2)低温保存液　用于羊精液的低温保存(0℃～5℃)。

①绵羊的低温保存液

配方一：二水柠檬酸钠 2.8 克＋葡萄糖 0.8 克＋蒸馏水 100 毫升，取其 80 毫升＋卵黄 20 毫升，青霉素、链霉素分别按每毫升液体各 1 000 单位添加。

配方二：二水柠檬酸钠 2.7 克＋氨基乙酸 0.36 克＋蒸馏水 100 毫升，青霉素、链霉素分别按每毫升液体各 1 000 单位添加。

②山羊的低温保存液

配方一：葡萄糖 0.8 克＋二水柠檬酸钠 2.8 克＋蒸馏水 100 毫

升，取其 80 毫升＋卵黄 20 毫升，青霉素、链霉素分别按每毫升液体各 1 000 单位添加。

配方二：葡萄糖 3 克＋二水柠檬酸钠 1.4 克＋蒸馏水 100 毫升，取其 80 毫升＋卵黄 20 毫升，青霉素、链霉素分别按每毫升液体各 1 000 单位添加。

(3) 冷冻保存液　冷冻保存液是用于精液的冷冻保存，冷源采用液氮为主，保存温度为－196℃。将未加抗冻剂的冷冻保存液通常称为基础液，即基础液加上抗冻剂成为冷冻保存液。

①绵羊用冷冻保存液

细管冻精：一液：基础液，柠檬酸钠 3.0 克＋葡萄糖 3.0 克＋蒸馏水 100 毫升。基础液 100 毫升再加卵黄 25 毫升为一液。二液：取一液 88.0 毫升，甘油 12 毫升，青霉素、链霉素分别各 10 万单位。

颗粒冻精：基础液（11％乳糖 75 毫升）＋卵黄 20 毫升＋甘油 5 毫升＋青霉素、链霉素分别各 10 万单位。

②山羊用冷冻保存液

基础液：柠檬酸钠 1.5 克＋葡萄糖 3.0 克＋乳糖 5.0 克＋蒸馏水 100 毫升。

冷冻保存液：基础液 75 毫升＋卵黄 20 毫升＋甘油 5 毫升＋青霉素、链霉素分别各 10 万单位。

（二）稀释液的配制

1. 药品、试剂和器械的准备

(1) 水　蒸馏水或去离子水要新鲜。

(2) 药品、试剂　要求用分析纯，奶必须是当天的鲜奶，卵黄要取自新鲜鸡蛋。

(3) 器械　所用器械均要严格消毒，玻璃器皿用自来水冲洗干净后，用蒸馏水冲洗 4 遍，控干水分，用纸将瓶口包好，放入 120℃干燥箱（图 5-17）中干燥 1 小时，放凉备用。

烘箱温度设置不能高于 140℃；取烘干的东西时，必须要等到烘

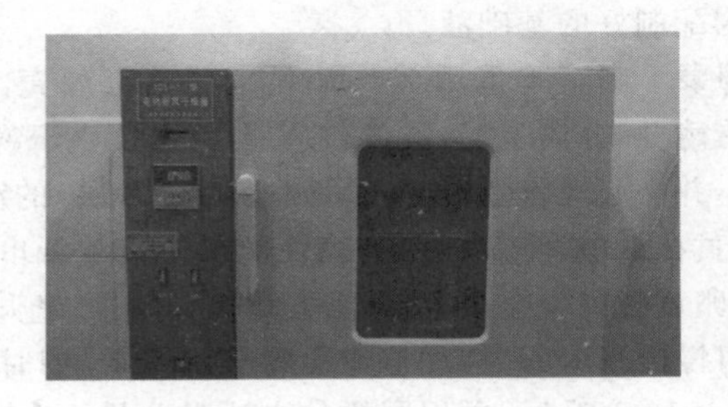

图 5-17　干燥箱烘干玻璃器皿

箱温度降到 100℃以下。

2. 配制方法

(1)试剂称量　药品、试剂的称量必须准确，常用称量工具有电子天平，称量试剂时必须精确到 0.00，称量试剂多时采用电子秤(图 5-18)。电子天平在使用前应调平。

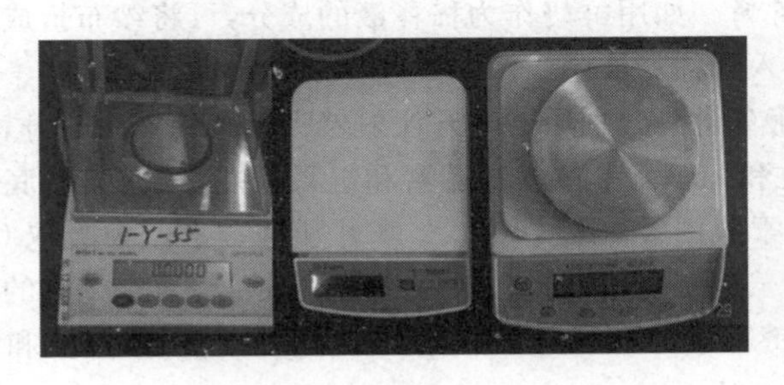

图 5-18　称量药品试剂所需电子天平、电子秤

(2)溶解试剂　在烧杯中将试剂溶解好，对溶解较慢的可以使用磁力搅拌器促进溶剂溶解，然后转移到容量瓶中，用蒸馏水将烧杯冲洗 3 次以上，全部转移到容量瓶中定容。

(3)过滤　将定容好的液体用双层滤纸过滤到三角瓶中。

(4)消毒　将液体转移到瓶中，瓶口加一双折的棉线，再用胶塞塞住。放入高压蒸汽锅 120℃消毒 30 分钟。消毒好后将瓶取出拔掉棉线,即为配制好的基础液。

(5)加卵黄　新鲜鸡蛋用75%酒精棉球消毒外壳,待其完全挥发后,将鸡蛋磕开,分离蛋清、蛋黄和系带,将蛋黄盛于鸡蛋壳小头的半个蛋壳内,并小心地将蛋黄倒在用四层对折(8层)的消毒纸巾上。小心地使蛋黄在纸巾上滚动,使其表面的稀蛋清被纸巾吸附。先用针头小心将卵黄膜挑一个小口,再用去掉针头的10毫升的一次性注射器,从小口慢慢吸取卵黄,尽量避免将气泡吸入,同时应避免吸入卵黄膜。吸入10毫升后,再用同样的方法吸取另一个鸡蛋的卵黄。也可将卵黄移至纸巾的边缘,用针头挑一个小口,将卵黄液缓缓倒入量筒中,注意避免将卵黄膜倒入量筒中。

卵黄液与基础液的混合:取放凉的基础液,加入三角瓶中,然后将卵黄液注入或将卵黄液从量筒中倒入三角瓶中,将量取的基础液反复冲洗量筒中的卵黄,使其全部溶解入基础液中,然后将全部的基础液倒入三角瓶中,摇匀。

(6)鲜奶　如用鲜奶作为稀释液的成分,可将纱布折成8层过滤后直接加入到稀释液中。

(7)抗生素　分别用1毫升注射器吸取基础液1毫升,分别注入80万单位和100万单位的青霉素和链霉素瓶中,使其彻底溶解。分别从青霉素瓶中吸取0.1～0.12毫升和链霉素瓶中吸取0.1毫升,将其注入三角瓶中,并摇匀。另一种方法是,称取0.1克的青霉素和0.1克的链霉素加入三角瓶中,摇匀。用基础液、卵黄液和抗生素混合制成第一液。

(8)甘油　第二液的制作:用量筒量取第一液47毫升,加入另一只三角瓶中,用注射器吸取3毫升消毒甘油,注入三角瓶中,摇匀。制成羊冷冻精液的第二液。

(三)精液的稀释

1. 稀释倍数和表示方法　精液适宜稀释倍数与稀释液种类有关,稀释倍数的确定应根据原精液的质量,尤其是精子的活力和密度、每次输精所需的精子数、稀释液的种类和保存方法决定。N倍稀释：即1份精液，N份稀释液；1∶N稀释：意思同N倍稀释。实际应用表示方法：稀释后体积是原精液体积的多少倍。因此，所谓的N倍稀释，实际上是1∶(N－1)，但这种方法有利于进行相关计算。如N倍稀释后，精子密度为原来的1/N，体积为原精液体积的N倍，则可分装的份数＝原精液体积×稀释倍数/每份精液体积；稀释倍数＝原精液体积×分装的份数/每份精液体积。

在生产实际中，稀释倍数往往存在小数而影响操作，大多数以需要加入的稀释液量直接计算。

原精液可分装份数(即一次采精可输精分装份数)＝

$$\frac{\text{原精液密度}\times\text{输精要求活力}\times\text{采精量}}{\text{每份精液总有效精子数}}$$

需加稀释液量＝原精液可分装份数×每份精液体积－采精量

2. 羊精液液态保存的稀释倍数 羊精液的液态保存指常温保存和低温保存，以及新鲜精液稀释后直接进行人工授精。

羊精液的液态保存每次输精有效精子数不能低于0.5亿个，输精前精液的活力不能低于0.6，输精量为0.5～1毫升。

如：某一次采精后，经精液品质检查，采精量1.2毫升、活力0.6、密度22亿个/毫升，其他指标均符合输精要求。若输精量按每次0.5毫升。

原精液可分装份数＝22亿个/毫升×0.6×1.2毫升/0.5亿个＝31.68＝31份，将小数点后的不管大小均不能加到前面去；否则，输精时有效精子数就会不符合标准。

需加稀释液量＝0.5毫升×31－1.2毫升＝14.3毫升。

3. 羊冷冻精液的稀释倍数 羊冷冻精液每次输精有效精子数不能低于0.3亿个，活力≥30%，每次输精剂量颗粒冻精0.1毫升、细管冻精0.25毫升。

第一次稀释倍数的计算：应为最终稀释后体积的50%。第二次稀释为1∶1稀释。

例如：制作0.25毫升细管冻精，采精量为3毫升、密度22亿个/毫升。

原精液可分装份数＝22亿个/毫升×0.3×3毫升/0.3亿个＝66份；

需加稀释液量＝0.25毫升×66－3毫升＝13.5毫升；

第一次稀释需加稀释液量＝0.25毫升×66×50％－3毫升＝5.25毫升；

第二次稀释需加稀释液量＝0.25毫升×66×50％＝8.25毫升。

（四）注意事项

配制稀释所使用的一切用具必须彻底洗涤干净，严格消毒；配制的稀释液要严格消毒；抗生素、酶类、激素类、维生素等添加剂必须在稀释液冷却至室温时，方可加入；要求现配现用，保持新鲜。需要保存的，含有卵黄和奶类的不超过2天；消毒好的基础液在0℃～5℃条件下可保存1个月。

精液的稀释方法和注意事项有：原精液在采精经检查合格后，应立即进行稀释，越快越好，从采精后到稀释的时间不超过30分钟。稀释时，稀释液的温度和精液的温度必须调整一致，以30℃～35℃为宜。稀释时，将稀释液沿精液瓶壁缓慢加入，防止剧烈震荡。若做高倍稀释，应先低倍后高倍，分次进行稀释。稀释后精液立即进行分装（一般按1头母羊的输精量）保存。

五、羊精液保存技术

（一）概　述

精液保存的方法按保存的温度分：常温保存（15℃～25℃），低温保存（0℃～5℃）和冷冻保存（－79℃～－196℃）3种。按精液的状态分：液态保存和冷冻保存，常温保存和低温保存温度都在 0℃以上，称为液态精液保存，超低温保存精液以冻结形式作长期保存，称为冷冻精液保存。羊精液的保存方法有常温保存、低温保存和冷冻保存（颗粒和细管）3 种方法均在生产中应用。

（二）精液的常温保存

精液的常温保存是保存温度在 15℃～25℃，允许温度有一定的变动幅度，也是室温保存。常温保存所需设备简单，便于普及推广，主要用于采精后，经稀释后立即输精，不用于长时间保存，主要用于羊的精液稀释，从采精到完成输精尽量不超过 1 小时。如需要运输，可采用保温杯或疫苗箱等。

（三）精液的低温保存

精液的低温保存是将精液稀释后缓慢降温至 0℃～5℃保存，利用低温来抑制精子的活动，降低代谢和能量消耗，抑制微生物生长，以达到延长精子存活时间的目的。当温度回升后，精子又恢复正常代谢功能并维持其受精能力。为避免精子发生冷休克，在稀释液中添加卵黄、奶类等防冷物质，并采用缓慢降温的方法。

稀释后的精液，从 30℃降至 0℃～5℃，每分钟下降 0.2℃左右为宜，整个降温过程需 1～2 小时完成。将分装好的精液瓶用纱布或毛巾包缠好，再裹以塑料袋防水，置于 0℃～5℃低温环境中存放；也可将精液瓶放入 30℃温水的容器内，一起放置在 0℃～5℃环境中，经 1～2 小时，精液温度即可降至 0℃～5℃。

最常用的方法是将精液放置在冰箱内保存，也可用冰块放入广口瓶内代替；或者在广口瓶里盛有化学制冷剂（水中加入尿素、硫酸铵等）的凉水内；还可吊入水井深处保存。

低温保存的精液在输精前要进行升温处理。升温的速度对精子影响较小，故一般可将贮精瓶直接投入 30℃温水中即可。

(四)精液的冷冻保存

冷冻保存是将精液经过冷冻，在液氮中保存。冷冻精液的冷源是液氮，保存温度为－196℃。冷冻精液的剂型有细管型和颗粒型 2 种。

1. 液氮罐的结构和使用　冻精应贮存于液氮罐的液氮中，设专人保管，每周定时加 1 次液氮，应经常检查液氮罐的状况，如发现液氮罐外壳结白霜，立即将冻精转移到其他液氮罐内保存。包装好的冻精由一个液氮罐转换到另一个液氮罐时，在液氮罐外停留时间不得超过 3 秒钟。取存冻精后要盖好液氮罐塞，在取放盖塞时，要垂直轻拿轻放，不得用力过猛，防止液氮罐塞折断或损坏。移动液氮罐时，不得在地上拖行，应提握液氮罐手柄抬起罐体后再移动。

冻精运输过程中要有专人负责，贮存容器不得横倒及碰撞和强烈震动，保证冻精始终浸在液氮中。

液氮罐容量有 5 升、10 升到 30 升大小不等，可根据需要选择。大液氮罐液氮保存时间长，但运输不如小的方便。

2. 细管冻精　塑料细管一般有 0.25 毫升、0.5 毫升、1.0 毫升 3 种容量。优点：具有适于快速冷冻，精液受温均匀，冷冻效果好；剂量标准化卫生条件好，不易受污染，标记明显，精液不易混淆；体积小，便于大量保存，精子损耗率低，精子复苏率和受精率高；适于机械化生产，工效很高。缺点：如封口不好，解冻时易破裂；须有装封、印字等机械设备。

目前常用的以 0.25 毫升细管为主，保存时在液氮罐内保存。

3. 颗粒冻精　将精液直接滴冻在经液氮冷却的塑料板或金属板上，体积为 0.1 毫升的颗粒。优点：方法简便，易于制作，成本低，体积小，便于大量贮存。缺点：剂量不标准，精液暴露在外易受污染，不易标记，易混淆，大多需解冻液解冻。

六、羊的输精

(一)概　述

输精是人工授精的最后一个技术环节。适时而准确地把一定量的优质精液输到发情母羊生殖道的一定部位是保证受胎率的关键。

新鲜精液经稀释、精液品质检查符合要求后即可直接输精;低温保存时,输精前将精液经 10 分钟左右升温到 30℃～35℃再进行输精;颗粒冻精和细管冻精需要解冻后进行输精。

(二)羊输精时间把握

羊采用 2 次输精。每天用试情公羊检查母羊群 2 次,上、下午各 1 次,公羊用试情布兜住腹部,避免发生自然交配。如果母羊接受公羊爬跨,证明已经发情,应在发现发情后 6～12 小时内第一次输精,12～18 小时后第二次输精。

经产羊应于发现发情后 6～12 小时第一次输精,间隔 12～16 小时后第二次输精。

初配羊应于发现发情后 12 小时第一次输精,间隔 12 小时第二次输精。

(三)羊输精前准备

1. 颗粒冻精的解冻

(1)解冻所需器材、溶液　恒温水浴锅(可用烧杯或保温杯结合温度计代替)、1 000 微升移液枪、5 毫升小试管、镊子、2.9%柠檬酸钠。

(2)操作步骤　将水浴锅温度设定为 38℃～40℃,在小试管中加入 1 毫升 2.9%柠檬酸钠溶液，预温 2 分钟以上，见图 5-19。

图 5-19 颗粒冻精的解冻预温

在液氮罐中用镊子夹取 1 个冻精颗粒投入到小试管中，由液氮罐提取冻精，冻精在液氮罐颈部停留不应超过 10 秒钟，储精瓶停留部位应在距液氮罐颈管部 8 厘米以下。从液氮罐取出冻精到投入小试管时间尽量控制在 3 秒钟以内。轻轻摇晃小试管，使冻精溶解并充分混匀，见图 5-20。

用输精器将解冻好的精液吸到输精器中，准备输精，见图 5-21。

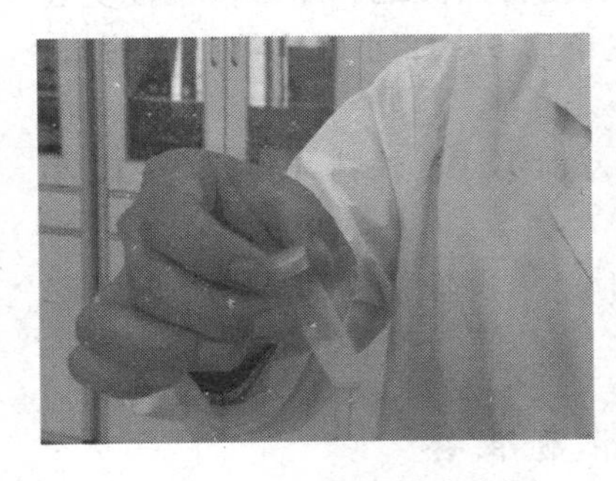

图 5-20 颗粒冻精的溶解

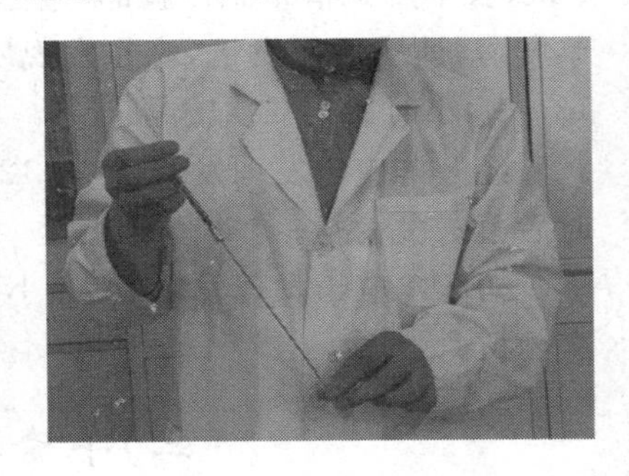

图 5-21 输精器吸取精液

2. 细管冻精的解冻

(1)解冻所需器材 恒温水浴锅(可用烧杯或保温杯结合温度计代替)、镊子、细管钳、输精器及外套管。

(2)操作步骤 用镊子从液氮罐中取出细管冻精，由液氮罐提取冻精，冻精在液氮罐颈部停留不应超过10秒钟，储精瓶停留部位应在液氮罐距颈管部8厘米以下。从液氮罐取出冻精到投入保温杯时间尽量控制在3秒钟以内。

直接投入到37℃水浴锅（或用温度计将保温杯水温调整至37℃），摇晃时期完全溶解。也可在水浴加温在（40±0.2）℃解冻，将细管冻精投入到40℃水浴环境解冻3秒钟左右，有一半溶解以后拿出使其完全溶解。

将解冻好的细管冻精装入输精枪中，封口端朝外，再用细管钳将细管从露出输精枪的部分剪开，套上外套管，准备输精。

（四）输精操作

羊的输精主要采用开膣器输精法。输精前开膣器和输精器可采用火焰消毒，将酒精棉球点燃，利用火焰对开膣器和输精器进行消毒（图5-22-1，图5-22-2）。并在开膣器前端涂上润滑剂，红霉素软膏或凡士林等均可（图5-22-3），将精液吸入输精器（图5-22-4）。

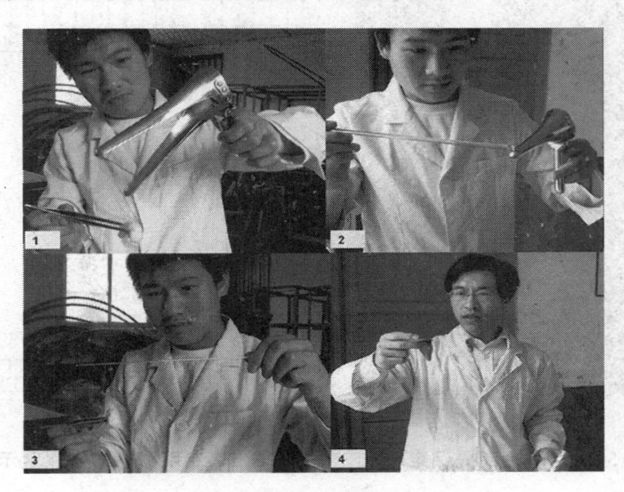

图 5-22　羊输精前的准备

1. 母羊的保定　母羊可采用保定架保定(图 5-23)、单人保定和双人保定。对体格较大的母羊可采用双人或保定架保定(图 5-24)。体格中、小的母羊可采用单人倒提保定(图 5-25)。

围栏颈枷保定输精是专门为工厂化养羊设计的保定输精装置,该装置极大地节约了人力资源,每人每天可输精母羊 200 只以上(图 5-26)。

图 5-23　羊保定架保定输精

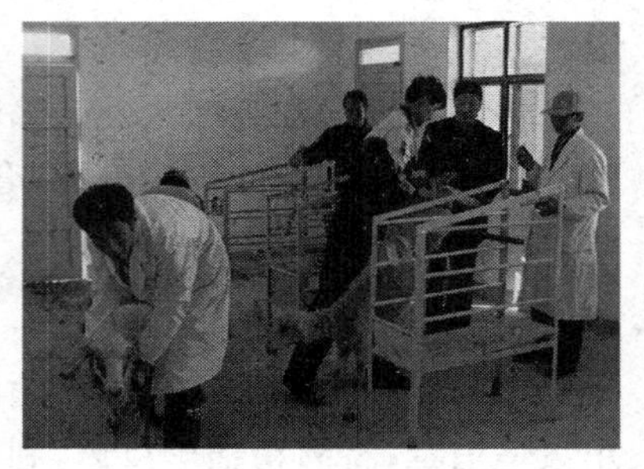

图 5-24　羊的保定输精

图 5-25　单人倒提保定

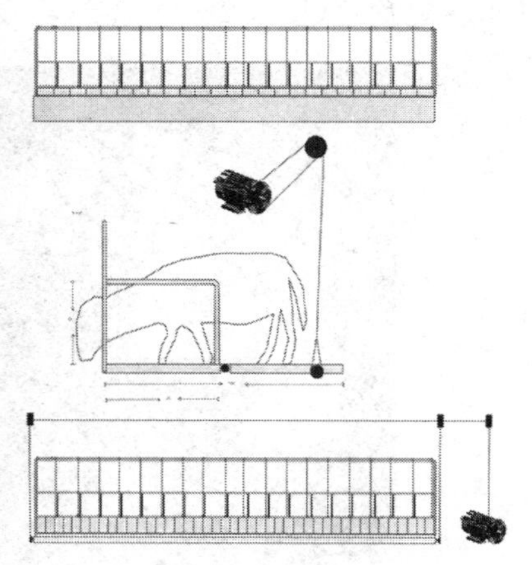

图 5-26　羊专用围栏颈枷保定示意图

2. 输精操作流程　保定好羊(图 5-27-1)。

用卫生纸或捏干的酒精棉球将外阴部粪便等污物擦干净(图 5-27-2)。

用开膣器先朝斜上方、侧进入阴道(图 5-27-3)。

开膣器前端快抵达子宫颈口时,将开膣器转平,然后打开开膣器(图 5-27-4,图 5-27-5)。

看到子宫颈口时,用输精器头旋转进入子宫颈(图 5-27-6)。

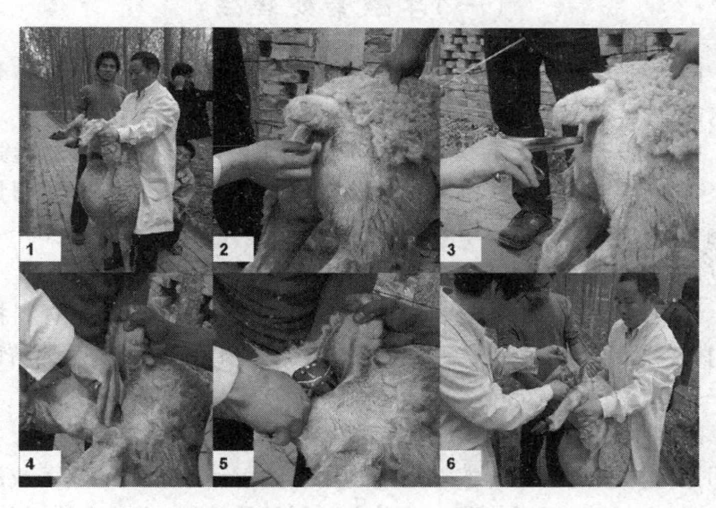

图 5-27　羊输精操作流程

等输精器无法再进入子宫时,可将精液注入。

(五)注意事项

羊在输精时,输精器进入子宫时难度较大,通常深度为 2～3 厘米,最佳位置是通过子宫颈,直接输到子宫体内。输精完成后,将母羊再倒提保定 2 分钟,防止精液倒流。输精完成后,输精器和开膣器必须清洗干净。

七、羊的同期发情技术

同期发情又称同步发情，就是利用某些激素人为地控制和调整母羊的发情周期，使之在预定时间内集中发情。羊常用的同期发情方法有以下几种。

（一）孕激素处理法

向待处理的母羊施用孕激素，用外源孕激素继续维持黄体分泌孕酮的作用，造成人为的黄体期而达到发情同期化。

1. 口服孕激素　每天将定量的孕激素药物拌在饲料内，通过母羊采食服用，持续 12～14 天，主要激素药物及每只羊的总使用量为孕酮 150～300 毫克，或甲羟孕酮 40～60 毫克，或甲基孕酮 80～150 毫克，或氟孕酮 30～60 毫克，或 18 甲基炔诺酮 30～40 毫克。

每天每只羊的用药量为总使用量的 1/10，要求药物与饲料搅拌均匀，使采食量相对一致。最后 1 天口服停药后，随即注射孕马血清 400～750 单位。通常在注射孕马血清后 2～4 天内发情。

2. 肌内注射　由于孕酮类属脂溶性物质，用油剂溶解后，一般常用于肌内注射。每天按一定药物用量注射到处理羊的皮下或肌肉内，持续 10～12 天后停药。这种方法剂量易控制，也较准确，但需每天操作处理，比较麻烦。"三合激素"只处理 1～3 天，大大减少了操作日程，较为方便。但"三合激素"的同期发情率却偏低，在注射后 2～4 天内部分羊只出现发情。

3. 阴道栓塞法　将乳剂或其他剂型的孕激素按剂量制成悬浮液，然后用泡沫海绵浸取一定药液，或用表面敷有硅橡胶，其中包含一定量孕激素制剂的硅橡胶环构成的阴道栓，用尼龙细线把阴道栓连起来，塞进阴道深处子宫颈外口，尼龙细线的另一端留在阴门外，以便停药时拉出栓塞物。阴道栓一般在 12～16 天后取出，也可以施以 9～12 天的短期处理或 16～18 天的长期处理。但孕激素处理时间过长，对受胎率有一定影响。为了提高发情同期率，在取出栓塞物的当天可以肌内注射孕马血清400～750单位。通常在注射孕马血清后2～4天内发情。此法相对同期发情效果显著，在生产中目前使用比较多，但操作要求必须严格，容易导致羊阴道炎的发生。

4. 皮下埋植法　一般丸剂可直接用于皮下埋植，或将一定量的孕激素制剂装入管壁有小孔的塑料细管中，用专门的埋植器将药丸或药管埋在羊耳背皮下，经过15天左右取出药物，同时注射孕马血清500～800单位。通常也在注射孕马血清后2～4天内发情，相对同期发情效果也显著，但此法成本比较高。

人工合成的孕激素，即外源孕激素作用期太长，将改变母羊生殖道环境，使受胎率有所降低，因此可以在药物处理后的第一个情期过程中不配种，待第二个发情期出现时再实施配种，这样既有相当高的发情同期率，受胎率也不会受影响。

（二）溶解黄体法

应用前列腺素及其类似物使黄体溶解，从而使黄体期中断，停止分泌孕酮，再配合使用促性腺激素，引起母羊发情。

用于同期发情的国产前列腺素F型以及类似物有15甲基PGF_{2a}、前列烯醇和PCF(Ia)甲酯等。进口的有高效的氯前列烯醇和氟前列烯醇等。前列腺素的施用方法是直接注入子宫颈或肌内注射。注入子宫颈的用量为1～2毫克；肌内注射一般为0.5毫克。应用国产的氯前列烯醇时，在每只母羊颈部肌内注射1毫升含0.1毫克的氯前列烯醇，1～5天内可获得70%以上的同期发情率，效果十分显著。

但前列腺素对处于发情周期5天以前的新生黄体溶解作用不大，因此前列腺素处理法对少数母羊无作用，应对这些无反应的羊进行第二次处理。还应注意，由于前列腺素有溶解黄体的作用，已妊娠母羊会因孕激素减少而发生流产，因此要在确认母羊属于空怀时才能使用前列腺素处理。

(三)欧宝棉栓同期发情方法

欧宝棉栓(OB)系由棉条与缓释孕酮类似物及雌二醇类似物粉末压制而成,由河南省养羊学会技术服务中心生产(图 5-28)。作用是持续释放孕激素,当同时撤除 OB 栓时,促进母羊同期发情。

图 5-28 欧宝棉栓

在发情季节中对空怀母羊群进行同期发情处理。母羊外阴消毒擦干,撕开 OB 栓中间封条,隔着包装拿着前端,取下后端的包装,将细绳拉直,用消毒过的止血钳(或镊子)夹住 OB 栓后端,取下前端包装,将前端 1/2 浸入注射用土霉素油中。将母羊阴门分开,把 OB 栓插入到阴道子宫颈附近,绳头留在阴门外。放栓 9～14 天,拉住绳头将 OB 栓缓慢抽出。撤栓前 1 天每只母羊注射 0.1 毫克氯前列烯醇。撤栓后每天用试情公羊查情 2 次。发现母羊发情 4～8 小时后第一次输精,间隔 12 小时第二次输精。

八、羊的妊娠诊断技术

(一)概　述

配种后的母羊应尽早进行妊娠诊断,能及时发现空怀母羊,以便采取补配措施。对已受胎的母羊加强饲养管理,避免流产,这样可以提高羊群的受胎率和繁殖率。

1. 外部观察 母羊受胎后,在孕激素的制约下,发情周期停止,不再有发情征状表现，性情变得较为温驯。同时，甲状腺活动逐渐增强，妊娠母羊的采食量增加，食欲增强，营养状况得到改善，毛色变得光亮润泽。仅靠观察表观征状不易确切诊断母羊是否妊娠，因此还应结合触诊法来确诊。

2. 触诊法 待检查母羊自然站立，然后用两只手以抬抱方式在腹壁前后滑动，抬抱的部位是乳房的前上方，用手触摸是否有胚胎胞块。注意抬抱时手掌展开，动作要轻，以抱为主。还有一种方法是直肠一腹壁触诊。待查母羊用肥皂灌洗直肠排出粪便，使其仰卧，然后用直径 1.5 厘米、长约 50 厘米、前端圆如弹头状的光滑木棒或塑料棒作为触诊棒，使用时涂抹上润滑剂，经过肛门向直肠内插入 30 厘米左右，插入时注意贴近脊椎。一只手用触诊棒轻轻把直肠挑起来以便托起胎胞，另一只手则在腹壁上触摸，如有胞块状物体即表明已妊娠；如果摸到触诊棒，将棒稍微移动位置，反复挑起触摸 2～3 次，仍摸到触诊棒即表明未受胎。

注意，挑动时不要损伤直肠。羊属中小牲畜，不能像牛、马那样能做直肠检查，因此触诊法在早期妊娠诊断还是很重要的，而且这种方法准确率也相当高。

3. 阴道检查法 妊娠母羊阴道黏膜的色泽、黏液性状及子宫颈口形状均有一些和妊娠相一致的规律变化。

(1) 阴道黏膜 母羊妊娠后，阴道黏膜由空怀时的淡粉红色变为苍白色，但用开膣器打开阴道后，很短时间内即由白色又变成粉红色。空怀母羊黏膜始终为粉红色。

(2) 阴道黏液 妊娠母羊的阴道黏液呈透明状，而且量很少，因此也很浓稠，能在手指间牵成线。相反，如果黏液量多、稀薄、颜色灰白则未受胎。

(3) 子宫颈 妊娠母羊子宫颈紧闭，色泽苍白，并有糨糊状的黏块堵塞在子宫颈口，人们称之为“子宫栓”。与发情鉴定一样，在做阴道检查之前应认真修剪指甲及消毒手臂。

4. 免疫学诊断 妊娠母羊血液、组织中具有特异性抗原，能和血液中的红细胞结合在一起，用它诱导制备的抗体血清和待查母羊的血液混合时，妊娠母羊的血液红细胞会出现凝集现象。如果待查母羊没有妊娠，就会因为没有与红细胞结合的抗原，加入抗体血清后红细胞不会发生凝集现象。由此可以判定被检母羊是否妊娠。

5. 孕酮水平测定法　测定方法是将待查母羊在配种 20～25 天后采血制备血浆，再采用放射免疫标准试剂与之对比，判读血浆中的孕酮含量，判定妊娠参考标准为：绵羊每毫升血浆中孕酮含量大于 1.5 纳克，山羊大于 2 纳克。

(二)返情检查和超声波妊娠诊断方法

1. 妊娠诊断时间　人工授精后 15～25 天试情公羊检查，40 天后用 B 超进行妊娠诊断。

2. 超声波探测法　超声波探测仪是一种先进的诊断仪器，有条件的地方利用它来做早期妊娠诊断便捷可靠。检查方法是将待查母羊保定后，在腹下乳房前毛稀少的地方涂上凡士林或液状石蜡等耦合剂，将超声波探测仪的探头对着骨盆入口方向探查。用超声波诊断羊早期妊娠的时间最好是配种 40 天以后，这时胎儿的鼻和眼已经分化，易于诊断。

试情检查结合 B 超进行妊娠诊断，是目前羊妊娠诊断最准确、也是最为有效的方法。B 超的使用必须熟练(图 5-29，图 5-30)。

图 5-29　B 超进行妊娠诊断

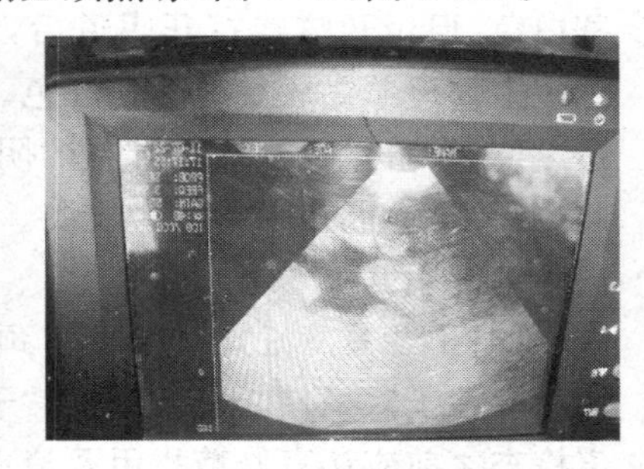

图 5-30　B 超检测到的胎儿

九、羊的诱导分娩

(一)概　述

诱导分娩亦称人工引产，是指在妊娠末期的一定时间内，注射激素制剂，诱发妊娠母羊妊娠终止，在比较确定的时间内分娩，产出正常的羔羊，针对于个体称之为诱导分娩，针对于群体则称为同期分娩。

通过人为诱导分娩能使同期受胎母羊的分娩更为集中，有利于羊群的管理工作，如有计划地在白天接产、护羔和育羔，能够提高羔羊的成活率。

(二)绵羊的引产方法

绵羊可行的引产方法是在妊娠144天时，注射12～16毫克地塞米松，多数母羊在40～60小时内产羔。在预产前3天使用雌二醇苯甲酸盐或氯前列烯醇注射液1～2毫升，也能诱发母羊分娩，但效果似不如糖皮质素好。

(三)山羊的引产方法

山羊的诱导分娩与绵羊相似。妊娠144天时，肌内注射PGF_{2a} 3～8毫克或地塞米松16毫克，至产羔平均时间分别为32小时和120小时，而不处理母羊为197小时。

(四)注意事项

在生产中经发情同期化处理，并对配种的母羊进行同期诱发分娩最有利，预产期接近的母羊可作为一批进行同期诱发分娩。例如同期发情配种的母羊妊娠第 142 天晚上注射，第 144 天早上开始产羔，持续到第 145 天全部产完。

十、产后护理

（一）概　述

在分娩和产后期中，母羊整个机体，特别是生殖器官发生激烈的变化，机体抵抗力降低，产出胎儿子宫张开时，产道黏膜表皮可能造成损伤，产后子宫内又积存大量的恶露，为微生物的侵入创造了条件；同时，分娩过程中，母畜丧失了很多水分。因此，对产后期的母羊应加以妥善处理。

（二）产后母羊护理

产后要供给母羊足够的水和麸皮汤等。

保持母羊外阴部的清洁，要用消毒溶液清洗外阴部、尾巴及后躯。

供给优质、易消化的饲料，但不宜过多；否则，引起消化道及乳腺疾病。饲料可逐渐变为正常。

青饲料不宜过多，以免乳汁分泌过多，引起乳房炎或羔羊腹泻。

垫上清洁的草并勤换。

母羊产后出现的一些病理现象，应及时妥善处理。

（三）注意事项

分娩助产操作由繁殖技术员负责安排实施。计算预产期，在分娩前 1 周转入分娩栏。分娩前期禁止使用缩宫素。

假死急救，首先要判定是否假死，通过羔羊的心跳和脐带回血可检测羔羊是假死还是已经死亡。对假死羔羊要采用以下程序处理：

保温。清除口、鼻腔黏液。将羔羊浸在40℃左右温水中，同时进行人工呼吸，按拍胸部两侧，或向鼻孔吹气，使其复苏。

保证分娩栏的卫生消毒。产羔2只或以上的，及时给羔羊人工哺乳。

十一、羊场繁殖规划

（一）概　述

提高繁殖，增加年产羔数和羔羊成活率，作为实现养羊盈利的基础。繁殖规划是必需的环节，企业和个体养殖户可结合自身养殖规模和实际，进行合理的繁殖规划。

（二）繁殖规划拟定

1. 选择高繁殖力品种　虽然山羊肉在我国中东部更受欢迎，但从目前我国现状来讲，解决羊肉量是第一位的，因此绵羊的饲养附加值更高些。对中部地区，尤其是黄河流域来讲，小尾寒羊是高繁殖力的首选，在长江流域湖羊适应性更强些。

2. 繁殖规模

(1)养殖规模在50只以内繁殖母羊　可不养公羊，采用同期发情处理后借用规模较大的种羊场的优良种公羊进行人工授精。

例如：饲养50只繁殖母羊并饲养1只种公羊，购买优良的公羊成本在1万元以上，且使用年限在3～5年，年饲养成本在1 000元左右，年均成本达到了3 000元以上。如借用公羊，母羊同期发情处理，人工授精费用不超过2 000元，且不存在饲养公羊的风险。

(2)养殖规模在50～200只繁殖母羊　可饲养1～2只种公羊，同期发情处理，人工授精。

例如：对200只繁殖母羊统一同期发情处理，统一人工授精后，母羊同期发情成本 5 000 元,同期发情率 85%左右,如果是小尾寒羊母羊,一次繁殖羔羊在 400 只以上。如采用自然交配,则需要公羊 7～10 只,饲养成本就超过了 7 000 元。

(3)养殖规模在 200 只以上繁殖母羊 可分批同期发情,建多只母羊输精保定架,统一人工授精。

例如:5 000 只繁殖母羊,可饲养 5～10 只公羊,可按每次 1 000 只同期发情处理,即 1 年同期发情处理 8 000 只次,1 年内 8 次就可完全解决繁殖产羔,同期发情成本约 2 万元,加人工费用 2 万元,合计 4 万元即可解决。如果 5 000 只羊采用传统发情鉴定、输精等操作程序,繁殖技术员至少需要 4 人,人工费用就超过 10 万元。

(三)注意事项

要选择最佳同期发情方法。目前市场上欧宝棉条同期发情栓效果比较好,如采用海绵栓则容易引起阴道炎症,影响同期发情效果,从而影响繁殖率。

山羊同期发情可采用氯前列烯醇注射,效果相对稳定;但氯前列烯醇注射对绵羊效果较差。

第六章 肉羊的营养与饲料加工

降低成本投入，尤其是饲料成本投入，是实现养种羊盈利的前提。但低成本饲料投入并不意味着低的生产性能。相反，全混合日粮加益生菌的饲喂方式不仅能节约生产成本，也极大地提高了羊的生产性能。当然，全混合日粮必须要对各种饲料原料科学搭配，合理加工。

一、肉羊饲养标准

(一)肉用绵羊营养需要量

各生产阶段肉用绵羊对干物质采食量(DMI)和消化能(DE)、代谢能(ME)、粗蛋白质(CP)、钙、磷、食用盐每日营养需要量见表 6-1 至表 6-6，对硫、维生素 A、维生素 D、维生素 E 的每日添加量推荐值见表 6-7。

1. 生长肥育羔羊每日营养需要量 4～20 千克体重阶段生长肥育绵羊羔羊不同日增重下日粮干物质采食量和消化能、代谢能、粗蛋白质、钙、总磷、食用盐每日营养需要量见表 6-1，对硫、维生素 A、维生素 D、维生素 E、微量矿物质元素的日粮添加量见表 6-7。

表 6-1　生长肥育绵羊羔羊每日营养需要量

体 重（千克）	日增重（千克/天）	DMI（千克/天）	DE（兆焦/天）	ME（兆焦/天）	粗蛋白质（克/天）	钙（克/天）	总 磷（克/天）	食用盐（克/天）
4	0.1	0.12	1.92	1.88	35	0.9	0.5	0.6
4	0.2	0.12	2.8	2.72	62	0.9	0.5	0.6
4	0.3	0.12	3.68	3.56	90	0.9	0.5	0.6
6	0.1	0.13	2.55	2.47	36	1.0	0.5	0.6
6	0.2	0.13	3.43	3.36	62	1.0	0.5	0.6
6	0.3	0.13	4.18	3.77	88	1.0	0.5	0.6
8	0.1	0.16	3.10	3.01	36	1.3	0.7	0.7
8	0.2	0.16	4.06	3.93	62	1.3	0.7	0.7
8	0.3	0.16	5.02	4.60	88	1.3	0.7	0.7
10	0.1	0.24	3.97	3.60	54	1.4	0.75	1.1
10	0.2	0.24	5.02	4.60	87	1.4	0.75	1.1
10	0.3	0.24	8.28	5.86	121	1.4	0.75	1.1
12	0.1	0.32	4.60	4.14	56	1.5	0.8	1.3
12	0.2	0.32	5.44	5.02	90	1.5	0.8	1.3
12	0.3	0.32	7.11	8.28	122	1.5	0.8	1.3
14	0.1	0.4	5.02	4.60	59	1.8	1.2	1.7
14	0.2	0.4	8.28	5.86	91	1.8	1.2	1.7
14	0.3	0.4	7.53	6.69	123	1.8	1.2	1.7
16	0.1	0.48	5.44	5.02	60	2.2	1.5	2.0
16	0.2	0.48	7.11	8.28	92	2.2	1.5	2.0
16	0.3	0.48	8.37	7.53	124	2.2	1.5	2.0
18	0.1	0.56	8.28	5.86	63	2.5	1.7	2.3
18	0.2	0.56	7.95	7.11	95	2.5	1.7	2.3
18	0.3	0.56	8.79	7.95	127	2.5	1.7	2.3
20	0.1	0.64	7.11	8.28	65	2.9	1.9	2.6
20	0.2	0.64	8.37	7.53	96	2.9	1.9	2.6
20	0.3	0.64	9.62	8.79	128	2.9	1.9	2.6

注 1：表中日粮干物质 DMI、DE、ME、CP、钙、总磷、食用盐每日需要量推荐数值参考自内蒙古自治区地方标准《细毛羊饲养标准》DB 15/T 30—92。

注 2：日粮中添加的食用盐应符合 GB 5461 中的规定。

2. 育成母绵羊每日营养需要量 25～50 千克体重阶段绵羊育成母绵羊日粮干物质采食量和消化能、代谢能、粗蛋白质、钙、磷、食用盐每日营养需要量见表 6-2，对硫、维生素 A、维生素 D、维生素 E、微量矿物质元素的日粮添加量见表 6-7。

表 6-2 育成母绵羊每日营养需要量

体重（千克）	日增重（千克/天）	DMI（千克/天）	DE（兆焦/天）	ME（兆焦/天）	粗蛋白质（克/天）	钙（克/天）	总磷（克/天）	食用盐（克/天）
25	0	0.8	5.86	4.60	47	3.6	1.8	3.3
25	0.03	0.8	6.70	5.44	69	3.6	1.8	3.3
25	0.06	0.8	7.11	5.86	90	3.6	1.8	3.3
25	0.09	0.8	8.37	6.69	112	3.6	1.8	3.3
30	0	1.0	6.70	5.44	54	4.0	2.0	4.1
30	0.03	1.0	7.95	6.28	75	4.0	2.0	4.1
30	0.06	1.0	8.79	7.11	96	4.0	2.0	4.1
30	0.09	1.0	9.20	7.53	117	4.0	2.0	4.1
35	0	1.2	7.95	6.28	61	4.5	2.3	5.0
35	0.03	1.2	8.79	7.11	82	4.5	2.3	5.0
35	0.06	1.2	9.62	7.95	103	4.5	2.3	5.0
35	0.09	1.2	10.88	8.79	123	4.5	2.3	5.0
40	0	1.4	8.37	6.69	67	4.5	2.3	5.8
40	0.03	1.4	9.62	7.95	88	4.5	2.3	5.8
40	0.06	1.4	10.88	8.79	108	4.5	2.3	5.8
40	0.09	1.4	12.55	10.04	129	4.5	2.3	5.8

续表 6-2

体重（千克）	日增重（千克/天）	DMI（千克/天）	DE（兆焦/天）	ME（兆焦/天）	粗蛋白质（克/天）	钙（克/天）	总磷（克/天）	食用盐（克/天）
45	0	1.5	9.20	8.79	94	5.0	2.5	6.2
45	0.03	1.5	10.88	9.62	114	5.0	2.5	6.2
45	0.06	1.5	11.71	10.88	135	5.0	2.5	6.2
45	0.09	1.5	13.39	12.10	80	5.0	2.5	6.2
50	0	1.6	9.62	7.95	80	5.0	2.5	6.6
50	0.03	1.6	11.30	9.20	100	5.0	2.5	6.6
50	0.06	1.6	13.39	10.88	120	5.0	2.5	6.6
50	0.09	1.6	15.06	12.13	140	5.0	2.5	6.6

注 1：表中日粮干物质 DMI、DE、ME、CP、钙、总磷、食用盐每日需要量推荐数值参考自内蒙古自治区地方标准《细毛羊饲养标准》(DB 15/T 30—92)。

注 2：日粮中添加的食用盐应符合 GB 5461 中的规定。

3. 育成公绵羊每日营养需要量　20～70 千克体重阶段绵羊育成公绵羊日粮干物质采食量和消化能、代谢能、粗蛋白质、钙、总磷、食用盐每日营养需要量见表 6-3，对硫、维生素 A、维生素 D、维生素 E、微量矿物质元素的日粮添加量见表 6-7。

表 6-3　育成公绵羊营养需要量

体重（千克）	日增重（千克/天）	DMI（千克/天）	DE（兆焦/天）	ME（兆焦/天）	粗蛋白质（克/天）	钙（克/天）	总磷（克/天）	食用盐（克/天）
20	0.05	0.9	8.17	6.70	95	2.4	1.1	7.6
20	0.10	0.9	9.76	8.00	114	3.3	1.5	7.6
20	0.15	1.0	12.20	10.00	132	4.3	2.0	7.6
25	0.05	1.0	8.78	7.20	105	2.8	1.3	7.6
25	0.10	1.0	10.98	9.00	123	3.7	1.7	7.6
25	0.15	1.1	13.54	11.10	142	4.6	2.1	7.6

续表 6-3

体 重(千克)	日增重(千克/天)	DMI(千克/天)	DE(兆焦/天)	ME(兆焦/天)	粗蛋白质(克/天)	钙(克/天)	总 磷(克/天)	食用盐(克/天)
30	0.05	1.1	10.37	8.50	114	3.2	1.4	8.6
30	0.10	1.1	12.20	10.00	132	4.1	1.9	8.6
30	0.15	1.2	14.76	12.10	150	5.0	2.3	8.6
35	0.05	1.2	11.34	9.30	122	3.5	1.6	8.6
35	0.10	1.2	13.29	10.90	140	4.5	2.0	8.6
35	0.15	1.3	16.10	13.20	159	5.4	2.5	8.6
40	0.05	1.3	12.44	10.20	130	3.9	1.8	9.6
40	0.10	1.3	14.39	11.80	149	4.8	2.2	9.6
40	0.15	1.3	17.32	14.20	167	5.8	2.6	9.6
45	0.05	1.3	13.54	11.10	138	4.3	1.9	9.6
45	0.10	1.3	15.49	12.70	156	5.2	2.9	9.6
45	0.15	1.4	18.66	15.30	175	6.1	2.8	9.6
50	0.05	1.4	14.39	11.80	146	4.7	2.1	11.0
50	0.10	1.4	16.59	13.60	165	5.6	2.5	11.0
50	0.15	1.5	19.76	16.20	182	6.5	3.0	11.0
55	0.05	1.5	15.37	12.60	153	5.0	2.3	11.0
55	0.10	1.5	17.68	14.50	172	6.0	2.7	11.0
55	0.15	1.6	20.98	17.20	190	6.9	3.1	11.0
60	0.05	1.6	16.34	13.40	161	5.4	2.4	12.0
60	0.10	1.6	18.78	15.40	179	6.3	2.9	12.0
60	0.15	1.7	22.20	18.20	198	7.3	3.3	12.0
65	0.05	1.7	17.32	14.20	168	5.7	2.6	12.0
65	0.10	1.7	19.88	16.30	187	6.7	3.0	12.0
65	0.15	1.8	23.54	19.30	205	7.6	3.4	12.0
70	0.05	1.8	18.29	15.00	175	6.2	2.8	12.0
70	0.10	1.8	20.85	17.10	194	7.1	3.2	12.0
70	0.15	1.9	24.76	20.30	212	8.0	3.6	12.0

注 1：表中日粮 DMI、DE、ME、CP、钙、总磷、食用盐每日需要量推荐数值参考自内蒙古自治区地方标准《细毛羊饲养标准》(DB 15/T 30—92)。

注 2：日粮中添加的食用盐应符合 GB 5461 中的规定。

4. 肥育羊每日营养需要量　20～45 千克体重阶段舍饲肥育羊日粮干物质采食量和消化能、代谢能、粗蛋白质、钙、总磷、食用盐每日营养需要量见表 6-4，对硫、维生素 A、维生素 D、维生素 E、微量矿物质元素的日粮添加量见表 6-7。

表 6-4　肥育羊每日营养需要量

体重(千克)	日增重(千克/天)	DMI(千克/天)	DE(兆焦/天)	ME(兆焦/天)	粗蛋白质(克/天)	钙(克/天)	总磷(克/天)	食用盐(克/天)
20	0.10	0.8	9.00	8.40	111	1.9	1.8	7.6
20	0.20	0.9	11.30	9.30	158	2.8	2.4	7.6
20	0.30	1.0	13.60	11.20	183	3.8	3.1	7.6
20	0.45	1.0	15.01	11.82	210	4.6	3.7	7.6
25	0.10	0.9	10.50	8.60	121	2.2	2	7.6
25	0.20	1.0	13.20	10.80	168	3.2	2.7	7.6
25	0.30	1.1	15.80	13.00	191	4.3	3.4	7.6
25	0.45	1.1	17.45	14.35	218	5.4	4.2	7.6
30	0.10	1.0	12.00	9.80	132	2.5	2.2	8.6
30	0.20	1.1	15.00	12.30	178	3.6	3	8.6
30	0.30	1.2	18.10	14.80	200	4.8	3.8	8.6
30	0.45	1.2	19.95	16.34	351	6.0	4.6	8.6
35	0.10	1.2	13.40	11.10	141	2.8	2.5	8.6
35	0.20	1.3	16.90	13.80	187	4.0	3.3	8.6
35	0.30	1.3	18.20	16.60	207	5.2	4.1	8.6
35	0.45	1.3	20.19	18.26	233	6.4	5.0	8.6

续表 6-4

体重（千克）	日增重（千克/天）	DMI（千克/天）	DE（兆焦/天）	ME（兆焦/天）	粗蛋白质（克/天）	钙（克/天）	总磷（克/天）	食用盐（克/天）
40	0.10	1.3	14.90	12.20	143	3.1	2.7	9.6
40	0.20	1.3	18.80	15.30	183	4.4	3.6	9.6
40	0.30	1.4	22.60	18.40	204	5.7	4.5	9.6
40	0.45	1.4	24.99	20.30	227	7.0	5.4	9.6
45	0.10	1.4	16.40	13.40	152	3.4	2.9	9.6
45	0.20	1.4	20.60	16.80	192	4.8	3.9	9.6
45	0.30	1.5	24.80	20.30	210	6.2	4.9	9.6
45	0.45	1.5	27.38	22.39	233	7.4	6.0	9.6
50	0.10	1.5	17.90	14.60	159	3.7	3.2	11.0
50	0.20	1.6	22.50	18.30	198	5.2	4.2	11.0
50	0.30	1.6	27.20	22.10	215	6.7	5.2	11.0
50	0.45	1.6	30.03	24.38	237	8.5	6.5	11.0

注 1：表中日粮 DMI、DE、ME、CP、钙、总磷、食用盐每日需要量推荐数值参考自新疆维吾尔自治区企业标准《新疆细毛羊舍饲肥育标准》(1985)。

注 2：日粮中添加的食用盐应符合 GB 5461 中的规定。

5. 妊娠母羊每日营养需要量 不同妊娠阶段妊娠母羊日粮干物质采食量和消化能、代谢能、粗蛋白质、钙、总磷、食用盐每日营养需要量见表 6-5，对硫、维生素 A、维生素 D、维生素 E、微量矿物质元素的日粮添加量见表 6-7。

6. 泌乳母羊每日营养需要量 40～70 千克泌乳母羊的日粮干物质采食量和消化能、代谢能、粗蛋白质、钙、总磷、食用盐每日营养需要量见表 6-6，对硫、维生素 A、维生素 D、维生素 E、微量矿物质元素的日粮添加量见表 6-7。

表 6-5　妊娠母绵羊每日营养需要量

妊娠阶段	体重（千克/天）	DMI（千克/天）	DE（兆焦/天）	ME（兆焦/天）	粗蛋白质（克/天）	钙（克/天）	总磷（克/天）	食用盐（克/天）
前期[a]	40	1.6	12.55	10.46	116	3.0	2.0	6.6
	50	1.8	15.06	12.55	124	3.2	2.5	7.5
	60	2.0	15.90	13.39	132	4.0	3.0	8.3
	70	2.2	16.74	14.23	141	4.5	3.5	9.1
后期[b]	40	1.8	15.06	12.55	146	6.0	3.5	7.5
	45	1.9	15.90	13.39	152	6.5	3.7	7.9
	50	2.0	16.74	14.23	159	7.0	3.9	8.3
	55	2.1	17.99	15.06	165	7.5	4.1	8.7
	60	2.2	18.83	15.90	172	8.0	4.3	9.1
	65	2.3	19.66	16.74	180	8.5	4.5	9.5
	70	2.4	20.92	17.57	187	9.0	4.7	9.9
后期[c]	40	1.8	16.74	14.23	167	7.0	4.0	7.9
	45	1.9	17.99	15.06	176	7.5	4.3	8.3
	50	2.0	19.25	16.32	184	8.0	4.6	8.7
	55	2.1	20.50	17.15	193	8.5	5.0	9.1
	60	2.2	21.76	18.41	203	9.0	5.3	9.5
	65	2.3	22.59	19.25	214	9.5	5.4	9.9
	70	2.4	24.27	20.50	226	10.0	5.6	11.0

注 1：表中日粮 DMI、DE、ME、CP、钙、总磷、食用盐每日需要量推荐数值参考自内蒙古自治区地方标准《细毛羊饲养标准》DB 15/T 30—92。

注 2：日粮中添加的食用盐应符合 GB 5461 中的规定。

a. 指妊娠期的第一个月至第三个月。

b. 指母羊怀单羔妊娠期的第四个月至第五个月。

c. 指母羊怀双羔妊娠期的第四个月至第五个月。

表 6-6 泌乳母绵羊每日营养需要量

体重（千克）	日增重（千克/天）	DMI（千克/天）	DE（兆焦/天）	ME（兆焦/天）	粗蛋白质（克/天）	钙（克/天）	总磷（克/天）	食用盐（克/天）
40	0.2	2.0	12.97	10.46	119	7.0	4.3	8.3
40	0.4	2.0	15.48	12.55	139	7.0	4.3	8.3
40	0.6	2.0	17.99	14.64	157	7.0	4.3	8.3
40	0.8	2.0	20.5	16.74	176	7.0	4.3	8.3
40	1.0	2.0	23.01	18.83	196	7.0	4.3	8.3
40	1.2	2.0	25.94	20.92	216	7.0	4.3	8.3
40	1.4	2.0	28.45	23.01	236	7.0	4.3	8.3
40	1.6	2.0	30.96	25.10	254	7.0	4.3	8.3
40	1.8	2.0	33.47	27.20	274	7.0	4.3	8.3
50	0.2	2.2	15.06	12.13	122	7.5	4.7	9.1
50	0.4	2.2	17.57	14.23	142	7.5	4.7	9.1
50	0.6	2.2	20.08	16.32	162	7.5	4.7	9.1
50	0.8	2.2	22.59	18.41	180	7.5	4.7	9.1
50	1.0	2.2	25.10	20.50	200	7.5	4.7	9.1
50	1.2	2.2	28.03	22.59	219	7.5	4.7	9.1
50	1.4	2.2	30.54	24.69	239	7.5	4.7	9.1
50	1.6	2.2	33.05	26.78	257	7.5	4.7	9.1
50	1.8	2.2	35.56	28.87	277	7.5	4.7	9.1
60	0.2	2.4	16.32	13.39	125	8.0	5.1	9.9
60	0.4	2.4	19.25	15.48	145	8.0	5.1	9,9
60	0.6	2.4	21.76	17.57	165	8.0	5.1	9.9
60	0.8	2.4	24.27	19.66	183	8.0	5.1	9.9
60	1.0	2.4	26.78	21.76	203	8.0	5.1	9.9
60	1.2	2.4	29.29	23.85	223	8.0	5.1	9.9
60	1.4	2.4	31.8	25.94	241	8.0	5.1	9.9
60	1.6	2.4	34.73	28.03	261	8.0	5.1	9.9
60	1.8	2.4	37.24	30.12	275	8.0	5.1	9.9

续表 6-6

体重（千克）	日增重（千克/天）	DMI（千克/天）	DE（兆焦/天）	ME（兆焦/天）	粗蛋白质（克/天）	钙（克/天）	总磷（克/天）	食用盐（克/天）
70	0.2	2.6	17.99	14.64	129	8.5	5.6	11.0
70	0.4	2.6	20.50	16.70	148	8.5	5.6	11.0
70	0.6	2.6	23.01	18.83	166	8.5	5.6	11.0
70	0.8	2.6	25.94	20.92	186	8.5	5.6	11.0
70	1.0	2.6	28.45	23.01	206	8.5	5.6	11.0
70	1.2	2.6	30.96	25.10	226	8.5	5.6	11.0
70	1.4	2.6	33.89	27.61	244	8.5	5.6	11.0
70	1.6	2.6	36.40	29.71	264	8.5	5.6	11.0
70	1.8	2.6	39.33	31.80	284	8.5	5.6	11.0

注 1：表中日粮 DMI、DE、ME、CP、钙、总磷、食用盐每日需要量推荐数值参考自内蒙古自治区地方标准《细毛羊饲养标准》DB 15/T 30—92。

注 2：日粮中添加的食用盐应符合 GB 5461 中的规定。

表 6-7　肉用绵羊对日粮硫、维生素、微量矿物质元素需要量（以干物质为基础）

体重阶段	生长羔羊	育成母羊	育成公羊	肥育羊	妊娠母羊	泌乳母羊	最大耐受浓度[b]
	4～20千克	25～50千克	20～70千克	20～50千克	40～70千克	40～70千克	
硫（克/天）	0.24～1.2	1.4～2.9	2.8～3.5	2.8～3.5	2.0～3.0	2.5～3.7	—
维生素 A（单位/天）	188～940	1175～2350	940～3290	940～2350	1880～3948	1880～3434	—
维生素 D（单位/天）	26～132	137～275	111～389	111～278	222～440	222～380	—
维生素 E（单位/天）	2.4～12.8	12～24	12～29	12～23	18～35	26～34	—

续表 6-7

体重阶段	生长羔羊 4～20千克	育成母羊 25～50千克	育成公羊 20～70千克	肥育羊 20～50千克	妊娠母羊 40～70千克	泌乳母羊 40～70千克	最大耐受浓度[b]
钴(毫克/千克)	0.018～0.096	0.12～0.24	0.21～0.33	0.2～0.35	0.27～0.36	0.3～0.39	10
铜[a](毫克/千克)	0.97～5.2	6.5～13	11～18	11～19	16～22	13～18	25
碘(毫克/千克)	0.08～0.46	0.58～1.2	1.0～1.6	0.94～1.7	1.3～1.7	1.4～1.9	50
铁(毫克/千克)	4.3～23	29～58	50～79	47～83	65～86	72～94	500
锰(毫克/千克)	2.2～12	14～29	25～40	23～41	32～44	36～47	1000
硒(毫克/千克)	0.016～0.086	0.11～0.22	0.19～0.30	0.18～0.31	0.24～0.31	0.27～0.35	2
锌(毫克/千克)	2.7～14	18～36	50～79	29～52	53～71	59～77	750

注：表中维生素A、维生素D、维生素E每日需要量数据参考自NRC(1985)，维生素A最低需要量:47单位/千克体重，1毫克β-胡萝卜素效价相当于681单位维生素A。维生素D需要量:早期断奶羔羊最低需要量为5.55单位/千克体重;其他生产阶段绵羊对维生素D的最低需要量为6.66单位/千克体重，1单位维生素D相当于0.025微克胆钙化醇。维生素E需要量:体重低于20千克的羔羊对维生素E的最低需要量为20单位/千克干物质采食量;体重大于20千克的各生产阶段绵羊对维生素E的最低需要量为15单位/千克干物质采食量，1单位维生素E效价相当于1毫克D,L-α-生育酚醋酸酯。

a. 当日粮中钼含量大于3毫克/千克时，铜的添加量要在表中推荐值基础上增加1倍。

b. 参考自NRC(1985)提供的估计数据。

(二)肉用山羊营养需要量

1. 生长肥育山羊羔羊每日营养需要量 生长肥育山羊羔羊每日营养需要量见表6-8。

表 6-8 生长肥育山羊羔羊每日营养需要量

体 重(千克)	日增重(千克/天)	DMI(千克/天)	DE(兆焦/天)	ME(兆焦/天)	粗蛋白质(克/天)	钙(克/天)	总 磷(克/天)	食用盐(克/天)
1	0	0.12	0.55	0.46	3	0.1	0.0	0.6
1	0.02	0.12	0.71	0.60	9	0.8	0.5	0.6
1	0.04	0.12	0.89	0.75	14	1.5	1.0	0.6
2	0	0.13	0.90	0.76	5	0.1	0.1	0.7
2	0.02	0.13	1.08	0.91	11	0.8	0.6	0.7
2	0.04	0.13	1.26	1.06	16	1.6	1.0	0.7
2	0.06	0.13	1.43	1.20	22	2.3	1.5	0.7
4	0	0.18	1.64	1.38	9	0.3	0.2	0.9
4	0.02	0.18	1.93	1.62	16	1.0	0.7	0.9
4	0.04	0.18	2.20	1.85	22	1.7	1.1	0.9
4	0.06	0.18	2.48	2.08	29	2.4	1.6	0.9
4	0.08	0.18	2.76	2.32	35	3.1	2.1	0.9
6	0	0.27	2.29	1.88	11	0.4	0.3	1.3
6	0.02	0.27	2.32	1.90	22	1.1	0.7	1.3
6	0.04	0.27	3.06	2.51	33	1.8	1.2	1.3
6	0.06	0.27	3.79	3.11	44	2.5	1.7	1.3
6	0.08	0.27	4.54	3.72	55	3.3	2.2	1.3
6	0.10	0.27	5.27	4.32	67	4.0	2.6	1.3

续表 6-8

体 重（千克）	日增重（千克/天）	DMI（千克/天）	DE（兆焦/天）	ME（兆焦/天）	粗蛋白质（克/天）	钙（克/天）	总 磷（克/天）	食用盐（克/天）
8	0	0.33	1.96	1.61	13	0.5	0.4	1.7
8	0.02	0.33	3.05	2.5	24	1.2	0.8	1.7
8	0.04	0.33	4.11	3.37	36	2.0	1.3	1.7
8	0.06	0.33	5.18	4.25	47	2.7	1.8	1.7
8	0.08	0.33	6.26	5.13	58	3.4	2.3	1.7
8	0.10	0.33	7.33	6.01	69	4.1	2.7	1.7
10	0	0.46	2.33	1.91	16	0.7	0.4	2.3
10	0.02	0.48	3.73	3.06	27	1.4	0.9	2.4
10	0.04	0.50	5.15	4.22	38	2.1	1.4	2.5
10	0.06	0.52	6.55	5.37	49	2.8	1.9	2.6
10	0.08	0.54	7.96	6.53	60	3.5	2.3	2.7
10	0.10	0.56	9.38	7.69	72	4.2	2.8	2.8
12	0	0.48	2.67	2.19	18	0.8	0.5	2.4
12	0.02	0.5	4.41	3.62	29	1.5	1	2.5
12	0.04	0.52	6.16	5.05	40	2.2	1.5	2.6
12	0.06	0.54	7.9	6.48	52	2.9	2	2.7
12	0.08	0.56	9.65	7.91	63	3.7	2.4	2.8
12	0.1	0.58	11.4	9.35	74	4.4	2.9	2.9
14	0	0.5	2.99	2.45	20	0.9	0.6	2.5
14	0.02	0.52	5.07	4.16	31	1.6	1.1	2.6
14	0.04	0.54	7.16	5.87	43	2.4	1.6	2.7
14	0.06	0.56	9.24	7.58	54	3.1	2	2.8
14	0.08	0.58	11.33	9.29	65	3.8	2.5	2.9
14	0.1	0.6	13.4	10.99	76	4.5	3	3

续表 6-8

体重（千克）	日增重（千克/天）	DMI（千克/天）	DE（兆焦/天）	ME（兆焦/天）	粗蛋白质（克/天）	钙（克/天）	总磷（克/天）	食用盐（克/天）
16	0	0.52	3.3	2.71	22	1.1	0.7	2.6
16	0.02	0.54	5.73	4.7	34	1.8	1.2	2.7
16	0.04	0.56	8.15	6.68	45	2.5	1.7	2.8
16	0.06	0.58	10.56	8.66	56	3.2	2.1	2.9
16	0.08	0.6	12.99	10.65	67	3.9	2.6	3
16	0.10	0.62	15.43	12.65	78	4.6	3.13.1	

注 1：表中 0～8 千克体重阶段肉用绵羊羔羊日粮 DMI 按每千克代谢体重 0.07 千克估算；体重大于 10 千克时，按中国农业科学院畜牧研究所 2003 年提供的如下公式计算获得：

DMI＝(26.45×W0.75＋0.99×ADG)/1000

式中：

DMI——干物质采食量，单位为千克每天（千克/天）；

W——体重，单位为千克（千克）。

ADG——平均日增重，单位为克每天（克/天）。

注 2：表中 ME、CP 数值参考自杨在宾等(1997)对青山羊数据资料。

注 3：表中 DE 需要量数值根据 ME/0.82 估算。

注 4：表中钙需要量按表 6-14 中提供参数估算得到，总磷需要量根据钙磷为 1.5∶1 估算获得。

注 5：日粮中添加的食用盐应符合 GB 5461 中的规定。

15～30 千克体重阶段肥育山羊消化能、代谢能、粗蛋白质、钙、总磷、食用盐每日营养需要量见表 6-9。

一、肉羊饲养标准

表 6-9　肥育山羊每日营养需要量

体重（千克）	日增重（千克/天）	DMI（千克/天）	DE（兆焦/天）	ME（兆焦/天）	粗蛋白质（克/天）	钙（克/天）	总磷（克/天）	食用盐（克/天）
15	0	0.51	5.36	4.40	43	1.0	0.7	2.6
15	0.05	0.56	5.83	4.78	54	2.8	1.9	2.8
15	0.10	0.61	6.29	5.15	64	4.6	3.0	3.1
15	0.15	0.66	6.75	5.54	74	6.4	4.2	3.3
15	0.20	0.71	7.21	5.91	84	8.1	5.4	3.6
20	0	0.56	6.44	5.28	47	1.3	0.9	2.8
20	0.05	0.61	6.91	5.66	57	3.1	2.1	3.1
20	0.1	0.66	7.37	6.04	67	4.9	3.3	3.3
20	0.15	0.71	7.83	6.42	77	6.7	4.5	3.6
20	0.2	0.76	8.29	6.8	87	8.5	5.6	3.8
25	0	0.61	7.46	6.12	50	1.7	1.1	3.0
25	0.05	0.66	7.92	6.49	60	3.5	2.3	3.3
25	0.10	0.71	8.38	6.87	70	5.2	3.5	3.5
25	0.15	0.76	8.84	7.25	81	7.0	4.7	3.8
25	0.20	0.81	9.31	7.63	91	8.8	5.9	4.0
30	0	0.65	8.42	6.90	53	2.0	1.3	3.3
30	0.05	0.70	8.88	7.28	63	3,8	2.5	3.5
30	0.10	0.75	9.35	7.66	74	5.6	3.7	3.8
30	0.15	0.80	9.81	8.04	84	7.4	4.9	4.0
30	0.20	0.85	10.27	8.42	94	9.1	6.1	4.2

注 1：表中 DMI、DE、ME、CP 数值来源于中国农业科学院畜牧所（2003），具体的计算公式如下：

DMI＝(26.45xW0.75＋0.99×ADG)/1000

DE＝4.184×(140.61×LBW0.75＋2.21×ADG＋210.3)/1000

ME＝4.184×(0.475×ADG＋95.19)×LBW0.75/1000

CP＝28.86 十 1.905×LBW0.75＋0.2024×ADG

以上式中：

DMI——干物质采食量，单位为千克每天(千克/天)；

DE——消化能，单位为兆焦每天(兆焦/天)；

ME——代谢能，单位为兆焦每天(兆焦/天)；

CP——粗蛋白质，单位为克每天(克/天)；

LBW——活体重，单位为千克；

ADG——平均日增重，单位为克每天(克/天)。

注 2：表中钙、总磷每日需要量来源见表 6-8 中注 4。

注 3：日粮中添加的食用盐应符合 GB 5461 中的规定。

2. 后备公山羊每日营养需要量　后备公山羊每日营养需要量见表 6-10。

表 6-10　后备公山羊每日营养需要量

体 重 (千克)	日增重 (千克/天)	DMI (千克/天)	DE (兆焦/天)	ME (兆焦/天)	粗蛋白质 (克/天)	钙 (克/天)	总　磷 (克/天)	食用盐 (克/天)
12	0	0.48	3.78	3.10	24	0.8	0.5	2.4
12	0.02	0.50	4.10	3.36	32	1.5	1.0	2.5
12	0.04	0.52	4.43	3.63	40	2.2	1.5	2.6
12	0.06	0.54	4.74	3.89	49	2.9	2.0	2.7
12	0.08	0.56	5.06	4.15	57	3.7	2.4	2.8
12	0.10	0.58	5.38	4.41	66	4.4	2.9	2.9
15	0	0.51	4.48	3.67	28	1.0	0.7	2.6
15	0.02	0.53	5.28	4.33	36	1.7	1.1	2.7
15	0.04	0.55	6.10	5.00	45	2.4	1.6	2.8
15	0.06	0.57	5.70	4.67	53	3.1	2.1	2.9
15	0.08	0.59	7.72	6.33	61	3.9	2.6	3.0
15	0.10	0.61	8.54	7.00	70	4.6	3.0	3.1

续表 6-10

体重（千克）	日增重（千克/天）	DMI（千克/天）	DE（兆焦/天）	ME（兆焦/天）	粗蛋白质（克/天）	钙（克/天）	总磷（克/天）	食用盐（克/天）
18	0	0.54	5.12	4.20	32	1.2	0.8	2.7
18	0.02	0.56	6.44	5.28	40	1.9	1.3	2.8
18	0.04	0.58	7.74	6.35	49	2.6	1.8	2.9
18	0.06	0.60	9.05	7.42	57	3.3	2.2	3.0
18	0.08	0.62	10.35	8.49	66	4.1	2.7	3.1
18	0.10	0.64	11.66	9.56	74	4.8	3.2	3.2
21	0	0.57	5.76	4.72	36	1.4	0.9	2.9
21	0.02	0.59	7.56	6.20	44	2.1	1.4	3.0
21	0.04	0.61	9.35	7.67	53	2.8	1.9	3.1
21	0.06	0.63	11.16	9.15	61	3.5	2.4	3.2
21	0.08	0.65	12.96	10.63	70	4.3	2.8	3.3
21	0.10	0.67	14.76	12.10	78	5.0	3.3	3.4
24	0	0.60	6.37	5.22	40	1.6	1.1	3.0
24	0.02	0.62	8.66	7.10	48	2.3	1.5	3.1
24	0.04	0.64	10.95	8.98	56	3.0	2.0	3.2
24	0.06	0.66	13.27	10.88	65	3.7	2.5	3.3
24	0.08	0.68	15.54	12.74	73	4.5	3.0	3.4
24	0.10	0.70	17.83	14.62	82	5.2	3.4	3.5

注：日粮中添加的食用盐应符合 GB 5461 中的规定。

3. 妊娠期母山羊每日营养需要量　妊娠期母山羊每日营养需要量见表 6-11。

4. 泌乳期母山羊每日营养需要　泌乳前期母山羊每日营养需要量见表 6-12。

表 6-11　妊娠期母山羊每日营养需要量

妊娠阶段	体　重（千克）	DMI（千克/天）	DE（兆焦/天）	ME（兆焦/天）	粗蛋白质（克/天）	钙（克/天）	总　磷（克/天）	食用盐（克/天）
空怀期	10	0.39	3.37	2.76	34	4.5	3.0	2.0
	15	0.53	4.54	3.72	43	4.8	3.2	2.7
	20	0.66	5.62	4.61	52	5.2	3.4	3.3
	25	0.78	6.63	5.44	60	5.5	3.7	3.9
	30	0.90	7.59	6.22	67	5.8	3.9	4.5
1～90天	10	0.39	4.8	3.94	55	4.5	3	2
	15	0.53	6.82	5.59	65	4.8	3.2	2.7
	20	0.66	8.72	7.15	73	5.2	3.4	3.3
	25	0.78	10.56	8.66	81	5.5	3.7	3.9
	30	0.9	12.34	10.12	89	5.8	3.9	4.5
91～120天	15	0.53	7.55	6.19	97	4.8	3.2	2.7
	20	0.66	9.51	7.8	105	5.2	3.4	3.3
	25	0.78	11.39	9.34	113	5.5	3.7	3.9
	30	0.90	13.20	10.82	121	5.8	3.9	4.5
120天以上	15	0.53	8.54	7.00	124	4.8	3.2	2.7
	20	0.66	10.54	8.64	132	5.2	3.4	3.3
	25	0.78	12.43	10.19	140	5.5	3.7	3.9
	30	0.90	14.27	11.7	148	5.8	3.9	4.5

注：日粮中添加的食用盐应符合 GB 5461 中的规定。

表 6-12　泌乳前期母山羊每日营养需要量

体 重（千克）	泌乳量（千克/天）	DMI（千克/天）	DE（兆焦/天）	ME（兆焦/天）	粗蛋白质（克/天）	钙（克/天）	总 磷（克/天）	食用盐（克/天）
10	0	0.39	3.12	2.56	24	0.7	0.4	2.0
10	0.50	0.39	5.73	4.70	73	2.8	1.8	2.0
10	0.75	0.39	7.04	5.77	97	3.8	2.5	2.0
10	1.00	0.39	8.34	6.84	122	4.8	3.2	2.0
10	1.25	0.39	9.65	7.91	146	5.9	3.9	2.0
10	1.50	0.39	10.95	8.98	170	6.9	4.6	2.0
15	0	0.53	4.24	3.48	33	1.0	0.7	2.7
15	0.50	0.53	6.84	5.61	31	3.1	2.1	2.7
15	0.75	0.53	8.15	6.68	106	4.1	2.8	2.7
15	1.00	0.53	9.45	7.75	130	5.2	3.4	2.7
15	1.25	0.53	10.76	8.82	154	6.2	4.1	2.7
15	1.50	0.53	12.06	9.89	179	7.3	4.8	2.7
20	0	0.66	5.26	4.31	40	1.3	0.9	3.3
20	0.5	0.66	7.87	6.45	89	3.4	2.3	3.3
20	0.75	0.66	9.17	7.52	114	4.5	3	3.3
20	1	0.66	10.48	8.59	138	5.5	3.7	3.3
20	1.25	0.66	11.78	9.66	162	6.5	4.4	3.3
20	1.5	0.66	13.09	10.73	187	7.6	5.1	3.3
25	0	0.78	6.22	5.10	48	1.7	1.1	3.9
25	0.50	0.78	8.83	7.24	97	3.8	2.5	3.9
25	0.75	0.78	10.13	8.31	121	4.8	3.2	3.9
25	1.00	0.78	11.44	9.38	145	5.8	3.9	3.9
25	1.25	0.78	12.73	10.44	170	6.9	4.6	3.9
25	1.50	0.78	14.04	11.51	194	7.9	5.3	3.9

续表 6-12

体重（千克）	泌乳量（千克/天）	DMI（千克/天）	DE（兆焦/天）	ME（兆焦/天）	粗蛋白质（克/天）	钙（克/天）	总磷（克/天）	食用盐（克/天）
30	0	0.90	6.70	5.49	55	2.0	1.3	4.5
30	0.50	0.90	9.73	7.98	104	4.1	2.7	4.5
30	0.75	0.90	11.04	9.05	128	5.1	3.4	4.5
30	1.00	0.90	12.34	10.12	152	6.2	4.1	4.5
30	1.25	0.90	13.65	11.19	177	7.2	4.8	4.5
30	1.50	0.90	14.95	12.26	201	8.3	5.5	4.5

注 1：泌乳前期指泌乳第 1～30 天。

注 2：日粮中添加的食用盐应符合 GB 5461 中的规定。

泌乳后期母山羊每日营养需要量见表 6-13。

表 6-13　泌乳后期母山羊每日营养需要量

体重（千克）	泌乳量（千克/天）	DMI（千克/天）	DE（兆焦/天）	ME（兆焦/天）	粗蛋白质（克/天）	钙（克/天）	总磷（克/天）	食用盐（克/天）
10	0	0.39	3.12	2.56	24	0.7	0.4	2.0
10	0.50	0.39	5.73	4.70	73	2.8	1.8	2.0
10	0.75	0.39	7.04	5.77	97	3.8	2.5	2.0
10	1.00	0.39	8.34	6.84	122	4.8	3.2	2.0
10	1.25	0.39	9.65	7.91	146	5.9	3.9	2.0
10	1.50	0.39	10.95	8.98	170	6.9	4.6	2.0
15	0	0.53	4.24	3.48	33	1.0	0.7	2.7
15	0.50	0.53	6.84	5.61	31	3.1	2.1	2.7
15	0.75	0.53	8.15	6.68	106	4.1	2.8	2.7
15	1.00	0.53	9.45	7.75	130	5.2	3.4	2.7
15	1.25	0.53	10.76	8.82	154	6.2	4.1	2.7
15	1.50	0.53	12.06	9.89	179	7.3	4.8	2.7

续表 6-13

体 重（千克）	泌乳量（千克/天）	DMI（千克/天）	DE（兆焦/天）	ME（兆焦/天）	粗蛋白质（克/天）	钙（克/天）	总 磷（克/天）	食用盐（克/天）
20	0	0.66	5.26	4.31	40	1.3	0.9	3.3
20	0.50	0.66	7.87	6.45	89	3.4	2.3	3.3
20	0.75	0.66	9.17	7.52	114	4.5	3.0	3.3
20	1.00	0.66	10.48	8.59	138	5.5	3.7	3.3
25	0	0.78	7.38	6.05	44	1.7	1.1	3.9
25	0.15	0.78	8.34	6.84	69	2.3	1.5	3.9
25	0.25	0.78	8.98	7.36	87	2.7	1.8	3.9
25	0.5	0.78	10.57	8.67	129	3.8	2.5	3.9
25	0.75	0.78	12.17	9.98	172	4.8	3.2	3.9
25	1.00	0.78	13.77	11.29	215	5.8	3.9	3.9
30	0	0.9	8.46	6.94	50	2	1.3	4.5
30	0.15	0.9	9.41	7.72	76	2.6	1.8	4.5
30	0.25	0.9	10.06	8.25	93	3	2	4.5
30	0.5	0.9	11.66	9.56	136	4.1	2.7	4.5
30	0.75	0.9	13.24	10.86	179	5.1	3.4	4.5
30	1.00	0.9	14.85	12.18	222	6.2	4.1	4.5

注 1：泌乳后期指泌乳第 31～70 天。

注 2：日粮中添加的食用盐应符合 GB 5461 中的规定。

山羊对常量矿物质元素每日营养需要量、对微量矿物质元素需要量见表 6-14 和表 6-15。

表 6-14　山羊对常量矿物质元素每日营养需要量参数

常量元素	维持(毫克/千克体重)	妊娠(克/千克胎儿)	泌乳(克/千克产奶)	生长(克/千克)	吸收率(%)
钙(Ca)	20	11,5	1.25	10.7	30
总磷(P)	30	6.6	1.0	6.0	65
镁(Mg)	3.5	0.3	0.14	0.4	20
钾(K)	50	2.1	2.1	2.4	90
钠(Na)	15	1.7	0.4	1.6	80

注:硫(S)0.16%～0.32%(以采食日粮干物质为基础)。

表中参数参考自 Kessler(1991)和 Haenlein(1987)资料信息。

表 6-15　山羊对微量矿物质元素需要量(以采食日粮干物质为基础)

微量元素	推荐量(毫克/千克)
铁(Fe)	30～40
铜(Cu)	10～20
钴(Co)	0.11～0.2
碘(I)	0.15～2.0
锰(Mn)	60～120
锌(Zn)	50～80
硒(Se)	0.05

注:表中推荐数值参考自 AFRC(1998),以采食日粮干物质为基础。

二、肉羊营养配方设计

(一)概　述

标准的配合饲料又称全价配合饲料或全价料，是按照动物的营养需要标准(或饲养标准)和饲料营养成分价值表，由多种单个饲料原料(包括合成的氨基酸、维生素、矿物质元素及非营养性添加剂)混合而成的，能够完全满足动物对各种营养物质的需要。

(二)方法与步骤

饲料配方方法很多，常用的有手算法和计算机运算法。随着近年来计算机技术的快速发展，人们已经开发出了功能越来越完全、速度越来越快的计算机专用配方软件，使用起来越来越简单，大大方便了广大养殖户。

1. 计算机运算法　运用计算机制订饲料配方，主要根据所用饲料的品种和营养成分、羊对各种营养物质的需要量及市场价格变动情况等条件，将有关数据输入计算机，并提出约束条件(如饲料配比、营养指标等)，根据线性规划原理很快就可计算出能满足营养要求而价格较低的饲料配方，即最佳饲料配方。

计算机运算法配方的优点是速度快，计算准确，是饲料工业现代化的标志之一，但需要有一定的设备和专业技术人员。

2. 手算法　手算法包括试差法、对角线法和代数法等。其中以“试差法”较为实用。试差法是专业知识，算术运算及计算经验相结合的一种配方计算方法。可以同时计算多个营养指标，不受饲料原料种数限制；但要配平衡一个营养指标满足已确定的营养需要，一般要反复试算多次才可能达到目的。在对配方设计要求不太严格的条件下，此法仍是一种简便可行的计算方法。现以体重 35 千克，预期日增重200克的生长肥育绵羊饲料配方为例，举例说明如下。

(1)查肉羊饲养标准　见表6-16。

表6-16　体重35千克、日增重200克的生长肥育羊饲养标准

干物质	消化能	粗蛋白质	钙	磷	食　盐
千克/(只·日)	兆焦/(只·日)	克/(只·日)	克/(只·日)	克/(只·日)	克/(只·日)
1.05～1.75	16.89	187	4.0	3.3	9

(2)查饲料成分表　根据羊场现有饲料条件，可利用饲料为玉米秸青贮、野干草、玉米、麸皮、棉籽饼、豆饼、磷酸氢钙、食盐(表6-17)。

表6-17　供选饲料养分含量

饲料名称	干物质(%)	消化能(兆焦/千克)	粗蛋白质(%)	钙(%)	磷(%)
玉米秸青贮	26	2.47	2.1	0.18	0.03
野干草	90.6	7.99	8.9	0.54	0.09
玉　米	88.4	15.40	8.6	0.04	0.21
麸　皮	88.6	11.09	14.4	0.18	0.78
棉籽饼	92.2	13.72	33.8	0.31	0.64
豆　饼	90.6	15.94	43.0	0.32	0.50
磷酸氢钙		·		32	16

(3)确定粗饲料采食量　一般羊粗饲料干物质采食量为体重的2%～3%，取中等用量2.5%，则35千克体重羊需粗饲料干物质为0.875千克。按玉米秸青贮和野干草各占50%计算，用量分别为0.875×50%≈0.44千克。然后计算出粗饲料提供的养分含量(表6-18)。

表 6-18　粗饲料提供的养分含量

饲料名称	干物质（千克）	消化能（兆焦）	粗蛋白质（克）	钙（克）	磷（克）
玉米秸青贮	0.44	4.17	35.5	3.04	0.51
野干草	0.44	3.88	43.25	2.62	0.44
合　计	0.88	8.05	78.75	5.66	0.95
与标准差值	0.17～0.87	8.84	108.25	1.66	−2.35

(4)试定各种精饲料用量并计算出养分含量　见表 6-19。

表 6-19　试定精饲料养分含量

饲料名称	用量（千克）	干物质（千克）	消化能（兆焦）	粗蛋白质（克）	钙（克）	磷（克）
玉　米	0.36	0.32	5.544	30.96	0.14	0.76
麸　皮	0.14	0.124	1.553	20.16	0.25	1.09
棉籽饼	0.08	0.07	1.098	27.04	0.25	0.51
豆　饼	0.04	0.036	0.638	17.2	0.13	0.2
尿　素	0.005	0.005		14.4		
食　盐	0.009	0.009				
合　计	0.634	0.56	8.832	109.76	0.77	2.56

由表 6-19 可见日粮中的消化能和粗蛋白质已基本符合要求，如果消化能高（或低），应相应减（或增）能量饲料，粗蛋白质也是如此；能量和蛋白质符合要求后再看钙和磷的水平，两者都已超出标准，且钙、磷比为 1.78∶1，属正常范围（1.5～2∶1），不必补充相应的饲料。

(5)定出饲料配方　此肥育羊日粮配方为：青贮玉米秸 1.69(0.44/0.26)千克，野干草 0.49(0.44/0.906)千克，玉米 0.36 千克，麸皮0.14千克，棉籽饼0.08千克，豆饼0.04千克，尿素5克，食盐9克，另加添加剂预混料。

精料混合料配方(%)：玉米56.9%，麸皮22%，棉籽饼12.6%，豆饼6.3%，尿素0.8%，食盐1.4%，添加剂预混料另加。

3. 典型饲料配方举例　设计和采用科学而实用的饲料配方是合理利用当地饲料资源，提高养羊生产水平，保证羊群健康，获得较高经济效益的重要保证。表6-20至表6-22列出典型饲料配方，供生产参考。

表6-20　体重15～20千克、日增重200克羔羊肥育日粮推荐配方

饲料原料	采食量(克/天)	全日粮配比(%)	精料配比(%)	营养水平	
花生蔓	430.0	38.3	—	DE(兆焦/千克)	10.70
野干草	320.0	29.1	—	CP(%)	12.36
玉　米	226.7	18.9	58.0	NFC(%)	27.28
小麦麸	22.1	2.0	6.0	NDF(%)	48.52
棉　粕	29.2	2.6	8.0	ADF(%)	34.18
豆　粕	85.4	7.5	23.0	Ca(%)	0.62
食　盐	4.9	0.49	1.5	P(%)	0.31
磷酸氢钙	1.6	0.16	0.5	Ca/P	2.01
石　粉	2.6	0.26	0.8	RDP/RUP	1.61
碳酸氢钠	3.9	0.39	1.2		
预混料	3.3	0.33	1.0		
合计(千克)	1.13	100.0	100.0		

二、肉羊营养配方设计

表 6-21　体重 20～25 千克、日增重 200 克羔羊肥育日粮推荐配方

饲料原料	采食量（克/天）	全日粮配比（%）	精料配比（%）	营养水平	
玉米秸青贮	2000.0	38.9	—	DE(兆焦/千克)	10.9
花生蔓	500.0	34.5	—	CP(%)	11.3
玉　米	241.1	15.4	58.0	NFC(%)	27.6
小麦麸	39.2	2.7	10.0	NDF(%)	50.6
棉　粕	31.1	2.1	8.0	ADF(%)	35.2
豆　粕	78.9	5.3	20.0	Ca(%)	0.66
食　盐	5.2	0.4	1.5	P(%)	0.32
磷酸氢钙	3.5	0.3	1.0	Ca/P	2.09
石　粉	1.7	0.1	0.5	RDP/RUP	1.66
碳酸氢钠	1.7	0.1	0.5		
预混料	1.7	0.1	0.5		
合计(千克)	2.90	100.0	100.0		

表 6-22　羊精、粗饲料推荐饲喂量　（单位：千克/只·日）

羔羊各阶段饲喂期	精饲料	青干草	多汁饲料
种公羊非配种期	0.3～0.8	2.2～2.5	0.5～1.0
种公羊配种期	1.0～1.5	2.0～2.51	1.0～1.5
繁殖母羊空怀及妊娠 90 天内	0.5～1.0	2.2～2.5	0.2～0.5
母羊妊娠 90～150 天	1.0～1.5	1.8～2.01	0.3～1.0
哺乳母羊	1.0～1.8	0.5～2.01	0.8～1.5
育成羊	0.3～0.8	1.2～2.0	0.5～1.0

注 1：其中最好有 30%的苜蓿干草。

2：为了保证健康和食欲，最好以胡萝卜为主。

三、青干草的加工

（一）概　述

青干草收贮与调制包括牧草的适时刈割、干燥、贮藏和加工等几个环节，其干燥方法不同，牧草营养成分有很大的差异。在生产中，常用的方法有自然干燥和人工干燥法。豆科牧草在初花期至盛花期刈割，禾本科牧草在抽穗期刈割。刈割青草应通过自然干燥或人工干燥使之在较短的时间内水分快速降至17%以下，营养物质得到较好保存。青干草切成2～3厘米后喂羊或打成草粉拌入配合饲料中饲喂。

（二）方法与步骤

1. 自然干燥　利用日晒、自然风干来调制干草。应根据不同地区的气候特点，采用不同的方法。

(1)田间干燥法　适合我国北方夏、秋季雨水较少的地区。牧草刈割后，原地平铺或堆成小堆进行晾晒，根据当地气候和青草含水状况，每隔数小时适当翻动，以加速水分蒸发。当水分降至50%以下时，再将牧草集成高为0.5～1米的小堆，任其自然风干，晴好天气可以倒堆翻晒。晒制过程中要尽可能避免雨水淋湿，否则会降低干草的品质。

(2)架上晒草法　在南方地区或夏、秋雨水较多时，宜用草架晒草。草架的搭建可因地制宜，因陋就简，如用木椽或铁丝搭制成独木架、棚架、锥形架、长形架等。刈割后的青草，自上而下放置在干草架上，厚70～80厘米，离地20～30厘米，保持蓬松并有一定的斜度，以利于采光和排水，并保持四周通风良好，草架上端应有防雨设施（如简易的棚顶等）。风干时间一般为1～3周。

2. 人工干燥 利用加热、通风的方法调制干草。其优点是干燥时间短，养分损失小，可调制出优质的青干草，也可进行大规模工厂化生产，但其设备投资和能耗较高，国外应用较多，而我国较少应用。主要有以下3种方法：

(1)常温通风干燥法 在修建的草库内，利用高速风力来干燥牧草。设备简单。可采用一般风机或加热风机，草库的大小可根据干草生产量的大小来设计。

(2)低温烘干法 用浅箱式或传送带式干燥机烘干牧草，适合于小型农场。干燥温度为50℃～150℃，时间约几分钟至数小时。

(3)高温快速干燥法 目前国外采用较多的是转鼓气流式干燥机。将牧草切碎(2～3厘米)后经传送机进入烘干滚筒，经短时(数分钟甚至数秒钟)烘烤，使水分降至10%～12%，再由传输系统送至贮藏室内。这种方法对牧草养分的保护率可达90%～95%，但设备昂贵，只适于工厂化草粉生产。

(三)注意事项

优质干草色泽青绿、气味芳香，植株完整且含叶量高，泥沙少，无杂质、无霉烂和变质，水分含量在15%以下。青干草按5级进行质量评定。

一级：枝叶鲜绿或深绿色，叶及花序损失小于5%，含水量15%～17%，有浓郁的干草香味；

二级：枝叶绿色，叶及花序损失小于10%，含水量15%～17%，有香味；

三级：叶色发黄，叶及花序损失小于15%，含水量15%～17%，有干草香味；

四级：茎叶发黄或发白，叶及花序损失大于15%，含水量15%～17%，香味较淡；

五级：发霉、有臭味，不能饲喂。

四、秸秆的加工

（一）概　述

羊瘤胃微生物可消化利用秸秆中的粗纤维，但当秸秆木质化后，粗纤维被木质素包裹，不易被消化利用。因此，为了提高羊对农副产品的消化利用率，在不影响农作物产量和质量的前提下，尽量提早收获，并快速调制，减少木质化程度。

秸秆类饲料的种类很多，常用的秸秆类饲料有玉米、麦秸、谷草等。

1. 玉米秸　玉米秸以收获方式分为收获子实后的黄玉米秸（或干玉米秸）和青刈玉米秸（子实未成熟即行青刈）。青刈玉米秸的营养价值高于黄玉米秸，青嫩多汁，适口性好，胡萝卜素含量较多，为3～7毫克/千克。可青喂、青贮和晒制干草供冬、春季饲喂。生长期短的春播玉米秸秆比生长期长的玉米秸秆的粗纤维含量少，易消化。同一株玉米，上部比下部的营养价值高，叶片比茎秆营养价值高，玉米秸秆的营养价值优于玉米芯。

2. 麦秸　麦秸的营养价值较低，粗纤维的含量较高，并有难以利用的硅酸盐和蜡质。羊单纯采食麦秸类饲料饲喂效果不佳，且易上火，有的羊口角溃疡，群众俗称“上火”。在麦秸饲料中燕麦秸、荞麦秸的营养价值较高，适口性也好，是羊的好饲草。

3. 谷草　谷草质地柔软厚实，营养丰富，可消化粗蛋白质、可消化总养分较麦秸、稻草高。在禾谷类饲草中，谷草主要的用途是制备干草，供冬、春季饲用，是品质最好的饲草。但对于羊来说并不是最好的饲草，长期饲喂谷草羊不上膘，有的还可能会消瘦，因为谷草属凉性饲草，羊吃了会掉膘。

4. 豆秸　豆秸是各类豆科作物收获了籽粒后的秸秆总称，包括大豆、黑豆、豌豆、蚕豆、豇豆、绿豆等的茎叶,都是豆科作物成熟后的副产品,叶子大部分都已凋落,即使有一部分叶子也已枯黄,茎也多木质化,豆荚仍保留在豆秸上,质地坚硬,粗纤维的含量较高,但其中粗蛋白质的含量和消化率较高,这样豆秸的营养价值和利用率都得到提高。青刈的大豆秸叶的营养价值接近紫花苜蓿。在豆秸中蚕豆和豌豆秸粗蛋白质的含量最好,品质较好。

5. 花生藤、甘薯藤及其他蔓秧 花生藤和甘薯藤都是收获地下根茎后的地上茎叶部分,这部分藤类虽然产量不高,但茎叶柔软、适口性好,营养价值和采食利用率、消化率都较高。甘薯藤、花生藤干物质中的粗蛋白质的含量较高。

(二)方法与步骤

秸秆经适当的加工调制,可改变原来的体积和理化性质,营养价值和适口性有所提高,是羊冬季补饲的主要饲料,主要加工方法有物理方法、化学方法和生物学方法。

1. 物理调制法 物理调制即对秸秆进行切碎、碾青、制粒以及热喷等处理。这种方法一般不能改善秸秆的消化利用率,但可以改善适口性,减少浪费。秸秆粉碎后与精料混合使用,可扩大饲料来源。除此以外,有人试图采用蒸煮或辐射处理来改善秸秆的营养价值,也取得某些进展,但还未进入使用阶段。

(1)切碎 切碎的目的是为了便于羊采食和咀嚼,并易于与精料拌匀,防止羊挑食,从而减少饲料的浪费,也便于与其他饲料进行合理搭配,提高其适口性,增加采食量和利用率,同时又是其他处理方法不可缺少的首道工序。近年来,随着饲料工业的发展,世界上许多国家将切碎的粗饲料与其他饲料混合压制成颗粒状,这种饲料利于贮存、运输,适口性好,营养全面。

在粗饲料进行切碎处理中,切碎的长度一般以0.8～1.2厘米为宜。添加在精料中的粗饲料其长度宜短不宜长,以免羊只吃精饲料而剩下粗饲料,降低粗饲料利用率。

(2) 碾青　将秸秆铺在晒场上，厚度30～40厘米，再在其上铺约30厘米厚的青饲料，再在青饲料上面铺约30厘米厚的秸秆，用石碾或镇压器碾压，把青饲料压扁，流出的汁液被上下两层秸秆吸收。这样，既缩短青饲料干燥的时间，减少养分的损失，又提高了秸秆的营养价值和利用率。

(3) 制粒　一种将秸秆、秕壳和干草等粉碎后，根据羊的营养需要，配合适当的精料、糖蜜（糊精和甜菜渣）、维生素和矿物质添加剂混合均匀，用机器生产出不同大小和形状的颗粒饲料。秸秆和秕壳在颗粒饲料中的适宜含量为30%～50%。这种饲料营养平衡，粉尘减少，颗粒大小适宜，便于咀嚼，改善适口性。在国外，有的用单纯的粗饲料或优质干草经粉碎制成颗粒饲料，可减少粗饲料的体积，便于贮藏和运输。另一种是秸秆添加尿素。做法是，将秸秆粉碎后，加入尿素（占全部日粮总氮量的30%）、糖蜜（1份尿素、5～10份糖蜜）、精料、维生素和矿物质，压制成颗粒、饼状或块状。这种饲料，粗蛋白质含量较高，适口性好，有助于延缓氨在瘤胃中的释放速度，防止中毒，可降低饲料成本、节约蛋白质饲料。颗粒饲料机及成品颗粒饲料见图6-1，图6-2。

图6-1　颗粒饲料机

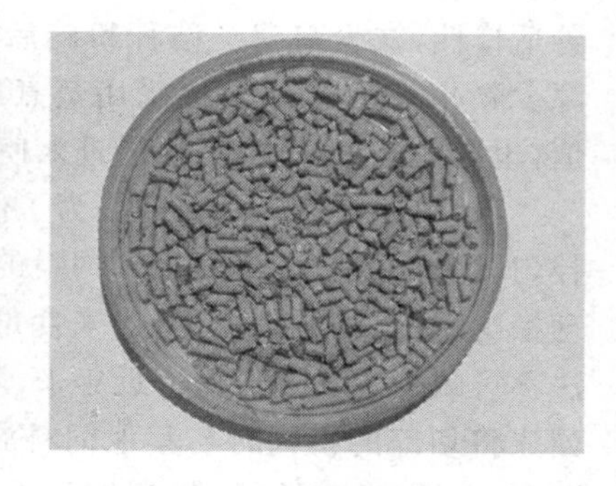

图6-2　颗粒饲料

(4) 热喷　热喷是将初步破碎或不经破碎的秸秆、秕谷等粗饲料装入热喷机中，通入热饱和蒸汽，经过一定时间的高压热处理后，突然降低气压，使经过处理的粗饲料膨胀，形成爆米花状，其色香味发生变化。经该处理，可提高羊对粗饲料的采食量和有机物质的消化率。

2. 化学调制法 化学调制是利用化学试剂对粗饲料进行处理，使其内部化学结构发生改变，使之更易被瘤胃微生物所消化。粗饲料化学方法处理国内外已积累很多经验，其中如碱化处理中氢氧化钠处理法、氨处理法，酸处理中乙酸和甲醛处理法以及酸碱混合处理法、生物酶法等。

(1)碱化法 利用强碱液处理秸秆，破坏植物细胞壁及纤维素构架，释放出与之关联的营养物质。这种方法能较大幅度地提高秸秆的消化率，但处理成本高，对环境污染严重。

①氢氧化钠处理 传统的方法也称湿法处理，具体方法是用8倍于秸秆重量的1.5%氢氧化钠溶液浸泡秸秆12小时，然后用水冲洗至中性。该法处理的秸秆羊喜食，有机物质消化率提高24%。明显的缺点是费力费时，需水量大，且营养物质随水洗流失较多，还会造成环境污染。为克服湿法的这些缺点，目前已对该法进行了改进，主要包括半干处理和干处理。半干处理是秸秆经氢氧化钠溶液浸泡后不用水洗，而是通过压榨机将秸秆压成半干状态，然后烘干饲喂。干处理是将秸秆切短，通过螺旋混合器加入30%的氢氧化钠溶液混匀，使秸秆含氢氧化钠的量为其干物质的3%～5%，然后将这种秸秆送入颗粒机压成颗粒，冷却后饲喂。

②石灰液处理 按秸秆与生石灰100∶1备料，先将生石灰按1千克加水20升溶解，除去沉渣，然后用该石灰液浸泡切短的秸秆24小时，捞取稍干饲喂，该法效果比氢氧化钠差，且秸秆易发霉。但原料易得，成本低，方法简便，能提高秸秆的钙质；也可再加入1%的氨，防止秸秆发霉。

(2)氨化法 目前推广的粗饲料氨化法中主要有液氨法、尿素或碳酸氢铵处理法等。

液氨处理法：秸秆等粗饲料用液氨处理，采用草捆垛、土窖或水泥池来处理。

草捆垛整齐，垛可打得高，节省塑料薄膜，容易机械化操作，适合大规模饲养。标准草捆垛长4.6米、宽4.6米、高2.1米。垛顶塑料膜压以实物，以防风刮，用绳把垛四周塑料膜纵横捆住，垛底塑料膜覆土盖紧，以防漏气，秸秆等粗饲料含水量调整为20%，水要均匀洒在每个草捆上。为便于插入注氨钢管，可提前在垛中留一空隙，如放一木杠等，通氨时取出木杠，插入钢管，其通氨量为氨化饲料重量的3%为宜。

秸秆等粗饲料用窖氨化处理可以节省塑料膜，比较容易堆积，防鼠咬，占地少，具体方法是窖底部与四周铺好塑料膜，将秸秆等一层一层放入，边放边洒水搅拌边踩实，一直到窖顶，窖顶覆盖塑料膜与窖边塑料膜对折用土压实，通氨。通氨完毕，取出氨管，封口。最后用土盖在窖顶。通氨量、用水量同上。

尿素或碳酸氢铵处理法：尿素或碳酸氢铵也可用来氨化秸秆等粗饲料，其来源广泛，利用方便，操作简单，更适合在农村普及。

尿素或碳酸氢铵处理秸秆等粗饲料具体方法是：将尿素或碳酸氢铵溶于水中拌匀，喷洒于切短的秸秆上，喷洒搅拌，一层一层压实，直到窖顶，用塑料薄膜密封。一般尿素用量每100千克秸秆（干物质）为3～5.5千克，碳酸氢铵为6～12千克，用水量为60升。

除了用窖氨化外，还可用塑料袋及氨化炉来氨化秸秆粗饲料，原理同上。总之，氨化好的秸秆色泽黄褐，有刺鼻气味，不发霉变质，饲喂前晾晒，放味，以利羊采食。经氨化处理的秸秆或其他粗饲料，能增加含氮量0.8%～1%，使粗蛋白质含量增加5%～6%，并能增加羊的采食量。麦秸、稻草、玉米秸经氨化处理后可使消化率提高30%左右。氨化秸秆是目前提高秸秆营养价值和利用率的有效方法。它具有节省能源、成本低、易推广等优点。

各国所采用的氨化方法有所不同，现将其主要技术要点叙述如下：

①选择场地　可在地下挖一个坑，铺一层塑料薄膜，也可将秸秆

堆成垛后再盖一层塑料薄膜密封，如用量少，也可用大缸处理。

②切短秸秆　将秸秆切成2～3厘米。

③秸秆含水量　使用尿素溶液时，理想的含水量应为15%～20%，如含水量超过50%，可使用高浓度的氨注入。

④氨或尿素的用量　氨用量占秸秆干物质的1%～3%，尿素的用量占秸秆干物质的2.5%～3.5%。

⑤处理时间和温度　处理时间与气温有关，气温越低，氨化需要的时间越长。当气温在20℃左右时，大概需要15天。当气温高于30℃时，大概需要1周。

(3)生物酶法　该处理是利用自然界存在着的、能分解植物纤维素的微生物分泌的酶，来提高粗饲料的利用率的一种方法。通过筛选纤维素分解酶活性强的菌株进行发酵培养，分离出纤维素酶或将发酵产物连同培养基制成含酶添加剂，用来处理秸秆或加入日粮中饲喂，能有效地提高秸秆的利用率。据报道，日本先用氢氧化钠，再用高活性的木霉纤维素酶可将几乎全部的纤维素转化为纤维二糖与葡萄糖，分解率达80%。

3. 生物学调制法　生物学方法是利用微生物在一定温度、湿度、酸碱度、营养物质条件下，分解粗饲料中半纤维素、纤维素等成分，来合成菌体蛋白、维生素和多种转化酶等，将饲料中难以消化吸收的物质转化为易消化吸收的营养物质的过程。

(1)微贮饲料特点　秸秆微贮技术是一种现代生物技术。是通过一种叫"秸秆发酵活杆菌"完成的。秸秆等粗饲料微贮就是在农作物秸秆中，加入微生物高效活性菌种——秸秆发酵活干菌，放入密封容器(如水泥窖、土窖、塑料袋)中贮藏，经一定的发酵过程使农作物秸秆变成具有酸、香味的饲料。

微贮成本低、效益高，适口性好。每吨微贮饲料只需3克秸秆发酵活干菌。秸秆微贮粗纤维的消化率可提高20%～40%，羊对其采食显著提高，在添到羊日采食量40%时，羊日增重达250克左右水平。

土窖微贮法选地势高、土质硬、向阳干燥、排水容易、地下水位低、离羊舍近，取用方便的地方。根据贮量挖一长方形窖(深 2～3 米为宜)，在窖底部和周围铺层塑料布(膜)，将秸秆切碎后放入池内，分层喷洒菌液后压实，上面盖上塑料膜后覆土密封。这种方法贮量大、成本低、方法简单。

塑料袋窖内微贮法首先按土窖贮法选好地点，挖圆形窖将制作好的塑料袋放入窖内，分层喷洒菌液。压实后将塑料袋口扎紧覆土压实，适于小量贮藏。

(2)微贮调制步骤

①菌种复活　秸秆发酵活干菌每袋 3 克，可处理稻草、麦秸、玉米秸秆 1 000 千克或青饲料 2 000 千克。在处理秸秆前先将菌种倒入 200 毫升清洁、没有漂白粉的水中，充分溶解。最好先在水中加入白糖 20 克，可以提高菌种复活率。然后在常温下静置 1～2 小时使菌种复活。复活好的菌种一定要当天用完，不可隔夜。

②菌液的配制　将复活好的菌种倒入充分溶解的 1%食盐溶液中拌匀。

微贮用食盐水和菌液量见表 6-23。

表 6-23　秸秆微贮食盐水和菌液量

种　类	重量(千克)	活干菌用量(克)	食盐用量(千克)	水用量(升)	微贮料含水量(%)
稻、麦秸秆	1000	3.0	12	1200	60～65
黄玉米秸秆	1000	3.0	8	800	60～65
青玉米秸秆	1000	1.5		适　量	60～65

③秸秆切短　将微贮秸秆切短成 3～5 厘米，便于压实，排除空气，并提高微贮窖池的利用率。

④装填压实　在水泥窖或土窖的四周，衬塑料膜，在窖池底部铺放 20～30 厘米厚的秸秆，均匀喷洒菌液水，压实后再铺 20～30 厘米，再喷洒菌液水，再压实直到高出窖池口 40～50 厘米再封口。装

填中随时检查贮料含水量是否均匀合适，层与层之间不要出现夹层。检查方法是取秸秆用力握攥，指缝间有水但不滴下，水分为 60%～70%最为理想。

⑤密封　充分压实后，在最上面一层均匀撒上食盐，每平方米 250 克，再压实后盖上塑料薄膜，在上面撒 20～30 厘米厚的稻草或麦秸，盖土 15～20 厘米密封。如果当天装不完，可盖上塑料膜第二天再装。

⑥利用　微贮发酵温度适应范围广，室外气温 10℃～40℃均可。在封窖池后 20～30 天即可完成发酵过程。优质微贮稻草、麦秸呈金黄色，青玉米呈橄榄绿色，具有醇香、果香气味。若有腐臭、发霉味则不能饲喂。取料时要从一角开始，从上至下逐渐取用。每次用量应以当天喂完为宜。取料后一定要将窖口封严，以免水进入引起变质。

(三)注意事项

用窖微贮，微贮饲料应高于窖口 40 厘米，盖上塑料薄膜，上盖约 40 厘米稻草、麦秸，后覆土 15～20 厘米，封闭。

用塑料袋微贮，塑料袋厚度须达到 0.6～0.8 毫米，无破损，厚薄均匀，严禁使用装过有毒物品的塑料袋及聚氯乙烯塑料袋，每袋以装 20～40 千克微贮原料为宜。开袋取料后须立即扎紧袋口，以防变质。

微贮饲料喂羊须有一渐进过程，喂量逐渐增加。一般每只羊每天 1.5～2.5 千克为宜。

五、青贮饲料制作

(一)概　述

青贮饲料是指青绿多汁饲料在收获后，直接切碎，贮存于密封的青贮容器(窖、池)内,在厌氧环境中,通过乳酸菌的发酵作用而调制成能长期贮存的饲料。

1. 青贮饲料的特点　①营养物质损失少,营养性增加。由于青贮不受日晒、雨淋的影响,养分损失一般为10%～15%,而干草的晒制过程中,营养物质损失达30%～50%。同时,青贮饲料中存在大量的乳酸菌,菌体蛋白含量比青贮前提高20%～30%,每千克青贮饲料大约含可消化蛋白质90克。②省时、省力,一次青贮全年饲喂;制作方便成本低廉。③适口性好,易消化。青贮饲料质地柔软、香酸适口、含水量大,羊爱吃、易消化。同样的饲料,青贮饲料的营养物质消化利用率较高,平均为70%左右,而干草不足64%。④青贮既能满足羊对粗纤维的需要,又能满足能量的需要。⑤使用添加剂制作青贮,明显提高饲料价值。玉米青(黄)贮粗蛋白质不足2%,不能满足瘤胃微生物合成菌体蛋白所需要的氮量,通过青贮,按5‰(每吨青贮原料加尿素5千克)添加尿素,就可满足羊对蛋白质的需要。⑥青贮可扩大饲料来源,如甘薯蔓、马铃薯茎叶等。⑦青贮能杀虫卵、病菌,减少病害,经青贮的饲料在无空气、酸度大的环境中其茎叶中的虫卵、病菌无法存活。

2. 青贮饲料原料　适合制作青贮饲料的原料范围十分广泛。玉米、高粱、黑麦、燕麦等禾谷类饲料作物、野生及栽培牧草,甘薯、甜菜、芜菁等的茎叶及甘蓝、牛皮菜、苦荬菜、猪苋菜、聚合草等叶菜类饲料作物,树叶和小灌木的嫩枝等均可用于调制青贮饲料。

青贮原料因植物种类不同,含糖量的差异很大。根据含糖量的多少,青贮原料可分为以下3类。

(1)易青贮的原料　玉米、高粱、禾本科牧草、芜菁、甘蓝等,这些饲料中含有适量或较多的可溶性碳水化合物,青贮比较容易成功。

(2)不易青贮的原料　三叶草、草木樨、大豆、紫云英等豆科牧草和饲料作物含可溶性碳水化合物较少,需与第一类原料混贮才能成功。

(3)不能单独青贮的原料　南瓜蔓、甘薯藤等含糖量极低,单独青贮不易成功，只有与其他易于青贮的原料混贮或者添加富含碳水化合物或者加酸才能青贮成功。

饲料青贮是以新鲜的全株玉米、青绿饲料、牧草、野草及收获后的玉米秸和各种藤蔓等为原料，切碎后装入青贮窖或青贮塔内，在密闭条件下利用青贮原料表面上附着的乳酸菌的发酵作用，或者在外来添加剂的作用下促进或抑制微生物发酵，青贮饲料 pH 值下降，而使饲料得以保存。

3. 青贮设施的要求

(1)不透空气 这是调制优良青贮饲料的首要条件。无论用哪种材料建造青贮设施，必须做到严密不透气。可用石灰、水泥等防水材料填充和抹青贮窖、壕壁的缝隙，如能在壁内衬一层塑料薄膜更好。

(2)不透水 青贮设施不要靠近水塘、粪池，以免污水渗入。地下或半地下式青贮设施的底面，必须高出于地下水位(约 0.5 米)，在青贮设施的周围挖好排水沟，以防地面水流入。如有水浸入会使青贮饲料腐败。

(3)墙壁要平直 青贮设施的墙壁要平滑垂直，墙角要圆滑，这会有利于青贮饲料的下沉和压实。下宽上窄或上宽下窄都会阻碍青贮饲料的下沉，或形成缝隙，造成青贮饲料霉变。

(4)要有一定的深度 青贮设施的宽度或直径一般应小于深度，宽：深=1：1.5 或 1：2，以利于青贮饲料借助本身重力而压得紧实，减少空气，保证青贮饲料质量。

(5)能防冻 地上式的青贮塔，必须能很好地防止青贮饲料冻结。

4. 青贮设施的大小和容量 青贮窖的容量大小与青贮原料的种类、水分含量、切碎压实程度以及青贮设施种类等有关。各种青贮饲料在密封后，均有不同程度的下沉。所以，同样体积，装填时的重量一定较利用时的为低。青贮壕一般可装填青贮饲料 400～500 千克/米^3，青贮塔为 650～750 千克/米^3。

饲料青贮池青贮见图 6-3,塑料袋装青贮见图 6-4。

图 6-3　饲料青贮池青贮

图 6-4　塑料袋装青贮

(二)青贮的方法和步骤

青贮的方法可分为一般青贮和特殊青贮,特殊青贮又可分为半干青贮、混合青贮、添加剂青贮等。一般青贮的制作方法如下。

1. 适时收割青贮原料　所谓适时收割是指在可消化养分产量最高时期收割。优质的青贮原料是调制优良青贮料的基础,一般玉米在乳熟期至蜡熟期、禾本科牧草在抽穗期、豆科牧草在开花初期收割为宜。收割适时,原料作物不仅产量高、品质好、而且水分含量适宜,青贮易成功。

2. 清理青贮设备　青贮饲料用完后,应及时清理青贮设备(青贮窖、池等),将污腐物清除干净,以备再次青贮使用。

3. 调节水分　青贮原料的含水量是影响青贮成败和品质的重要因素。一般禾本科饲料作物和牧草的含水量以 65%～75%为好,豆科牧草含水量以 60%～70%为好。质地粗硬的原料含水量可高些,以 78%～82%为宜,幼嫩多汁的原料含水量应低些,以 60%为最好。原料含水量较高时,可采用晾晒的方式或掺入粉碎的干草、干秸秆及谷物等含水量少的原料加以调节;含水量过低时,可掺入新割的含水量较高的原料混合青贮。青贮现场测定水分的方法为：抓一把刚切割的青贮原料用力挤压，若从手指缝向下流水，说明水分含量过高；若从手指缝不见出水，说明原料含水量过低；若从手指缝刚出水，又不流下，说明原料水分含量适宜。准确的水分含量测定方法是利用实验室的通风干燥箱烘干测定或用快速水分测定仪测定。

4. 切碎　青贮原料在入窖前均需切碎。切碎目的有两个：一是便于青贮时压实，以排除原料缝隙之间的空气；二是使原料中含糖的汁液渗出，湿润原料表面，有利于乳酸菌的迅速繁殖和发酵，提高青贮的品质。原料的切碎，常使用青贮联合收割机、青贮料切碎机，也可使用滚筒式铡草机。原料一般切成2～5厘米的长度。含水量多、质地柔软的原料可以切得长些；含水量少、质地较粗的原料可以切得短些。

5. 装填和镇压　青贮原料的装填一要快速，二要压实。一旦开始装填，应尽快装满窖（池），不能拖拉，以避免原料在装满和密封之前腐败变质。青贮窖以一次装满为好，即使是大型青贮建筑物，也应在2～3天内装满。装填过程中，每装30厘米（层高）就需要镇压一次。镇压时，特别要注意靠近墙和拐角的地方不能留有空隙。

6. 密封　原料装填完毕，立即密封和覆盖，隔绝空气并防止雨水渗入。

7. 观察　平时多注意检查，发现问题及时处理。

8. 使用　青贮开启使用时应注意防止二次发酵，降低青贮品质。故每次使用青贮料后都应妥善再密封好；每个容器中的青贮饲料，开启后应尽快用完。

（三）青贮品质的鉴定

现场评定青贮品质主要从气味、颜色、酸碱度三方面进行。

（1）取样　于青贮窖表层25～30厘米处，一般以四角和中央各1点，5点共取青贮料约半烧杯。

（2）气味　立即鉴别样品的气味。良好的青贮饲料应具有酒味或酸香味。如果出现醋酸味，表示品质较差。劣质的青贮饲料有腐烂的粪臭味。

(3)颜色　优质的青贮饲料呈绿色。如果出现黄绿色或褐色，表示质量较差。劣质青贮饲料呈暗绿色或黑色。

(4)酸碱度　可用广泛 pH 试纸等测定其 pH 值 3.8～4.2 的为优质青贮饲料，pH 值 4.2～4.6 的较次。pH 值越高，质量越差。

不同品质的青贮饲料见图 6-5。

图 6-5　不同品质的青贮饲料

a、b 为优质青贮　c、d 为劣质青贮

(四)青贮的注意事项

1. 防止青贮二次发酵　二次发酵又叫好气性腐败，指发酵完成的青贮饲料，在温暖季节开启后，空气随着进入，好气性微生物重新大量繁殖，青贮饲料的营养物质也因此大量损失，并产生大量的热，出现好气性腐败。

二次发酵多发生在冬初和春夏。二次发酵的青贮饲料 pH 值在 4.0 以上,含水量在 64%～75%。

3. 防止二次发酵的方法

(1)适时刈割 以玉米为例,应选用霜前黄熟的早熟品种玉米,其含水量不超过 70%。如果在降霜后收割青贮,乳酸发酵受到抑制,结果青贮饲料的 pH 值升高,总酸量减少,开封后已发生二次发酵,所以应在黄熟期收获。

(2)装填密度 原料的装填密度要大,青贮原料应切短。

(3)完全密封 青贮原料应用重物压紧并填平。可用甲酸、丙酸、丁酸等喷洒在青贮饲料上,也可喷洒甲醛、氨水等。仔细计算日需要量,合理安排日取量的比例。减少青贮容器的体积,每一单位贮量以在 1～3 天喂完为佳。为此,可将窖分成若干小区,各区间密闭不相同,每小区的贮存量仅供 1～2 天采食。也可用缸等小容器来缩小单位的贮量。

六、肉羊全混合日粮(TMR)

(一)概　述

1. 全混合日粮(TMR) TMR(Total Mixed Ration)为全混合日粮的英文缩写,羊用 TMR 饲料是指根据羊在不同生长阶段对营养的需要,进行科学调配,将多种饲料原料,包括粗饲料、精饲料及饲料添加剂等成分,用特定设备经粉碎、混匀而制成的全价配合饲料。全混合日粮保证了羊所采食每一口饲料都具有均衡性的营养。

2. TMR 饲养工艺的优点

一是精、粗饲料均匀混合,避免羊挑食,维持瘤胃 pH 值稳定,防止瘤胃酸中毒。羊单独采食精饲料后,瘤胃内产生大量的酸,而采食有效纤维能刺激唾液的分泌，降低瘤胃酸度。TMR 使羊均匀地采食精粗饲料，维持相对稳定的瘤胃 pH 值，有利于瘤胃健康。

二是改善饲料适口性，提高采食量。与传统的粗、精饲料分开饲喂的方法相比，TMR 饲料可增加羊体内益生菌的繁殖和生长，促进营养的充分吸收，提高饲料利用效率，可有效解决营养负平衡时期的营养供给问题。

三是增加羊干物质采食量，提高饲料转化效率，提高生长速度，缩短存栏期。根据羊生长各个阶段所需不同的营养，更精确地配制均衡营养的饲料配方，使日增重大大提高。如山羊体重 10～40 千克阶段，日增重可达到 200 克，与普通自配料相比可以缩短存栏期 3 个月。

四是充分利用农副产品和一些适口性差的饲料原料，减少饲料浪费，降低饲料成本。

五是根据饲料品质、价格，灵活调整日粮，有效利用非粗饲料的中性洗涤纤维（NDF）。

六是简化饲喂程序，减少饲养的随意性，使管理的精准程度大大提高，可提高劳动生产率，降低管理成本。

七是实行分群管理，便于机械饲喂，提高生产率，降低劳动力成本。

八是实现一定区域内小规模羊场的日粮集中统一配送，从而提高养羊业生产的专业化程度。

九是增强瘤胃功能，有效预防消化道疾病。羊用 TMR 颗粒饲料既可以保证羊的正常反刍，又大大减少了羊反刍活动时所消耗的能量，并有效地把瘤胃 pH 值控制在 6.4～6.8，有利于瘤胃微生物的活性及其蛋白质的合成，从而避免瘤胃酸中毒和其他相关疾病的发生。实践证明，使用数月羊用全配合颗粒饲料，不仅可降低消化道疾病 90%以上，而且还可以提高羊只的免疫力，减少流行性疾病的发生。

(二)方法与步骤

1. 羊只分群 TMR饲养工艺的前提是必须实行分群管理,合理的分群对保证羊健康、提高增重以及科学控制饲料成本等都十分重要。对规模羊场来讲,根据不同生长发育阶段羊的营养需要,结合TMR工艺的操作要求及可行性。

2. TMR日粮的调配 根据不同群别的营养需要,考虑TMR制作的方便可行,一般要求调制3种不同营养水平的TMR日粮,分别为母羊TMR、羔羊TMR、肥育羊TMR。

对于一些健康方面存在问题的特殊羊群,可根据羊群的健康状况和采食情况饲喂相应合理的TMR日粮或粗饲料。

哺乳期羔羊开食料所指为精饲料,应该要求营养丰富全面,适口性好,给予少量TMR,让其自由采食,引导采食粗饲料。断奶后到6月龄以前主要供给肥育羊TMR。

3. TMR日粮的制作

(1)原料添加顺序 原料遵循先干后湿,先粗后精,先轻后重的原则。

原料添加顺序:干草→粗饲料→精料→青贮→湿槽类等。

如果是立式饲料搅拌车应将精饲料和干草添加顺序颠倒。

(2)搅拌时间 适宜搅拌时间的掌握原则是最后一种饲料加入后搅拌5~8分钟即可。

从感官上,搅拌均匀的TMR日粮表现为精、粗饲料混合均匀,松散不分离,色泽均匀,新鲜不发热,无异味,不结块。

TMR水分控制在45%~55%。

(三)注意事项

根据搅拌车的说明,掌握适宜的搅拌量,避免过多装载,影响搅拌效果。通常装载量占总容积的60%~75%为宜。

严格按日粮配方，保证各组分精确给量，定期校正计量控制器。

根据青贮及精饲料等的含水量，掌握控制 TMR 日粮水分。

添加过程中，防止铁器、石块、包装绳等杂质混入搅拌车，造成车辆损伤。

TMR 饲养工艺的特点讲求的是群体饲养效果，同一组群内个体的差异被忽略，不能对羊进行单独饲喂，产量及体况在一定程度上取决于个体采食量差异。

七、肉羊 EM 专用菌

（一）概　述

EM 菌（Effective Microorganisms）为有效微生物群的英文缩写，也被称为 EM 技术（EM Technology）。它由光合细菌、乳酸菌、酵母菌、芽孢杆菌、醋酸菌、双歧杆菌、放线菌 7 大类微生物中的 10 属 80 种微生物共生共荣，这些微生物能非常有效地分解有机物。它是由世界著名应用微生物学家，日本琉球大学比嘉照夫教授在 20 世纪 70 年代发明的，EM 技术是目前世界上应用范围最大的一项生物工程技术。只要使用恰当，它就会与所到之处的良性力量迅速结合，产生抗氧化物质，消除氧化物质，消除腐败，抑制病原菌，形成良好的生态环境。

羊属于反刍动物，采食粗饲料既是消化特点的需要，也能充分利用饲料资源，如何调制粗饲料对于养羊显得尤为重要。青贮饲料是青绿饲料贮存的最好方式。模拟青贮自然发酵过程的微生物群落特点，筛选与配制能够促进青贮饲料快速发酵的活菌制剂，在青贮饲料制作时加入到青贮饲料中，可改善青贮饲料的质量。

(二)EM 菌添加剂

微生物青贮剂亦称青贮接种菌,是专门用于饲料青贮的一类微生物添加剂,由 2 种以上的产酸益生菌、复合酶、益生素等多种成分组成,主要作用是有目的地调节青贮饲料内主导微生物菌群,调控青贮发酵过程,促进乳酸菌大量繁殖更快地产生乳酸,促进多糖与粗纤维的转化,从而有效地提高青贮饲料的质量。

EM 添加剂使用特点是:添加到青贮饲料中,其中乳酸菌为主导发酵菌群,加速发酵进程,产生更多的乳酸,使 pH 值快速下降,限制植物酶的活性,抑制粗蛋白质降解成非蛋白氮,有助于减少蛋白质的损失。提高了发酵物干物质回收率 1%～2%,提高了青贮饲料的消化率。降低了青贮饲料中乙酸和乙醇的数量,提高乳酸的含量,改善适口性,提高采食量。能够保护青贮饲料蛋白质不被分解,而直接被瘤胃利用。

八、肉羊 TMR 日粮配制

(一)概　述

要实现养羊的规模化,TMR 饲喂模式是必然的发展趋势,也是降低养殖成本、提高生产的关键因素。TMR 原料尽量就地取材,只有不懂调制饲料的人,而几乎没有羊不能采食的农副产品。要充分利用秸秆、豆腐渣、酒糟等。

目前,最为基本的 TMR 原料包括干草类(花生秧、红薯秧、豆秸、花生壳、米糠、谷糠,以及部分菌棒等),精饲料(玉米、豆粕、棉粕、麸皮、预混料),糟渣类(豆腐渣、酒糟、啤酒渣、果渣、药厂的糖渣等)3 大类。

（二）TMR 原料

1. 干草类　尽量结合当地资源选择。

2. 羊专用预混料　根据羊的营养需求，羊的预混料基本分为羔羊预混料，肥育羊预混料和种羊预混料 3 种。羊专用预混料主要包括钴、钼、铜、碘、铁、锰、硒、锌等各种微量元素，食盐，磷酸氢钙和维生素 A、维生素 D_3、维生素 E 等各种维生素。预混料是舍饲养羊所必需的。任何一种物质的缺乏均会导致繁殖下降，甚至繁殖障碍。

（1）羊专用预混料使用量　舍饲羊只按 50 千克体重每天专用预混料需求量计算，食盐要大于 6 克，磷酸氢钙要大于 6 克，各种微量元素大于 6 克，再加辅料、维生素等，每天 50 千克体重羊专用预混料添加在 24 克左右。

目前，市场上常见到的羊预混料往往以百分数多少表示，因羊每天对预混料的需求量是相对稳定的，百分数多少的预混料在配方设计上均没有标记按羊采食多少精饲料添加，在养羊场（户）使用时，往往造成预混料不足或者过量，均影响羊的正常繁殖。

另外，羊预混料原料成本在 2 000～2 800 元/吨，再加加工、包装及运输费用，最低价格也在 2 600～3 400 元/吨，价格过低，多数原料的添加量往往不足。

（2）羊专用预混料使用注意事项　羊专用预混料不可直接饲喂，使用时尽量与精饲料混合均匀，合格的羊专用预混料，无须另行添加其他添加剂，有特殊情况例外。

3. 糟渣类　糟渣类作为饲料原料喂羊，不仅降低成本，也能充分利用资源优势，但必须科学保存，合理添加。例如豆腐渣、蛋白质含量很高，但能量不足，在使用豆腐渣时，可降低精饲料中豆粕、棉籽粕的含量，适当增加青贮饲料含量；酒糟、啤酒渣、果渣、糖渣等正好相反，能量较高，但蛋白质含量相对低，可在精饲料中适当提高豆粕、棉籽粕的含量。

(三)精饲料配方举例

1. 种羊精饲料配方 如果没有豆腐渣、酒糟等,只有干草,青贮和精饲料 3 部分组成 TMR 饲料。种羊的精饲料就要控制在 0.15～0.25 千克/天的饲喂量;肥育羊则要在 0.3～0.6 千克/天的饲喂量。精饲料配方见表 6-24。

2. 精饲料制作 按配方比例将玉米、饼粕类、麸皮、预混料混合均匀即可。

表 6-24 羊精饲料组成重量比例 (%)

	精饲料喂量(千克/日·只)	玉 米	豆 粕	棉籽粕	麸 皮	预混料
种 羊	0.15	58	7	7	12	16
	0.2	60	7	8	13	12
	0.25	60.5	8	8	14	9.6
肥育羊	0.3	62	8	9	13	8
	0.35	63	8	9	13	6.9
	0.4	63	8	10	13	6
	0.45	63	8.5	10	13	5.3
	0.5	63.5	8.5	10	13	4.8
	0.55	64	8.5	10	13	4.4
	0.6	64	9	10	13	4

注:饼粕类指豆粕、棉籽粕、花生粕等,豆粕在 6%以上,其余部分用棉籽粕或花生粕。预混料日饲喂量为 24 克。

(四)日粮配合举例

1. 羊 TMR 配合比例 如果没有豆腐渣、酒糟等,只有干草、青贮和精饲料 3 部分组成 TMR 饲料。羊饲料配方见表 6-25。

表 6-25　羊饲料配方一　（%）

	精饲料喂量（千克/日·只）	精饲料	黄贮玉米	干　草
种　羊	0.15	5	80	15
	0.2	6	79	15
	0.25	8	77	15
肥育羊	0.3	10	75	15
	0.35	11	74	15
	0.4	13	72	15
	0.45	14	71	15
	0.5	16	69	15
	0.55	18	67	15
	0.6	19	66	15

注：黄贮玉米水分含量按 60%～70%计算。

如果有豆腐渣，可按照每只羊每天 1 千克饲喂，则豆腐渣、干草、青贮饲料和精饲料 4 部分组成 TMR 饲料。羊饲料配方见表 6-26。

表 6-26　羊饲料配方二　（%）

	精饲料饲喂量（千克/日·只）	精饲料	黄贮玉米	干　草	豆腐渣
种　羊	0.15	5	48	15	32
	0.2	6	47	15	32
	0.25	8	45	15	32

续表 6-26

	精饲料饲喂量（千克/日·只）	精饲料	黄贮玉米	干　草	豆腐渣
肥育羊	0.3	10	43	15	32
	0.35	11	42	15	32
	0.4	13	40	15	32
	0.45	14	39	15	32
	0.5	16	37	15	32
	0.55	18	35	15	32
	0.6	19	34	15	32

注：黄贮玉米、豆腐渣水分含量按 60%～70%计算。

（五）TMR 日粮的制作

根据羊的养殖数量，羊 TMR 日粮的制作大体分为 5 大类。50 只以内散养型；50～200 只小规模养殖；200～1 000 只中小规模养殖；1 000～3 000 只中等规模养殖；3 000 只以上规模养殖。

1. 50 只以内养殖规模　按比例依次取干草、青贮饲料、精饲料。通过人力或机械将干草、青贮饲料、精饲料充分揉制并混合均匀。将 EM 菌按 2 千克/吨全价日粮喷洒。直接饲喂或用塑料薄膜密封好，0～7 天内饲喂（图 6-6）。

图 6-6　人工混合饲料

2. 50～200 只小规模　按比例依次取干草、青贮饲料、精饲料。采用小型揉丝机将干草、青贮饲料、精饲料充分揉制并混合均匀。

将 EM 菌按 2 千克/吨全价日粮喷洒。直接饲喂或用塑料薄膜密封好，0～7 天内饲喂。

3. 200～1 000 只中小规模　采用大型揉丝机将干草、青贮饲料、精饲料充分揉制并混合均匀(图 6-7，图 6-8)。

图 6-7　大型揉丝机混合饲料

图 6-8　大型揉丝机揉制饲料

4. 1 000～3 000 只中等规模　通过 TMR 混料机将干草、青贮饲料、精饲料充分揉制并混合均匀。

5. 3 000 只以上规模　直接购置 TMR 混料饲喂车，通过 TMR 混料饲喂车(图 6-9 至图 6-11)，将极大地简化了饲喂程序，节约了人力，5 吨的一台车就可以饲喂 3 000 只以上的羊只。

图 6-9　混合好的 TMR 饲料

图 6-10　TMR 饲料混合机组

图 6-11 TMR 喂料车

(六)注意事项

1. 精粗比例 羊的精饲料和粗饲料的比例控制在 1∶2.3～4，肥育羊精饲料比例可适当提高。繁殖母羊精粗比在 1∶3 以内。

2. 添加豆腐渣类 豆腐渣类不能完全按精饲料或粗饲料来计算，添加豆腐渣类可替代部分玉米和饼粕类饲料。但豆腐渣类过多会引起繁殖母羊代谢病增加。

3. 全价日粮水分控制 绵羊全价日粮水分尽量控制在 50%±5%，即全价日粮的干物质含量在 50%±5%。山羊全价日粮水分尽量控制在 42%±3%，即全价日粮的干物质含量在 58%±3%。

第七章　肉羊的饲养管理

饲养管理是养好羊的基础,饲养管理不仅要强调饲养,更要注重管理,尤其是羊场规章制度,操作规程,档案管理等。同时,规章制度一定要为羊的饲养管理服务,不是给外人参观而制定的。

一、羊场制度建设

(一)概　述

羊场制度是羊场成功经营的前提,羊场制度包括羊场岗位职责、门卫制度、员工制度等。各个羊场应根据自己的实际情况建立完善的制度。

(二)羊场人员岗位职责建立

羊场的人员包括负责人、办公室、门卫、内勤、外勤、技术员、饲养员等,应针对不同岗位,结合场内实际情况建立人员岗位职责。例如,总经理职责,全面负责。办公室档案管理人员职责,每周例会的举行,制定每周例会表(表 7-1)。每周生产数据统计汇总,基地所有事务及人员协调,来人接待等。每周生产总结以短信形式汇报,每月书面总结。为提高每个员工的工作效率和工作效果,公司鼓励每个员工参加与公司业务有关的培训课程,并建立培训记录。这些记录将作为对员工工作能力评估的一部分。公司在安排员工接受公司出资的培训时,可根据劳动合同与员工签订培训协议,约定服务期等事项。

表 7-1　每周例会表

姓　名		职　责		时　间	
过去一周所做工作总结：					
下周预期工作：					
工作体会和对公司的意见和建议：					

场长职责：生产区整体负责。每月向总经理以书面形式提供工作进展和下月预期工作，重大决策需总经理决定。羊饲养管理、卫生防疫和疫病防治、羔羊肥育、繁殖，场内羊饲养管理、技术监督及执行。负责羊的周转，饲喂程序和饲喂量的制定，饲养员工作情况监督。

兽医职责：每周向办公室以书面形式提供一周内工作进展和下周预期工作。负责羊的防疫、场内消毒、疫病防治。

繁殖技术员职责：每周向办公室以书面形式提供一周内工作进展和下周预期工作。负责羊的发情鉴定、人工授精、助产及羔羊护理；羊的周转。

饲料生产人员职责：每周向办公室以书面形式提供一周内工作进展和下周预期工作。

饲养员职责：每周向办公室以书面形式提供一周内工作进展和下周预期工作。羊饲喂，羊舍内及负责区的卫生和消毒；配合技术员工作。

门卫职责：出入物品及人员登记。

内勤：执行办公室安排的内部工作。

厨师：负责全天员工饭菜。

外勤：饲料、药物购置等外勤工作。

（三）门卫制度

门卫制度也可根据生产实际情况制定、门卫主要负责的内容包括：

场内工作人员进入场区时，在场区门前踏3%氢氧化钠（或石灰水）溶液池、更衣室更衣、消毒液洗手，消毒后才能进入场区。工作完毕，必须经过消毒后方可离开现场。

非场内工作人员一律禁止进入场区，场区严禁参观。

生产或业务需要进入场区时，需经兽医同意、场长批准后更换工作服、鞋、帽，经消毒室消毒后方可进入。

严禁外来车辆入内，若生产或业务必须，车身经过全面消毒后方可入内。在生产区使用的车辆、用具，一律不得外出，更不得私用。

如有不按门卫制度操作者，承担全部后果。门卫记录表格见表7-2。

表7-2　外来人员、车辆出入记录表

时　间	姓　名	身份证号及地址	备　注

二、羊场操作规程

（一）概　述

羊场操作规程是羊场成功经营的基础，羊场操作规程包括饲料生产制作规程、防疫治疗规程、繁殖操作规程等。各个羊场应根据自己的实际情况建立完善的操作规程。

（二）规程的制定方法

结合全场养殖规模，制定饲料的制作方案见（第六章　羊的营养及饲料加工,八、羊 TMR 日粮配制)。

结合自己养殖环境、品种以及羊只的生理特点,制定防疫、治疗规程,详细参照第八章羊的保健和第九章羊常见病防治。

结合养殖品种和规模,制定详细的繁殖计划,认真执行羊场繁殖规划(见第五章　羊的繁殖技术,十一、羊场繁殖规划)。

三、羊场档案管理

(一)概　述

羊场所有记录应准确、可靠、完整。引进、购入、配种、产羔、断奶、转群、增重、饲料消耗均应有完整记录。引进种羊要有种羊系谱档案和主要生产性能记录。饲料配方及各种添加剂使用要有记录。要有疫病防治记录和出场销售记录。上述有关资料应保留 3 年以上。

(二)羊场档案

1. 种羊档案　种羊登记卡片见表 7-3。

表 7-3　种羊登记卡片　　　　　　　　**编号:**

羊　号	品　种	等　级	出生时间	同胎只数
出生地点	父　号	等　级	母　号	等　级
备注(如来源、引入时间、毛色突出特点等):				

2. 繁殖档案　繁殖记录卡见表 7-4 至表 7-7。

表 7-4 母羊繁殖记录卡　　　　编号：

配种日期	与配公羊		分娩日期	产羔羊数			
	编　号	等　级		公	母	死　胎	合　计

公羔编号	母羔编号	去　向				备注
		售出羊号	屠宰羊号	死亡羊号	留场羊号	

表 7-5 公羊繁殖记录卡 采精记录

羊　号					
采精时间	量	活　力	密　度	其　他	采精人员(签名)

表 7-6 公羊繁殖记录卡 配种记录

公羊号				
配种母羊号	第一次配种时间	配种次数	备注(结果)：	输精员(签名)

表 7-7 繁殖月报表　　　时间：　　　月份：

羊　舍	配种羊数	返情羊数	流产羊数	分娩羊数	产羔数	产活羔数	备　注	饲养员
合　计								

3. 饲料生产和饲喂档案 见表7-8至表7-11。

表7-8 饲料生产记录表

时间	玉米	饼粕类	麸皮	预混料	青贮	干草	豆腐渣	备注	合计	人员

表7-9 饲料生产月报表 时间: 月份:

玉米	饼粕类	麸皮	预混料	青贮	干草	豆腐渣	其他	合计	人员

表7-10 饲料使用记录表

时 间	羊 舍					
	饲喂量					
	饲养员					
	饲喂量					
	饲养员					

表7-11 羊只饲喂月报表 时间: 月份:

羊 舍					备 注	饲养员
合 计						

4. 羊只管理档案　见表 7-12。

表 7-12　种羊舍月报表　　时间：　　　月份：

羊舍	空怀配种羊数	妊娠羊数	分娩羊数	带羔羊数	种羊合计	羔羊数	备注	饲养员
种羊一舍								
种羊二舍								
种羊三舍								
种羊四舍								
合　计								

5. 疫病防治记录　见表 7-13，表 7-14。

表 7-13　防疫记录

时　间	疫苗名称	使用方法	剂　量	备注及操作人
时　间	疫苗名称	使用方法	剂　量	备注及操作人

表 7-14　疫病防治月报表　　时间：　　　月份：

羊　舍	发病数	治疗数	结　果				备　注	饲养员
			痊　愈	淘　汰	死　亡	其　他		
合　计								

6. 肥育档案 见表 7-15。

表 7-15 肥育舍羊只月报表 时间： 月份：

羊 舍	转入时间	羊只数	转入体重	转出时间	羊只数	转出体重	备 注	饲养员
肥育一舍								
肥育二舍								
肥育三舍								
肥育四舍								
合 计								

四、繁殖母羊的饲养管理

（一）概 述

羊按生理阶段可分为羔羊、育成羊和成年羊 3 个阶段。羊的饲养管理可根据不同生理阶段和性别进行分类饲养管理。

繁殖母羊可分为空怀期、妊娠期和哺乳期 3 个阶段，其中妊娠期可分为前期（3 个月）和后期（2 个月），哺乳期为 2 个月。工作重点是妊娠后期和哺乳期，共约 4 个月。

（二）繁殖母羊的饲养

1. 空怀母羊 以恢复体况，膘情达到七成以上配种为宜。空怀期母羊配种前（10～15 天），母羊饲喂量按干物质计算，约为体重的 3%，全价混合日粮水分控制在 50%左右，日饲喂量 3～4 千克，其中精饲料 0.15～0.2 千克，含预混料 24 克。

2. 妊娠母羊 应做好保胎工作，并使胎儿发育良好。不得饲喂发霉、变质、冰冻或其他异常饲料。不得空腹饮水和饮冰碴水。日常管理中不得有惊吓、驱赶等剧烈动作，特别是羊在出入圈门或补饲时，要防止相互挤撞，避免流产。妊娠后期的母羊要给予补饲，不宜进行防疫注射。妊娠的最后 2 个月应在放牧的基础上，根据膘情适量补饲。

在妊娠的前 3 个月，营养需要与空怀期基本相同。在妊娠的后 2 个月，比空怀期蛋白质提高 15%～20%，钙、磷含量增加 40%～50%，并要有足量的维生素 A、维生素 E 和维生素 D。妊娠后期，每天每只补饲混合精料 0.2 千克。

3. 哺乳母羊　产后的 2 个月为哺乳期，应保证母羊全价饲养。哺乳母羊应保证母羊有充足的奶水供给羔羊。经常检查母羊乳房，如有乳房发炎、化脓等情况，要及时采取相应措施予以处理。应保持圈舍清洁干燥，及时清除胎衣、毛团、塑料袋(膜)等。

在母羊产后的 7 天内，可喂给米汤、米潲水，让其自由饮用；产后(15～20 天)，根据母羊乳汁分泌情况可适当增加补饲，一般每天可补饲精饲料 0.2～0.3 千克。每天全价混合日粮采食量为 3～4 千克。

(三)繁殖母羊的管理

制定好完整的繁殖规划(见第五章羊的繁殖技术，十一、羊场繁殖规划)。

妊娠母羊应加强管理，要防止拥挤、跳沟、惊群、滑倒，日常活动要以“慢、稳”为主，不能吃霉变饲料和冰冻饲料，以防流产。

母羊产后 1～3 天内，不能喂过多的精饲料，不能饮冷、冰水。在羔羊断奶前，应逐渐减少多汁饲料和精饲料喂量，防止发生乳房疾病。母羊舍要经常打扫、消毒，胎衣和毛团等污物要及时清除，以防羔羊吞食发病。一般羔羊到 2 月龄左右断奶。

搞好栏舍维护，加强日常管理。搞好栏舍维护，要做到“一保、二用、三不、四勤”。“一保”是保证圈舍清洁卫生、干燥温暖；“二用”是用温水饮羊，用干草或干栏舍；“三不”是圈舍不进风、不漏雨、不潮湿;“四勤”是圈舍勤垫草、勤换草、勤打扫、勤除粪。同时,还要绝对避免踢打、惊吓,防止与其他羊或其他动物相斗或互相挤压。

(四)注意事项

1. 及时断奶 尽量保证羔羊在2月龄以内断奶,最高可提前到42天或6周龄断奶,可以保证母羊及时发情、及时配种(人工授精)。

2. 及时配种 母羊断奶后在1月内完成统一发情和配种(人工授精),尽量避开7～9月份配种,避开12月份至翌年2月份产羔,以降低羔羊死亡率。

3. 准确的妊娠诊断 对配种后2个月内母羊及时做好妊娠诊断,减少空怀。

五、种公羊的饲养管理

(一)概 述

种公羊的好坏对整个羊群的生产性能和品质高低起决定性作用。俗话说:“母羊好,好一窝,公羊好,好一坡”。种公羊数量少,种用价值高,对后代的影响大,对提高羊群的生产力起重要作用,故在饲养上要求很高。对种公羊必须精心饲养管理,要求保持良好的种用体况,即四肢健壮,体质结实,膘情适中,精力充沛,性欲旺盛,精液品质良好。常年保持中上等膘情,健壮的体质、充沛的精力、旺盛的精液品质,可保证和提高种羊的利用率。

(二)饲喂方法

1. 非配种期的饲养 非配种期加强饲养,全价混合日粮采食量为体重的3%～3.5%,日粮组成主要包括精饲料、干草类、青贮饲料和糟渣类,其中,精饲料控制在0.4～0.8千克/天。

2. 配种期的饲养　饲料应力求多样化，互相搭配，以便营养价值完全、容易消化、适口性好。根据当地情况，有目的、有针对性地选用。

配种期饲养可分为预备配种期（配种前1～1.5个月）和配种期2个阶段。预备配种期开始补喂精饲料，饲喂量为配种期标准的60%～70%，然后逐渐增加到配种期的饲养标准。要定期抽检精液品质。

配种期，每天必须补喂精饲料和蛋白质饲料。1毫升精液需可消化蛋白质50克。体重80～90千克的种公羊，大约每天需要250克以上的可消化粗蛋白质，并且根据日采精次数的多少，相应调整标准喂量及其他特需饲料（牛奶、鸡蛋等）。

日粮定额一般可按混合精料1.2～1.4千克、青干草2千克、胡萝卜等多汁饲料0.5～1.5千克（有放牧条件者可全减或酌减），鸡蛋1～4个或牛奶0.5～1.0千克，羊专用预混料30～50克。每日分2～3次喂草料，自由饮水。

（三）种公羊的管理

种公羊配种、采精要适度，一般1只公羊可承担100～200只母羊的配种任务。定期检查精液品质。

种公羊舍要求环境安静，远离母羊舍，以减少发情母羊和公羊之间的相互干扰。种公羊舍应选择通风、向阳、干燥的地方，高温、潮湿，会对精液品质产生不良影响。种公羊应单独饲养，每只公羊约需面积2米^2，以免相互爬跨和顶撞。专人饲养，以便熟悉其特性，建立条件反射和增进人、羊感情。

小公羊要及时进行生殖器官检查，对小睾丸、短阴茎、包皮偏后、独睾、隐睾、附睾不明显、公羊母相，8月龄无精或死精，要淘汰。

坚持运动，每天1～2小时。经常刷拭，每天1次。定期修蹄，每季度1次。耐心调教，和蔼待羊，驯养为主，防止恶癖。10月龄时可适量采精或交配。种公羊在采精初期，每周采精最好不要超过2次。1岁可正式投入采精生产，每周采精4次左右。若饲养条件好且种公羊体质好，每周采精次数可适当增加。

(四)注意事项

专人专养,公羊的饲养人员要固定,同时采精工作也应由饲养员负责,这样有利于公羊和饲养员之间的交流,减少应激。

1.5 岁的种公羊,一天内采精不宜超过 2 次,每次采精收集 2 次射精量,2 次采精间隔 10～15 分钟,公羊在采精前不宜吃得过饱。

六、育成羊的饲养管理

(一)概　述

育成羊指断奶到第一次配种的羊。育成羊饲养主要进行选留,促进生长发育、保持种用膘情。

(二)育成羊的饲养

保证有足够青干草、青贮饲料、多汁饲料的供应。每天要补给混合精料 150～250 克。对种用羊公、母分群,按种用标准饲养。母羊初配体重应达到成年体重的 70%。

(三)育成羊的管理

在 3 月龄、6 月龄和 1 周岁时进行称重。绵羊各期体重变化见表 7-16。

表 7-16　绵羊从初生至 12 月龄体重变化　(单位:千克)

月　龄	初　生	1	2	3	4	5	6	7	8	9	10	11	12
公羊	4.0	12.8	23.0	29.4	34.7	37.6	40.1	43.1	47.0	51.5	56.3	59.6	60.9
母羊	3.9	11.7	19.5	25.2	28.7	31.4	34.4	36.8	39.8	42.6	46.0	49.8	52.6

将不符合种用的转入肥育舍进行肥育。自由饮水。加强运动。做好圈舍卫生，按时防疫。

七、羔羊的饲养管理

（一）概　述

羔羊指从出生到断奶阶段（42～60 天）的羊只。此阶段羊的饲养管理主要是保证羔羊及时吃好初乳和常乳。提早补料，做好去势、剪耳号等管理工作，保证快速生长发育，做好断奶。

（二）饲养方法

1. 初乳阶段（出生后 7 天内）　出生后吃到初乳，多吃初乳。至少每日早、中、晚各吃 1 次初乳。同时，要做好肺炎、胃肠炎、脐带炎和羔羊痢疾的预防工作。

2. 常乳阶段（1 周龄至断奶前）　让羔羊能在早、中、晚各吃 1 次奶。喂奶做到“定时、定温、定人”（表 7-17）。10～14 日龄开始训练采食饲料。尽量使用颗粒饲料让其自由采食。

表 7-17　羔羊配合饲料配方　（%）

配　方	玉　米	豆　饼	麸　皮	优质草粉	蜜　糖	食　盐	碳酸钙	矿物质
1	50	30	12	4.3	2	0.5	0.9	0.3
2	55	32	3.5	3	5	0.5	0.7	0.3
3	53	30	10	2.4	3	0.5	0.8	0.3

3. 羔羊的断奶　羔羊精饲料日补饲量超过 200 克，60 日即可实施断奶。

(三)管理方法

初生羔羊的鉴定是对羔羊的初步挑选。尽可能较早知道种公羊的后裔测验结果，确定其种用价值。经初步鉴定，可把羔羊分为优、良、中、劣 4 级。挑选出来的优秀个体，可用母子群的饲养管理方式加强培育。

八、羊的肥育

(一)概　述

1. 舍饲肥育　肥育羊在圈舍中，按饲养标准配制日粮，采用科学的饲养管理，是一种短期强度肥育方式。此法周转快、效果好、经济效益高，并且不分季节，可全年均衡供应羊肉产品。舍饲肥育主要用于组织肥羔生产，用以生产高档肥羔肉，也可根据生产季节，组织成年羊肥育。舍饲肥育期通常为 60～80 天。与相同月龄的放牧肥育羊相比，舍饲提高活重 10%以上，胴体重高出 20%。

舍饲肥育的基本要求是：精饲料占日粮的 45%～60%，随着精饲料比例的增加，羊的肥育强度加大。增大精饲料比例应逐渐进行，以预防精饲料采食过多造成羊肠毒血症和因钙、磷比例失调引起尿结石症。圈舍应保持干燥、通风、安静和卫生。

2. 工厂化肥育生产　工厂化肥育生产是指在人为控制的环境条件下，进行规模化、集约化、工艺化的养羊生产模式，具有生产周期短、自动化程度高、受外界环境因素影响小的特点。在工厂化肥育生产中，3 月龄的羊体重可达周岁羊的 50%，6 月龄可达 75%。

(1)进度与强度　绵羊羔肥育时，一般细毛羔羊在 8～8.5 月龄结束，半细毛羔羊 7～7.5 月龄结束，肉用羔羊 5～6 月龄结束。若采用强度肥育，肥育期短，且可以获得高的增重效果，若采用放牧肥育，需延长肥育期，但生产成本较低。

(2)肥育准备　肥育前做好圈舍和饲草饲料的准备。舍饲、混合肥育方式均需要建造羊舍，羊舍要求冬暖夏凉、清洁卫生、平坦高燥。圈舍按每只羊占地面积0.8～1.0米^{2}计算。在我国北方地区应推广使用塑料暖棚养羊技术。肥育羊的饲料种类应多样化，尽量选用营养价值高、适口性好、易消化的饲料。

(3)挑选肥育羊　根据市场销路和本场肥育条件，确定每批肥育羊的数量。肥育羊来源于自群繁殖和外地购入，收购来的羊当天不宜饲喂，只给予饮水和少量干草，让其安静休息。同期肥育羊根据瘦弱状况、性别、年龄、体重等分组。肥育前进行驱虫、防疫。肥育开始后，观察羊只表现，及时挑出伤、病、弱羊只，给予治疗并改善管理条件。

(二)肥育饲养管理方法

严格按饲养管理日程进行操作。肥育羊每天饲喂2～3次，定时、定量。为防止羊抢食，饲槽须固定，并有充足槽位。羊舍内或运动场内应备有饮水设施，供给足够的清洁饮水。

舍饲肥育羊饲喂日程表见表7-18，仅供参考。

表7-18　舍饲肥育羊饲养管理日程

时　间	工作内容
7:30～9:00	清扫饲槽，第一次饲喂
9:00～12:00	将羊赶到运动场，打扫圈舍卫生
12:00～14:30	羊饮水，躺卧休息
14:30～16:00	第二次饲喂
16:00～18:00	将羊赶到运动场，清扫饲槽
18:00～20:00	第三次饲喂
20:00～22:00	躺卧休息，饮水
22:00以后	第四次饲喂，供羊夜间采食

不同年龄羊只的肥育应采取不同的措施。

1. 羔羊早期肥育 从羔羊群中挑选体格较大，早熟性好的公羔作为肥育羊，以舍饲为主，肥育期一般为50～60天。3月龄后体重达到25～27千克出栏上市，活重达不到此标准者继续饲养，通常在4月龄全部达到上市要求。

2. 断奶后羔羊肥育 从我国羊肉生产的总体形势看，正常断奶3月龄羔羊肥育是最普遍的生产方式，也是向工厂化高效生产过渡的主要途径。

(1)肥育前的准备 羔羊断奶后肥育，势必承受母仔分离、转群的环境变化、饲料条件等多方面的应激。科学断奶减弱断奶应激；在转群和运输时应先将羊群集中，暂停供水供草，空腹一夜，第二天清晨称重后运出；在装车、卸车过程中避免惊吓和损伤羔羊四肢。驱赶转群时，每天的驱赶路程不超过15千米。

转群进入肥育场的第2～3周是羔羊肥育的关键时期，死亡损失较大。加大在转群前的补饲可降低损失。进入肥育圈后应减少对羔羊的人为惊扰，保证羔羊充分的休息和饮水，必要时可给羔羊提供营养补充剂。

转群后的羔羊一般都要进行驱虫，常用驱虫药为丙硫苯咪唑，同时进行羊四联苗、羊肠毒血症及羊痘疫苗的免疫。根据季节和气温情况适时剪毛，以利于羔羊生长。

转群后应按照羔羊体格大小合理分群。

(2)肥育技术要点 羔羊断奶后肥育分为预饲期和正式肥育期2个阶段。

羔羊一般要有15天的预饲期以适应日粮和环境的变化。整个预饲期大致可分为3个阶段。

第一阶段1～3天，只喂干草，让羔羊适应新的环境。

第二阶段为4～10天，仍以干草为主，逐步添加精补料。此阶段日粮含粗蛋白质13%，钙0.78%，磷0.24%，精饲料占36%，粗饲料占64%。

第三阶段 10～14 天，从第 11 天起逐步用第三阶段日粮，第 15 天结束后，转入正式肥育期，日粮中含粗蛋白质 12.2%，钙 0.62%，磷 0.26%，精粗比 1∶1。

预饲期间，每只羔羊应保证占有 25～30 厘米长的饲槽，以防止采食时拥挤。以日喂 2 次为宜，每次投料量以羔羊 45 分钟内能吃完为准。料不够时要及时添加，饲料过剩应及时清扫饲槽以防饲料霉变。饲养员要勤观察羔羊的采食情况，发现问题应及时调整。如果要加大饲喂量或变更饲料配方，饲料过渡期应至少为 3 天，切忌变换过快。

对体重大或体况好的断奶羔羊进行强度肥育，选用精料型日粮，经 40～55 天出栏体重可达到 48～50 千克。日粮配方为玉米粒 96%，蛋白质平衡剂 4%，矿物质自由采食。对体重小或体况差的断奶羔羊进行适度肥育，日粮以青贮玉米为主，青贮玉米可占日粮的 67.5%～87.5%，肥育期在 80 天以上，日粮的喂量逐日增加，10～14 天内达到正常饲喂量。

(3)成年羊肥育　按品种、体重和预期日增重等主要指标来确定肥育方式和日粮标准。

2. 羊的编号　编号对于羊只识别和选种选配是一项必不可少的基础性工作，常用的方法有戴耳标法，剪耳法、墨刺法和烙角法。

(1)戴耳标法　耳标有金属耳标和塑料耳标 2 种，形状有圆形和长条形，以圆形为好。耳标用以记载羊的个体号、品种符号及出生时间等。金属耳标是用钢字钉把羊的出生年月和个体号打在耳标上，上边第一个号数代表年份的最末 1 个字，第二、第三个数代表月份，后面的数字代表个体号。如 110023，前面的 110 表示 2011 年 10 月出生，后面的 023 为个体号。塑料耳标使用也很方便，是把羊的出生年月和个体号写上。一般习惯将公羊编为单号，将母羊编为双号，每年从 1 号或 2 号编起，不要逐年累计。可用红、黄、蓝 3 种不同颜色代表羊的等级。耳标用耳标钳戴在羊左耳上。

(2)剪耳法　没有耳标时常用此法。用耳号钳在羊耳朵上剪耳

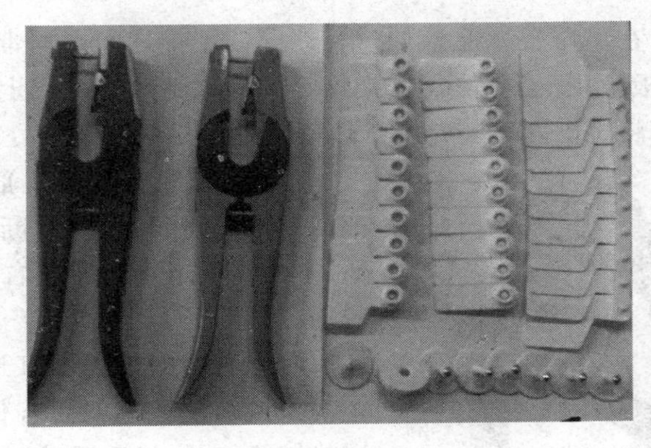

图 7-1 羊耳标钳

缺，代表一定的数字，作为个体号。其规定是：左耳作个位数，右耳作十位数，耳上缘一缺刻代表 3，下缘代表 1。这种方法简单易行，但有缺点，羊数量在 1 000 以上无法表示，而且在羔羊时期剪的耳缺到成年时往往变形无法辨认。所以，此法现在用得很少。

耳标一般戴在左耳的耳根软骨部，避开血管，要在蚊、蝇未起时安好耳标。

墨刺法和烙角法虽然简便经济，但都有不少的缺点，如墨刺法字迹模糊，无法辨认，而烙角法仅适用于有角羊。所以，现在这两种方法使用较少，或者只用作辅助编号。

3. 羊的断尾 为了保持羊毛的清洁，防止发生寄生虫病，有利于母羊配种，羔羊生后 1 周左右即可断尾，身体瘦弱的羊，或天气过冷时，可适当延长。断尾最好在晴天的早上进行，不要在阴雨天或傍晚进行。

(1) 热断法 需要一个特制的断尾铲和 2 块 20 厘米见方的两面钉上铁皮的木板。一块木板的下方凿一个半圆形的缺口，断尾时把尾巴正压在半圆形的缺口里。这块木板不但用来压住尾巴，而且断尾时可防止灼热的断尾铲烫伤羔羊的肛门和睾丸。另一块木板断尾时衬在板凳上面，以免把凳子烫坏。断尾时需两人配合，一人保定羔羊，一个人在离尾根 4 厘米处（第三、第四尾椎之间），用带有半圆形缺口的木板把尾巴紧紧压住，把灼热的断尾铲放在尾巴上稍微用力往下压，即将尾巴断下。专用电热断尾钳见图 7-2。

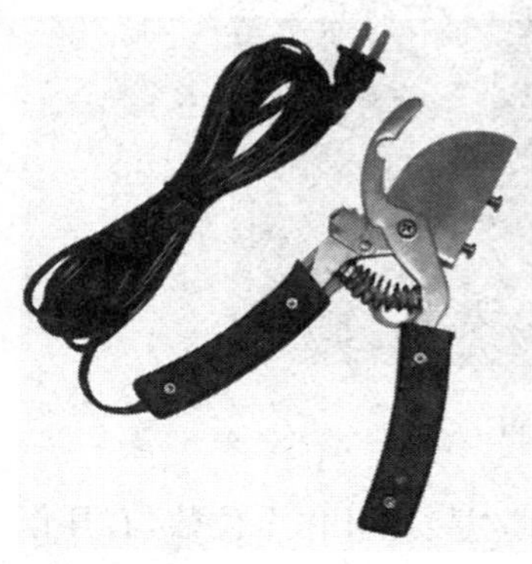

图 7-2　羊断尾钳

(2)结扎法　用橡皮筋在第三、第四尾椎之间紧紧扎住，断绝血液流通，下端的尾巴 10 天左右即可自行脱落。

断尾时切的速度不宜过快，否则止不住血。断下尾巴后若仍出血，可用热铲烫一烫，然后用碘酊消毒。

4. 羊的去势　羊去势后性情温驯，管理方便，节省饲料，肥育后肉的膻味小，凡不作种用的公羔或公羊一律去势。公羔生后 2～3 周去势为宜，如遇天冷或体弱的羔羊，可适当延迟。去势和断尾可同时进行，最好在上午去势，以便全天观察和护理去势羊。

(1)刀切法　即用手术刀切开阴囊，摘除睾丸。手术时需 2 个人配合，一人保定羊，一人做去势手术。手术前，阴囊外部用碘酊消毒。之后手术者一手握住阴囊上方，以防睾丸回缩至腹腔内，另一手在阴囊侧下方切开一小口，长度以能挤出睾丸为度。切开后把睾丸连同精索拉出，为防止出血过多最好用手撕断，不用刀割或剪刀剪。一侧的睾丸取出后，如法取出另一侧的睾丸。睾丸摘除后，阴囊内撒 20 万～30 万单位的青霉素粉，然后对切口消毒。

(2)去势钳法　用特制的去势钳（图 7-3），在阴囊上部用力将精索夹断后，睾丸会逐渐萎缩。

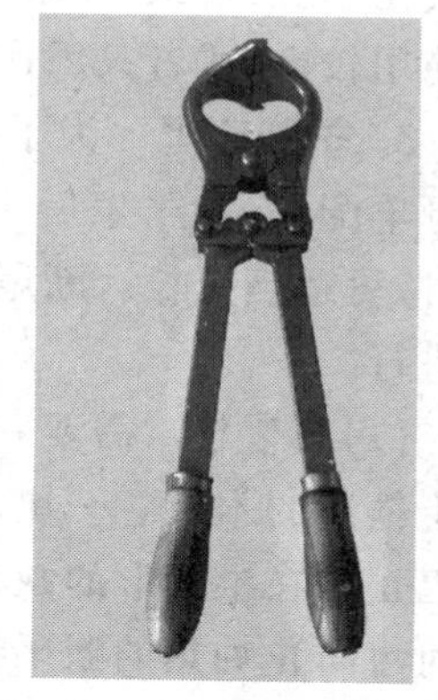

图 7-3　羊去势钳

(3)结扎法 将睾丸挤进阴囊里,用橡皮筋或细绳紧紧地结扎阴囊的上部,断绝睾丸的血液流通,约经15天左右,阴囊及睾丸萎缩后会自动脱落。

去势操作要严格消毒。刀切法去势后阴囊内要用碘酊彻底消毒,结扎法去势一定要紧紧结扎,否则容易感染。

(三)羔羊的断奶

1. 羔羊早期断奶的优点 实施羔羊早期断奶,一是缩短了母羊的繁殖周期,减少空怀时间,母羊可以减少体内消耗,迅速恢复体力,为下一轮配种做好准备,大大提高母羊的利用率,母羊的繁殖频率可由两年三产提高到三年五产。二是缩短生产周期,羔羊早期断奶后,一般都要进行短期肥育,4～5月龄可达到30～40千克出栏。三是缩短羔羊哺乳期,减轻了劳动强度,降低了培育成本。四是便于组织生产,在集约化养殖过程中,大多采用同期发情等繁殖新技术,使得母羊产羔整齐,且产羔期相对集中。实施早期断奶技术,有利于现代集约化生产的组织实施,实现羔羊集中肥育、集中出栏。五是羔羊早期断奶,使羔羊较早的采食了开食料,提高了羔羊在后期培育中的采食量和粗饲料的利用率,加快了羔羊生长速度,缩短了肥育时间。

2. 羔羊早期断奶方法 羔羊的正常断奶时间在42～60天,羔羊出生后7～10天开始训练采食,可以制作颗粒饲料训练,加羔羊补饲槽。保证羔羊自由采食,自由饮水。要逐渐进行断奶,羔羊计划断奶前10天,晚上羔羊与母羊在一起,白天将母羊与羔羊分开,让羔羊在饲槽和饮水槽的补饲栏内活动。羔羊活动范围的地面等应干燥、防雨、通风良好。另外,要及时做好羔羊的防疫。

3. 羔羊代乳料配方

(1)配方 羔羊在出生后10天日粮尽量开始训练采食,最好制作成颗粒饲料(图7-4),任其自由采食,配方可参照表(7-19)。

表 7-19　羔羊饲料配方　（%）

玉　米	豆　粕	棉　粕	麸　皮	预混料	优质草粉	益生菌
60	10	8	10	4	6	2

(2)制粒　按 20%加水，尽可能加入优质草粉。

图 7-4　羔羊颗粒饲料的制作

九、羊的运输

(一)运输前准备

运输前要做好充分准备，运输过程中要尽量让羊舒适安静。装车前 6 小时适量饲喂，充足饮水，饮水中加入抗应激药物和复合维生素。

羊运输前，应有当地动物防疫监督机构，根据国家有关规定进行检疫，办好产地检疫和过境检疫及相关手续，出具检疫证明。

运输车辆在运输前应用消毒液彻底消毒。在装羊的车厢内铺一层秸秆,或在车厢底板上撒一层干燥的沙土,防止羊在运输过程中滑倒或挤压致伤致死。

(二)运输中注意事项

提前选好行车路线,尽量选择道路平整、离村较近的线路,以便遇到特殊情况及时处理。

确保运输车辆状况良好,手续齐备。装有高栏,防止羊跳车;配备苫布以备雨雪天使用;根据运输路程备足草料及水盆、料盆等器具;带少量消炎止痛药品及抗生素类药物。

路途中尽量不喂草料,超过 24 小时需饮水,在饮水中加入抗应激药物和复合维生素。

押车人员要经常检查车上的羊,发现羊怪叫、倒卧要及时停车,将其扶起,安置到不易被挤压的角落。卸羊时要防止车厢板与车厢之间的缝隙别断羊腿,最好将车靠近高台处卸羊,防止羊跳车受伤或母羊流产。

(三)运输后注意事项

种羊卸车后,不能立即喂饲料,适量饮水,饮水中加入复合维生素。

12 小时后,适当饲喂全价日粮,控制在 1 千克以内。48 小时后开始正常饲喂。

第八章　肉羊的保健与疫病监测

羊的保健是羊健康高效养殖的保证。羊的卫生保健受养殖环境、羊自身状况(包括健康状况、年龄、性别、抗病力、遗传因素等)、外界致病因素及气候等因素的影响。羊从生产到出售,要经过出入场检疫、收购检疫、运输检疫和屠宰检疫。

一、羊的健康检查

(一)羊正常生理表现

羊正常体温为38℃～39.5℃,羔羊高出约0.5℃,剧烈运动或经暴晒的病羊,须休息半小时后再测温。健康羊脉搏数70～80次/分,健康羊呼吸频率为12～20次/分。一般都是胸腹式呼吸,胸壁和腹壁的运动都比较明显,呈节律性运动,吸气后紧接呼气,经短暂间歇,又行下一次呼吸。在正常情况下羊用上唇采食,靠唇舌吮吸把水吸进口内来饮水(表8-1)。

正常成年羊瘤胃左侧肷窝稍凹陷,瘤胃收缩次数每2分钟2～4次,听诊瘤胃蠕动音类似沙沙声,在肷窝隆起时最强,以后逐渐减弱(表8-2)。羊粪呈小而干的球状。羊排尿时,呈坐姿。

表 8-1 羊的体温、呼吸、脉搏(心跳)数值

年龄	性别	体温(℃)		呼吸(次/分)		脉搏(次/分)	
		范围	平均	范围	平均	范围	平均
3～12月龄	公	38.4～39.5	38.9	17～22	19	88～127	110
	母	38.1～39.4	38.7	17～24	21	76～123	100
1岁以上	公	38.1～38.8	38.6	14～17	16	62～88	78
	母	38.1～39.6	38.6	14～25	20	74～116	94

表 8-2 羊的反刍情况和瘤胃蠕动次数

年龄	每个食团咀嚼次数		每个食团反刍时间(秒)		反刍间歇时间(秒)		瘤胃蠕动次数(5分钟)	
	范围	平均	范围	平均	范围	平均	范围	平均
4～12月龄	54～100	81	33～58	44	4～8	6	9～12	11
1岁以上	69～100	76	34～70	47	5～9	6	8～14	11

(二)羊临床检查方法

1. 问诊 了解羊群和病羊的生活史与患病史,着重了解以下3方面。一是患羊发病时间和病后主要表现,附近其他羊有无类似疾病发生;二是饲养管理情况,主要了解饲料种类和饲喂量;三是治疗经过,了解用药种类和效果。

2. 视诊 视诊是用眼睛或借助器械观察病羊的异常现象,是识别各种疾病不可缺少的方法,特别是对大羊群中发现病羊更为重要。视诊时,先观察全貌,如精神、营养、姿势等。然后再由前向后察看,即从头部、颈部、胸部、腹部、臀部及四肢等,注意观察体表有无创伤、肿胀等现象。最后让病羊运动,观察步行状态。

3. 触诊 触诊是利用手的感觉进行检查的一种方法,可分为浅

部触诊和深部触诊。浅部触诊的方法是检查者将手放在被检部位上轻轻滑动触摸，可以了解被检部位的温度、湿度和疼痛等；深部触诊是用不同的力量对病羊进行按压，以了解病变的性质。

4. 叩诊　叩诊就是叩打动物体表某部，使之振动发出声音，按其声音的性质推断被叩组织、器官有无病理改变的一种诊断方法。常用指叩诊，被叩组织是否含有气体，以及含气量的多少，可出现清音、浊音、半浊音和鼓音。

5. 听诊　直接用耳听取音响的称为直接听诊，主要用于听取病羊的呻吟、喘息、咳嗽、打喷嚏、嗳气、磨牙及高朗的肠音等；用听诊器进行听诊的称为间接听诊，主要用于心脏、肺脏及胃肠检查。

6. 嗅诊　嗅诊就是借嗅觉器官闻病羊的排泄物、分泌物、呼出气、口腔气味以及深入羊舍了解卫生状况，检查饲料是否霉败等的一种方法。

（三）羊临床检查指标

1. 体　温

(1) 发热　体温高于正常范围，并伴有各种症状的称为发热。

(2) 微热　体温升高 0.5℃～1℃称为微热。

(3) 中热　体温升高 1℃～2℃称为中热。

(4) 高热　体温升高 2℃～3℃称为高热。

(5) 过高热　体温升高 3℃以上称为过高热。

(6) 稽留热　体温高热持续 3 天以上，上、下午温差 1℃以内，称为稽留热，见于纤维素性肺炎。

(7) 弛张热　体温日差在 1℃以上而不降至常温的，称弛张热，见于支气管肺炎、败血症等。

(8) 间歇热　体温有热期与无热期交替出现，称为间歇热，见于血孢子虫病、锥虫病。

(9) 无规律发热　发热的时间不定，变动也无规律，而且温差有时不大，有时出现巨大波动，见于渗出性肺炎等。

(10)体温过低 体温低于正常,见于产后瘫痪、休克、虚脱、极度衰弱和濒死期等。

2. 脉搏 羊利用股动脉检脉。检查时,通常用右手的食指、中指及无名指先找到动脉管后,用3指轻压动脉管,以感觉动脉搏动,计算1分钟的脉搏数(健康羊脉搏数70～80次/分)。发热性疾病、各种肺脏疾病、严重心脏病以及贫血等均能引起脉搏数增多。

3. 呼 吸

(1)呼吸数增多 临床上能引起脉搏数增多的疾病,多能引起呼吸数增多。另外,呼吸疼痛性疾病(胸膜炎、肋骨骨折、创伤性网胃炎、腹膜炎等)也致呼吸数增多。呼吸数减少,见于脑积水、产后瘫痪和气管狭窄等。

(2)呼吸运动 在病理状态下可出现胸式呼吸(吸气时胸壁运动比较明显)或腹式呼吸(吸气时腹壁的运动比较明显)。吸气后紧接呼气,经短暂间歇,又行下一次呼吸。一般吸气短而呼气略长,可因兴奋、恐惧和剧烈运动等而发生改变。如呼吸运动长时间变化,则是病理状态。临床上常见的呼吸节律变化有潮式呼吸、间歇呼吸、深长呼吸3种。

(3)呼吸困难

①吸气性呼吸困难 吸气用力,时间延长,鼻孔开张,头颈伸直,肘向外展,肋骨上举,肛门内陷,并常听到类似哨声样的狭窄音。主要是气息通过上呼吸道发生障碍的结果,见于鼻腔、喉、气管狭窄的疾病和咽淋巴结肿胀等。

②呼气性呼吸困难 呼气用力,时间延长,背部拱起,肷窝变平,腹部容积变小,肛门突出,呈明显的二段呼气,于肋骨和软肋骨的结合处形成一条喘沟,呼气越困难喘沟越明显。是肺内空气排出发生障碍的结果,见于细文气管炎和慢性肺气肿等。

③混合性呼吸困难 吸气和呼气都困难,而且呼吸加快。由于肺呼吸面积减少,或肺呼吸受限制,肺内气体交换障碍,致使血中二氧化碳蓄积和缺氧而引起,见于肺炎、胸膜炎等疾病。心源性、中毒

性呼吸困难也属于混合性呼吸困难。

4. 采食和饮水

(1)采食障碍　表现为采食方法异常，唇、齿和舌的动作不协调，难把食物纳入口内，或刚纳入口内，未经咀嚼即脱出。见于唇、舌、牙、颌骨的疾病及各种脑病，如慢性脑水肿、脑炎、破伤风、面神经麻痹等。

(2)咀嚼障碍　表现为咀嚼无力或咀嚼疼痛。常于咀嚼突然张口，上、下颌不能充分闭合，致使咀嚼不全的食物掉出口外，见于佝偻病、骨软症、放线菌病等。此外，由于咀嚼的齿、颊、口黏膜、下颌骨和咬肌等的疾病，咀嚼时引起疼痛而出现咀嚼障碍。神经障碍，也可出现咀嚼困难或完全不能咀嚼。

(3)吞咽障碍　吞咽时或吞咽稍后，动物摇头伸颈、咳嗽，由鼻孔逆出混有食物的唾液和水，见于咽喉炎、食管阻塞及食管炎。

(4)饮水　在正常生理状况下饮水多少与气候、运动和饲料的含水量有关。在病理状态下，饮欲可发生变化，出现饮欲增加或减退。饮欲增加见于热性病、腹泻、大出汗以及渗出性胸膜炎的渗出期；饮欲减退见于伴有昏迷的脑病及某些胃肠病。

5. 瘤胃　肷窝深陷，见于饥饿和长期腹泻等。瘤胃臌胀时，上部腹壁紧张而有弹性，用力强压也难以感知瘤胃内容物性状。前胃弛缓时，内容物柔软。瘤胃积食时，感觉内容物坚实。胃黏膜有炎症时，触诊有疼痛反应。瘤胃收缩无力、次数减少、收缩持续时间短促，表示其运动功能减退，见于前胃弛缓、创伤性网胃炎、热性病及其他全身性疾病。听诊瘤胃蠕动音加强，表示瘤胃收缩增强。蠕动音减弱或消失，表示前胃弛缓或瘤胃积食等。

6. 排粪　粪便稀软甚至水样，表明肠消化功能障碍、蠕动加强，见于肠炎等。粪便硬固或粪球干、小，表明肠管运动功能减退或肠肌弛缓，水分大量被吸收，见于便秘初期。褐色或黑色粪表明前部肠管出血，粪便表面附有鲜红色血液表明后部肠管出血。粪便呈灰白色表明阻塞性黄疸，是由于粪胆素减少所致。粪便酸臭、腐败腥臭时表明肠内容物强烈发酵和腐败,见于胃肠炎、消化不良等。粪便中混有虫体见于胃肠道寄生虫病。

7. 排　尿

(1)尿失禁　羊未取排尿姿势,而经常不自主地排出少量尿液为尿失禁,见于腰荐部脊髓损伤和膀胱括约肌麻痹。

(2)尿淋漓　尿液不断呈点滴状排出时称为尿淋漓,是由于排尿功能异常亢进和尿路疼痛刺激而引起,见于急性膀胱炎和尿道炎等。

(3)排尿带痛　羊只排尿时表现痛苦不安、努责、呻吟、回顾腹部和摇尾等,排尿后仍长时间保持排尿姿势。排尿疼痛见于膀胱炎、尿道炎和尿路结石等。

二、羊场(舍)的消毒

消毒是指运用各种方法消除或杀灭饲养环境中的各类病原体,减少病原体对环境的污染,切断疾病的传染途径,达到防止疾病发生、蔓延,进而达到控制和消灭传染病的目的。消毒主要是针对病原微生物和其他有害微生物,并不是消除或杀灭所有的微生物,只是要求把有害微生物的数量减少到无害化程度。

(一)消毒类型

1. 疫源地消毒　是指对存在或曾经存在过传染病的场所进行的消毒。场所主要指被病源微生物感染的羊群及其生存的环境,如羊群、舍、用具等。一般可分为随时消毒和终末消毒 2 种。

2. 预防性消毒　对健康或隐性感染的羊群,在没有被发现有传染病或其他疾病时,对可能受到某种病原微生物感染羊群的场所环境、用具等进行的消毒,谓之预防性消毒。对养羊场附属部门,如门卫室、兽医室等的消毒属于此类型。

(二)消毒剂的选择

消毒剂应选择对人和羊安全、无残留、不对设备造成破坏、不会在羊体内产生有害积累的消毒剂。可选用的消毒剂有石炭酸(酚)、美酚、双酚、次氯酸盐、有机碘混合物(碘伏)、过氧乙酸、生石灰、氢氧化钠、高锰酸钾、硫酸铜、新洁尔灭、松馏油、70%乙醇和来苏儿等。

(三)羊场消毒方法

1. 清扫与洗刷　为了避免尘土及微生物飞扬,先用水或消毒液喷洒,然后再清扫。主要清除粪便、垫料、剩余饲料、灰尘及墙壁和顶棚上的蜘蛛网、尘土等。

2. 羊舍消毒　消毒液的用量为 1 升/米^3,泥土地面、运动场为 1.5 升/米^{3}左右。消毒顺序一般从离门远处开始,以墙壁、顶棚、地面的顺序喷洒一遍,再从内向外将地面重复喷洒 1 次,关闭门窗 2～3 小时,然后打开门窗通风换气,再用清水清洗饲槽、水槽及饲养用具等。

3. 饮水消毒　羊的饮水应符合畜禽饮用水水质标准,对饮水槽的水应隔 3～4 小时更换 1 次,饮水槽和饮水器要定期消毒,为了杜绝疾病发生,有条件者可用含氯消毒剂进行饮水消毒。

4. 空气消毒　一般被污染的羊舍空气中微生物数量在每立方米 10 个以上,当清扫、更换垫草、出栏时更多。空气消毒最简单的方法是通风,其次是利用紫外线杀菌或甲醛气体熏蒸。

5. 消毒池的管理　在羊场大门口应设置消毒池,长度不小于汽车轮胎的周长 2 米以上,宽度应与门的宽度相同,水深 10～15 厘米,内放 2%～3%氢氧化钠溶液或 5%来苏儿溶液和草酸。消毒液 1 周更换 1 次,北方在冬季可使用生石灰代替氢氧化钠。

6. 粪便消毒　通常有掩埋法、焚烧法及化学消毒法几种。掩埋法是将粪便与漂白粉或新鲜生石灰混合,然后深埋于地下 2 米左右处。对患有烈性传染病家畜的粪便须进行焚烧，方法是挖1个深75厘米，长、宽各75～100厘米的坑，在距坑底40～50厘米处加一层铁炉箅子，对湿粪可加一些干草，用汽油或酒精点燃。常用的粪便消毒方法是发酵消毒法。

7. 污水消毒　一般污水量小，可拌洒在粪中堆积发酵，必要时可用漂白粉按每立方米8～10克搅拌均匀消毒。

（四）注意事项

羊舍、羊圈及用具应保持清洁、干燥，每天清除粪便及污物，堆积制成肥料。饲草保持清洁干燥，不发霉腐烂，饮水要清洁，清除羊舍周围的杂物、垃圾，填平死水坑，消灭鼠、蚊、蝇。

羊舍清扫后消毒，常用消毒药有10%～20%的石灰乳和10%的漂白粉混悬液。产房在产羔前消毒1次，产羔高峰时进行多次，产羔结束后再进行1次。在病羊舍、隔离舍的出入口处应放置浸有消毒液的麻袋片或草垫；消毒液可用2%～4%氢氧化钠（对病毒性疾病）或10%克辽林溶液。

地面消毒可用含2.5%有效氯的漂白粉混悬液、4%甲醛或10%氢氧化钠溶液。粪便消毒最实用的方法是生物热消毒法。污水消毒将污水引入污水处理池，加入化学药品消毒。

三、羊的剪毛

（一）概　述

剪毛有手工剪毛和机械剪毛2种。细毛羊、半细毛羊和杂种羊，1年剪1次毛，粗毛羊1年剪2次毛。剪毛时间与当地气候和羊群膘度有关，最好在气候稳定和羊只体力恢复之后进行，一般北方地区在每年5～6月份进行。肉用品种羊1年剪毛2～3次。3月份第一次,8 月末第二次;或在 3 月份、6 月份、9 月份长剪毛 1 次。

(二)方法与步骤

剪毛应从低价值羊开始。同一品种羊,按羯羊、试情羊、幼龄羊、母羊和种公羊的顺序进行。不同品种羊,按粗毛羊、杂种羊、细毛羊或半细毛羊的顺序进行。患皮肤病和外寄生虫病的羊最后剪,以免传染。剪毛前 12 小时停止放牧、饮水和喂料,以免剪毛时粪便污染羊毛和发生伤亡事故。

羊群较小时多用手工剪毛。剪毛要选择在无风的晴天,以免羊受凉感冒。剪毛时,先用绳子把羊的左侧前后肢捆住,使羊左侧卧地,剪毛人蹲在羊背后,从羊后肋向前肋直线开剪,然后按与此平行方向剪腹部及胸部的毛,再剪前后腿毛,最后剪头部毛,一直把羊的半身毛剪至背中线,再用同样的方法剪另一侧的毛。最后检查全身,剪去遗留的羊毛。

(三)注意事项

一是剪刀放平,紧贴羊的皮肤剪,留茬要低而齐,若毛茬过高,也不要重复剪取;二是保持毛被完整,不要让粪土、草屑等混入毛被,以利于羊毛分级、分等;三是剪毛动作要快,翻羊要轻,时间不宜拖得太久;四是尽量不要剪破皮肤,万一剪破要及时消毒、涂药或缝合。

四、羊的药浴

(一)概　述

剪毛后的 10～15 天内,应及时组织药浴,以防疥癣病的发生,如间隔时间过长,则毛不易洗透。药浴使用的药剂有 0.05%辛硫磷乳油、1%敌百虫溶液、氰戊菊酯(80～200 毫克/千克)、溴氰菊酯(50～

80 毫克/千克),也可用石硫合剂,其配方是生石灰 7.5 千克,硫磺粉末 12.5 千克,用水拌成糊状,加水 300 升,边煮边搅拌,煮至浓茶色为止,沉淀后取上清液加温水 1 000 升即可。

(二)方法与步骤

药浴分池浴(图 8-1)、淋浴(图 8-2)和盆浴 3 种。

图 8-1 药浴池药浴

图 8-2 羊淋浴装置

池浴在专门建造的药浴池进行,最常见的药浴池为水泥沟形池,药液的深度以没及羊体为原则,羊出浴后在滴流台上停留 10～20 分钟。

淋浴在特设的淋浴场进行,淋浴时把羊赶入,开动水泵喷淋,经 3 分钟淋透全身后关闭,将淋过的羊赶入滤液栏中,经 3～5 分钟后放出。

盆浴在大盆或缸中进行,用人工方法把羊逐只洗浴。

(三)注意事项

药浴前 8 小时给羊停止喂料,药浴前 2～3 小时给羊饮足水,以防止羊喝药液。药浴应选择暖和无风天气进行,以防羊受凉感冒,浴液温度保持在 30℃左右。先浴健康羊,后浴病羊。药浴后 5～6 小时可转入正常饲养。第一次药浴后 8～10 天可重复药浴 1 次。

五、羊的驱虫

（一）驱虫药物

驱虫药物可用阿维菌素、伊维菌素或丙硫咪唑，均按用量说明计算。阿苯达唑 10 毫克/千克体重和盐酸左旋咪唑 8 毫克/千克体重联合用药效果更好。

（二）驱虫时间和方法

在 3～10 月份，每 1.5～2 个月拌料驱虫 1 次。母羊驱虫应在产后 5 天驱 1 次，隔 15 天后再驱 1 次，年产 2 胎的驱虫 4 次。妊娠羊禁止驱虫。羔羊在 1 月龄驱虫 1 次，隔 15 天再驱 1 次，用法用量按各药品说明计算。种公羊 1 年 2 次（春、秋），每次间隔 15 天二次用药，用量按各药品说明计算。表 8-3 为羊驱虫时间和使用药物情况，供参考。

表 8-3　羊的驱虫时间和药物使用（仅供中部地区肉羊参考）

次　数	时　间	药　物	用量及备注
第一次	2 月 15 日	阿苯达唑	10 毫克/千克体重
第二次	4 月 1 日	左旋咪唑	8 毫克/千克体重
第三次	5 月 15 日	阿苯达唑	10 毫克/千克体重
第四次	7 月 1 日	阿苯达唑	10 毫克/千克体重
第五次	8 月 15 日	左旋咪唑	8 毫克/千克体重
第六次	10 月 1 日	阿苯达唑	10 毫克/千克体重

备注：妊娠母羊另外执行。如遇到天气变化等情况，时间的前后变更控制在 1 周之内。

（三）注意事项

羊驱虫往往是成群进行，在查明寄生虫种类基础上，根据羊的发育状况、体质、季节特点用药。羊群驱虫应先做小群试验，用新驱虫剂或新驱虫法更应如此，然后再大群实行。

六、羊的修蹄

（一）概　述

羊蹄壳生长较快，如不整修，易造成畸形，系部下坐，行走不便而影响采食。所以，绵羊在剪毛后和进入冬牧前宜进行修蹄。

（二）方法与步骤

修蹄一般在雨后进行，这时蹄质软，易修剪。修蹄时让羊坐在地上，羊背部靠在修蹄人员的两腿间，从前蹄开始，用修蹄剪或快刀将过长的蹄尖剪掉，然后将蹄底的边缘修整得和蹄底一样平齐。蹄底修到可见淡红色的血管为止，不要修剪过度。整形后的羊蹄，蹄底平整，前蹄是方圆形。变形蹄需多次修剪，逐步校正。

为了避免羊发生蹄病，平时应注意休息场所的干燥和通风，勤打扫和勤垫圈，或撒草木灰于圈内和门口，进行消毒。如发现蹄趾间、蹄底或蹄冠部皮肤红肿，跛行甚至分泌有臭味的黏液，应及时检查治疗。可用10%硫酸铜溶液或10%甲醛溶液洗蹄1～2分钟，或用5%来苏儿液洗净蹄部并涂以碘酊。

七、肉羊的免疫

当地畜牧兽医行政管理部门应根据《中华人民共和国动物防疫

法》及其配套法规的要求，结合当地实际情况，制定疫病的免疫规划。羊饲养场根据免疫规划制定本场的免疫程序，并认真实施，注意选择适宜的疫苗和免疫方法。

（一）羔羊常用免疫程序

羔羊的免疫力主要从初乳中获得，在羔羊出生后1小时内，保证吃到初乳。对5日龄以内的羔羊，疫苗主要用于紧急免疫，一般暂不注射。羔羊常用疫苗和使用方法见表8-4。

表8-4　羔羊常用疫苗和使用方法

时　间	疫苗名称	剂量(只)	方　法	备　注
出生12小时内	破伤风抗毒素	1毫升/只	肌内注射	预防破伤风
16～18日龄	羊痘弱毒疫苗	1头份	尾根内侧皮内注射	预防羊痘
23～25日龄	三联四防灭活苗	1毫升/只	肌内注射	预防羔羊痢疾(魏氏梭菌、黑疫)、猝殂、肠毒血症、快疫
1月龄	羊传染性胸膜肺炎氢氧化铝菌苗	2毫升/只	肌内注射	预防羊传染性胸膜肺炎

（二）成羊免疫程序

羊的免疫程序和免疫内容，不能照抄，照搬，而应根据各地的具体情况制定。羊接种疫苗时要详细阅读说明书，查看有效期。记录生产厂家和批号，并严防接种过程中通过针头传播疾病。

经常检查羊只的营养状况，要适时进行重点补饲，防止营养物质缺乏，对妊娠、哺乳母羊和育成羊更为重要。严禁饲喂霉变饲料、毒草和喷过农药不久的牧草。禁止羊只饮用死水或污水，以减少病原微生物和寄生虫的侵袭，羊舍要保持干燥、清洁、通风。

根据本地区常发生传染病的种类及当前疫病流行情况，制定切实可行的免疫程序（表 8-5）。按免疫程序进行预防接种，使羊只从出生到淘汰都可获得特异性抵抗力，增强羊对疫病的抵抗力。

表 8-5 成羊免疫程序

疫苗名称	预防疫病种类	免疫剂量	注射部位
春季免疫			
三联四防灭活苗	快疫、猝殂、肠毒血症、羔羊痢疾	1头份	皮下或肌内注射
羊痘弱毒疫苗	羊 痘	1头份	尾根内侧皮内注射
羊传染性胸膜肺炎氢氧化铝菌苗	羊传染性胸膜肺炎	1头份	皮下或肌内注射
羊口蹄疫苗	羊口蹄疫	1头份	皮下注射
秋季免疫			
三联四防灭活苗	快疫、猝殂、肠毒血症、羔羊痢疾	1头份	皮下或肌内注射
羊传染性胸膜肺炎氢氧化铝菌苗	羊传染性胸膜肺炎	1头份	皮下或肌内注射
羊口蹄疫苗	羊口蹄疫	1头份	皮下注射

注：1. 本免疫程序供生产中参考。

2. 每种疫苗的具体使用以生产厂家提供的说明书为准。

（三）注意事项

要了解被预防羊群的年龄、妊娠、泌乳及健康状况，体弱或原来就生病的羊预防后可能会引起不良反应，应说明清楚，或暂时不打预防针。对 15 日龄以内的羔羊，除紧急免疫外，一般暂不注射。预防注射前，对疫苗有效期、批号及厂家应注意记录，以便备查。对预防接种的针头，应做到一头一换。

八、肉羊检疫和疫病控制

羊从生产到出售，要经过出入场检疫、收购检疫、运输检疫和屠宰检疫。羊场或养羊专业户引进羊时，只能从非疫区购入，经当地兽医检疫部门检疫，并签发检疫合格证明书；运抵目的地后，再经本场或专业户所在地兽医验证、检疫并隔离观察1个月以上，确认为健康者，经驱虫、消毒，没有注射过疫苗的还要补注疫苗，方可混群饲养。羊场采用的饲料和用具，也要从安全地区购入，以防疫病传入。

（一）疫病监测

当地畜牧兽医行政管理部门必须依照《中华人民共和国动物防疫法》及其配套法规的要求，结合当地实际情况，制定疫病监测方案，由当地动物防疫监督机构实施，羊饲养场应积极予以配合。

羊饲养场常规监测的疾病至少应包括：口蹄疫、羊痘、蓝舌病、炭疽、布鲁氏菌病。同时，需注意监测外来病的传入，如痒病、小反刍兽疫、梅迪/维斯纳病、山羊关节炎/脑炎等。除上述疫病外，还应根据当地实际情况，选择其他一些必要的疫病进行监测。

根据实际情况由当地动物防疫监督机构定期或不定期对养羊场进行必要的疫病监督抽查，并将抽查结果报告当地畜牧兽医行政管理部门，必要时还应反馈给养羊场。

（二）发生疫病羊场的防疫措施

及时发现，快速诊断，立即上报疫情。确诊病羊，迅速隔离。如发现一类和二类传染病暴发或流行（如口蹄疫、痒病、蓝舌病、羊痘、炭疽等）应立即采取封锁等综合防疫措施。

对易感羊群进行紧急免疫接种，及时注射相关疫苗和抗血清，并加强药物治疗、饲养管理及消毒管理。提高易感羊群抗病能力。对已发病的羊只，在严格隔离的条件下，及时采取合理的治疗，争取早日康复，减少经济损失。

对污染的圈、舍、运动场及病羊接触的物品和用具，都要进行彻底的消毒和焚烧处理。对传染病的病死羊和淘汰羊，严格按照传染病羊尸体的卫生消毒方法，进行焚烧后深埋。

（三）疫病控制和扑灭

发生传染病时立即封锁现场，驻场兽医及时诊断，并尽快向当地动物防疫监督机构报告疫情。

确诊发生口蹄疫、小反刍兽疫时，羊饲养场应配合当地动物防疫监督机构，对羊群实施严格的隔离、扑灭措施。

发生痒病时，除了对羊群实施严格的隔离、扑杀措施外，还需追踪调查病羊的亲代和子代。

发生蓝舌病时，应扑杀病羊；如只是血清学反应呈现抗体阳性，并不表现临床症状时，需采取清群和净化措施。

发生炭疽时，应焚毁病羊，并对可能的污染点彻底消毒。

发生羊痘、布鲁氏菌病、梅迪/维斯纳病、山羊关节炎/脑炎等疫病时，应对羊群实施清群和净化措施。

全场进行彻底的清洗消毒，病死或淘汰羊的尸体按 GB 16548 进行无害化处理。

（四）防疫记录

每群羊都应有相关的生产记录，其内容包括：羊只来源，饲料消耗情况，发病率、死亡率及发病死亡原因，无害化处理情况，实验室检查及其结果，用药及免疫接种情况，消毒情况，羊只发运目的地等。所有记录应妥善保存，并在清群后保存 2 年以上。建立羊卡，做到一羊一卡一号，记录羊只的编号、出生日期、外貌特征、生产性能、免疫、检疫、病历等原始资料。羊防疫档案表见表 8-6。

表 8-6　羊防疫档案记录

羊基本情况

羊　号		羊场编号		登记日期	
品　种		来　源		出生日期	
毛　色		初生重(千克)		外　貌	

免疫记录

日　期	疫苗名称	接种剂量(毫克、毫升)	接种方法	接种人员

消毒记录

日　期	消毒对象	消毒药	剂量(毫克、毫升)	消毒方法	消毒人员

疫病监测记录

日　期	布鲁氏菌病	口蹄疫	羊　痘	羊口疮	羊传染性胸膜肺炎	伪狂犬病	其　他

羊病史记录

发病日期	病　名	预后情况	实验室检查	原因分析	使用兽药

无害化处理记录

处理日期	处理对象	处理数量(只)	处理原因	处理方法	处理人员

九、肉羊药物使用技术

（一）羊给药方法

根据药物的种类、性质、使用目的以及羊的饲养方式，选择适宜的用药方法。临床上一般采用以下给药方法。

1. 个体给药

(1)口服给药　口服给药简便，适合大多数药物，可发挥药物在胃肠道的作用，如肠道抗菌药、驱虫药、制酵药、泻药等，常常采用口服。常用的口服方法有灌服、饮水、混到饲料中喂服、舔服等。应在饲喂前服用的药物有苦味健胃药、收敛止泻药、胃肠解痉药、肠道抗感染药、利胆药。应空腹或半空腹服用的药物有驱虫药、盐类泻药。刺激性强的药物应在饲喂后服用。

(2)注射给药　注射给药优点是吸收快而完全，药效出现快。不宜口服的药物，大都可以注射给药。常用的注射方法有皮下注射、肌内注射、静脉注射、静脉滴注；此外，还有气管注射、腹腔注射，以及瘤胃、直肠、子宫、阴道、乳管注入等。皮下注射将药物注入颈部或股内侧皮下疏松结缔组织中，经毛细血管吸收，一般10～15分钟即可出现药效；刺激性药物及油类药物不宜皮下注射。肌内注射将药物注入富含血管的肌肉（如臀肌）中，吸收速度比皮下注射快，一般经5～10分钟即可出现药效。油剂、混悬剂也可肌内注射，刺激性较大的药物，可注于肌肉深部，药量大的应分点注射。静脉注射将药物注入体表明显的静脉中，作用最快，适用于急救、注射量大或刺激性强的药物。

(3)灌肠法　灌肠法是将药物配成液体，直接灌入直肠内，羊可用小橡皮管灌肠。先将直肠内的粪便清除，然后在橡皮管前端涂上凡士林，插入直肠内，把橡皮管的盛药部分提至高于羊的背部。灌肠完毕后，拔出橡皮管，用手压住肛门或拍打尾根部，以防药物排出。灌肠药液的温度，应与体温一致。

(4)胃管法　给羊插入胃管的方法有 2 种，一是经鼻腔插入，二是经口腔插入。胃管正确插入后，即可接上漏斗灌药。药液灌完后，再灌少量清水，然后取掉漏斗，用嘴吹气，或用橡皮球打气，使胃管内残留的液体完全入胃，用拇指堵住胃管口，或折叠胃管，慢慢抽出。该法适用于灌服大量水剂及有刺激性的药液。患咽炎、咽喉炎和咳嗽严重的病羊，不可用胃管灌药。

(5)皮肤、黏膜给药　通过皮肤和黏膜吸收药物，使药物在局部或全身发挥治疗作用。常用的给药方法有滴鼻、点眼、刺种、毛囊涂搽、皮肤局部涂搽、药浴、埋藏等。刺激性强的药物不宜用于黏膜。

2. 群体给药

(1)混饲给药　将药物均匀混入饲料中，让羊吃料同时吃进药物，适用于长期投药。不溶于水或适口性差的药物用此法更为恰当。药物必须与饲料混合均匀，并应准确掌握饲料中药物的浓度。

(2)混水给药　将药物溶解于水中，让羊自由饮用。此法适用于因病不能吃食，但还能饮水的羊。采用此法须注意根据羊可能饮水的量，来计算药量与药液浓度；限制时间饮用药液，以防止药物失效或增加毒性等。

(3)气雾给药　将药物以气雾的形式喷出，让羊经呼吸道吸入而在呼吸道发挥局部作用，或使药物经肺泡吸收进入血液而发挥全身治疗作用。若喷雾于皮肤或黏膜表面，则可发挥保护创面、消毒、局部麻醉、止血等局部作用。本法也可供舍内空气消毒和杀虫之用。气雾吸入要求药物对羊呼吸道无刺激性，且药物应能溶于呼吸道的分泌液中。

(4)药浴　可杀灭羊体表寄生虫，但需要药浴设施。药物最好是水溶性的，药浴应注意掌握好药液浓度、温度和浸洗的时间。

(二)羊常用药品的使用

羊用于预防、治疗和诊断疾病的兽药必须符合《中华人民共和国兽药典》、《中华人民共和国兽药规范》、《兽药质量标准》和《进口兽药质量标准》的相关规定。优先使用符合《中华人民共和国兽用生物制品质量标准》、《进口兽药质量标准》的疫苗预防羊疾病。

允许使用《中华人民共和国兽药典》(二部)及《中华人民共和国兽药规范》(二部)收载的用于羊的兽用中药材、中药成方制剂。允许使用国家畜牧兽医行政管理部门批准的微生态制剂(表 8-7)。

(三)药物使用注意事项

严格遵守药物使用规定的作用与用途、用法与用量及其他注意事项。严格遵守规定休药期。所用兽药必须来自具有《兽药生产许可证》和产品批准文号的生产企业,或者具有《进口兽药许可证》的供应商。所有兽药的标签必须符合《兽药管理条例》的规定。

建立并保存免疫程序记录;建立并保存全部用药记录。治疗、用药记录包括羊编号、发病时间及症状、药物名称(商品名、有效成分、生产单位)、给药途径、给药剂量、疗程、治疗时间等;预防或促生长混饲用药记录包括药品名称(商品名、有效成分、生产单位及批号)、给药剂量、疗程等。

表 8-7　无公害食品　肉羊饲养允许使用的抗寄生虫药、抗菌药及使用规定

类别	名称	制剂	用法与用量 (用量以有效成分计)	休药期 (天)
抗寄生虫药	阿苯达唑	片剂	内服,一次量,10～15 毫克/千克体重	7
	双甲脒	溶液	药浴、喷洒、涂刷、配成 0.025%～0.05% 的乳液	21
	溴酚磷	片剂、粉剂	内服,一次量,12～16 毫克/千克体重	21
	氯氰碘柳胺钠	片剂	内服,一次量,10 毫克/千克体重	28
		注射液	皮下注射,一次量,5 毫克/千克体重	28
		混悬液	内服,一次量,10 毫克/千克体重	28
	溴氰菊酯	溶液	药浴,5～15 毫克/升	7
	三氮脒	注射液	肌内注射,一次量,3～5 毫克/千克体重,临用前配成 5%～7%溶液	28
	二嗪磷	溶液	药浴,初液,250 毫克/升;补充液,750 毫克/升(均按二嗪磷计)	28
	非班太尔	片剂、颗粒剂	内服,一次量,5 毫克/千克体重	14
	芬苯达唑	片剂、粉剂	内服,一次量,5～7.5 毫克/千克体重	6
	伊维菌素	注射液	皮下注射,一次量,0.2 毫克(相当于 200 单位)/千克体重	21
	盐酸左旋咪唑	片剂	内服,一次量,7.5 毫克/千克体重	3
		注射药	皮下,肌内注射,7.5 毫克/千克体重	28
	硝碘酚腈	注射液	皮下注射,一次量,10 毫克/千克体重,急性感染,13 毫克/千克体重	30
	吡喹酮	片剂	内服,一次量,10～35 毫克/千克体重	1
	碘醚柳胺	混悬液	内服,一次量,7～12 毫克/千克体重	60
	噻苯达唑	粉剂	内服,一次量,50～100 毫克/千克体重	30
	三氯苯唑	混悬液	内服,一次量,5～10 毫克/千克体重	28

续表 8-8

类别	名 称	制 剂	用法与用量（用量以有效成分计）	休药期（天）
抗菌药	氨苄西林钠	注射液	肌内、静脉注射，一次量，10～20 毫克/千克体重	12
	苄星青霉素	注射液	肌内注射，一次量，3 万～4 万单位/千克体重	14
	青霉素钾	注射液	肌内注射，一次量，2 万～3 万单位/千克体重，1 日 2～3 次，连用 2～3 天	9
	青霉素钠	注射液	肌内注射，一次量，2 万～3 万单位/千克体重，1 日 2～3 次，连用 2～3 天	9
	硫酸小檗碱	粉 剂	内服，一次量，0.5～1 克	0
		注射液	肌内注射，一次量，0.05～0.1 克	0
	恩诺沙星	注射液	肌内注射，一次量，2.5 毫克/千克体重，一日 1～2 次，连用 2～3 天	14
	土霉素	片 剂	内服，一次量，羔，10～25 毫克/千克体重（成年反刍兽不宜内服）	5
	普鲁卡因青霉素	注射用粉针	肌内注射，一次量，2 万～3 万单位/千克体重，1 日 1 次，连用 2～3 天	9
		混悬液	肌内注射，一次量，2 万～3 万单位/千克体重，1 日 1 次，连用 2～3 天	9
	硫酸链霉素	注射液	肌内注射，一次量，10～15 毫克/千克体重，1 日 2 次，连用 2～3 天	14

禁止使用未经国家畜牧兽医行政管理部门批准的兽药和已经淘汰的兽药。禁止使用《食品动物禁用的兽药及其他化合物清单》中的药物。

第九章　肉羊常见病防治

羊常见病的有效控制，已成为制约我国养羊业发展的重要一环。因此，如何合理地对羊进行防病、治病是确保养羊业能够健康发展的关键。

一、羔羊常见病防治技术

（一）初生羔羊假死

初生羔羊假死亦称新生羔羊窒息，其主要特征是刚出生的羔羊发生呼吸障碍，或无呼吸而仅有心跳，如抢救不及时，可导致死亡。

【病　因】 分娩时产出期拖延或胎儿排出受阻，胎盘水肿，胎囊破裂过晚，倒生时脐带受到压迫，脐带缠绕，子宫痉挛性收缩等，均可引起胎盘血液循环减弱或停止，使胎儿过早地呼吸，吸入羊水而发生窒息。此外，母羊发生贫血及大出血，使胎儿缺氧和二氧化碳量增高，也可导致本病的发生。

对接产工作组织不当，严寒的夜间分娩时，因无人照料，使羔羊受冻太久；难产时脐带受到压迫，或胎儿在产道内停留时间过长，有时是因为倒生，助产不及时，使脐带受到压迫，造成循环障碍；母羊有病，血内氧气不足，二氧化碳积聚多，刺激胎儿过早地发生呼吸反射，以至将羊水吸入呼吸道。

【症　状】 羔羊横卧不动，闭眼，舌外垂，口色发紫，呼吸微弱甚至完全停止；口腔和鼻腔积有黏液或羊水；听诊肺部有湿性啰音、体温下降。严重时全身松软，反射消失，只心脏有微弱跳动。

【预　防】 及时进行接产，对初生羔羊精心护理。分娩过程中，如遇到胎儿在产道内停留较久，应及时进行助产，拉出胎儿。如果母羊有病，在分娩时应迅速助产，避免延误产程而发生窒息。

【治　疗】 如果羔羊尚未完全窒息，还有微弱呼吸时，应即刻提起后腿，将羔羊吊起来，轻拍胸腹部，刺激呼吸反射，促进排出口腔、鼻腔和气管内的黏液和羊水，并用干净布擦干羊体，然后将羔羊泡在温水中，使头部外露。稍停留之后，取出羔羊，用干布片迅速摩擦身体，然后用毡片或棉布包住全身，使口张开，用软布包舌，每隔数秒钟，把舌头向外拉动 1 次，促其恢复呼吸。待羔羊复活以后，放在温暖处进行人工哺乳。

若已不见呼吸，须除去鼻孔和口腔内的黏液及羊水后，施行人工呼吸。同时，注射尼可刹米、洛贝林或樟脑水 0.5 毫升。也可以将羔羊放入 37℃左右的温水中，让头部外露，用少量温水反复洒向心脏区，再用干布摩擦全身。

（二）胎粪停滞

胎粪是胎儿胃肠道分泌的黏液、脱落的上皮细胞、胆汁及吞咽的羊水经消化作用后，残余的废物积聚在肠道内形成。新生羔羊通常在生后数小时内就排出胎粪。如在生后 1 天不排出胎粪，或吮乳后新形成的粪便黏稠不易排出，新生羔羊便秘或胎粪停滞。此病主要发生在早期的初生羔羊，常见于绵羊羔。

【病　因】 如母羊营养不良，引起初乳分泌不足，初乳品质不佳，或羔羊吃不上初乳；新生羔羊孱弱，加上吮乳不足或吃不上初乳，则肠道弛缓无力，胎粪不能排出，即可发生胎粪停滞。

【症　状】 羔羊出生后 1 天内未排出胎粪，精神逐渐不振，吃奶次数减少，肠鸣音减弱，且表现不安，即拱背、摇尾、努责，有时还有踢腹、卧地并回顾腹部等轻度腹痛症状。有时症状不明显，偶尔腹痛明显，卧地、前肢抱头打滚。有时羔羊排粪时大声鸣叫；有时黏稠粪块堵塞肛门，可继发肠臌气，出现精神沉郁，不吃奶，呼吸及心跳加快，肠鸣音消失。羔羊渐陷于自体中毒状态，全身无力，经常卧地乃至卧地不起。

【诊断】 为了确诊，可在手指上涂油，进行直肠检查。便秘多发生在直肠和小结肠后部，在直肠内可摸到硬固的黄褐色粪块。

【预　防】 妊娠后半期要加强母羊的饲养管理，补喂富含蛋白质、维生素及矿物质的饲料，使羔羊出生后吃到足够的初乳。要随时观察羔羊表现及排便情况，以便早期发现，及时治疗。

【治　疗】 采用润滑肠道和促进肠道蠕动的方法，不宜给以轻泻剂，以免引起顽固性腹泻。必要时，可用手术排出粪块。

用橡皮球及肥皂水灌肠一般效果良好。先用温肥皂水 300～500 毫升，用橡皮球进行浅部灌肠，排出近处的粪块，一般效果良好。必要时也可在 2～3 小时后再灌肠 1 次，也可用橡皮管插入直肠内 20～30 厘米后灌注开塞露 5 毫升或液状石蜡 40～60 毫升。

可口服液状石蜡 5～15 毫升或硫酸钠 2～5 克，同时用酚酞 0.1～0.2 克灌肠，效果很好。用药后，按摩和热敷腹部可增强胃肠道蠕动。

也可施行剖腹术，排出粪块，在左侧腹壁或脐部后上方腹白线一侧选择术部，切口长约 10 厘米。切开腹壁后，伸手入腹腔，将小结肠后部及直肠内的粪块逐个或分段挤压至直肠后部，将其排出肛门外，最后缝合腹壁。

如果羔羊有自体中毒现象，必须及时采取补液、强心、解毒及抗感染等治疗措施。

（三）羔羊痢疾

羔羊痢疾是初生羔羊的一种急性传染病。其特征是持续下痢，以羔羊腹泻为主要特征的急性传染病，主要危害 7 日龄以内的羔羊，死亡率很高。一类是厌气性羔羊痢疾，病原体为产气荚膜梭菌；另一类是非厌气性羔羊痢疾，病原体为大肠杆菌。

【病　因】 引起羔羊痢疾的病原微生物主要为大肠杆菌、沙门氏杆菌、魏氏梭菌、肠球菌等。这些病原微生物可混合感染或单独感染,使羔羊发病。传染途径主要通过消化道,也可经脐带或伤口传染。本病的发生和流行与妊娠母羊营养不良,羔羊护理不当,产羔季节天气突变,羊舍阴冷潮湿有很大关系。

【症　状】 自然感染潜伏期为1～2天。病羔体温微升或正常,精神不振,被毛粗乱,孤立在羊舍一边,低头拱背,不想吃奶,眼睑肿胀,呼吸、脉搏增快,不久则发生持续性腹泻,粪便恶臭,开始为糊状,后变为水样,含有气泡、黏液和血液。粪便颜色不一,有黄、绿、黄绿、灰白等色。到后期,常因虚弱、脱水、酸中毒而死亡。病程一般2～3天。也有的病羔腹胀,排少量稀便,而主要表现神经症状,四肢瘫软,卧地不起,呼吸急促,口流白沫,头向后仰,体温下降,最后昏迷死亡。剖检主要病变在消化道,肠黏膜有卡他出血性炎症,有血样内容物,肠肿胀,小肠溃疡。

【诊　断】 根据羔羊食欲减退、精神委靡,卧地不起,起初呈黄色稀汤粪便,后为血样紫黑色稀便。结合症状可做出诊断。

【预　防】 加强妊娠母羊及哺乳期母羊的饲养管理,保持妊娠母羊的良好体质,以便产出健壮的羔羊。做好接羔、护羔工作,产羔前对产房做彻底消毒,可选用1%～2%的热氢氧化钠溶液或20%～30%石灰水喷洒羊舍地面、墙壁及产房一切用具;冬、春季节做好新生羔羊的保温工作。

也可进行药物或疫苗预防。刚分娩的羔羊留在舍内饲养,可口服青霉素片,每天1～2片,连服4～5天;灌服土霉素,每次0.3克,连用3天;在羔羊痢疾常发地区,可用羔羊痢疾菌苗给妊娠母羊进行2次预防接种,第一次,在产前25天,皮下注射2毫升,第二次在产前15天,皮下注射3毫升,可获得5个月的免疫期。

【治　疗】

①土霉素、胃蛋白酶各0.8克,分为4包,每6小时加水灌服1次;盐酸土霉素200毫克,每6小时肌内注射1次,连用2～3天;或土霉素、胃蛋白酶各0.8克,次硝酸铋、鞣酸蛋白各0.6克,分为4

包,每6小时加水灌服1次,连服2～3天。

②磺胺脒、胃蛋白酶、乳酶生各0.6克,分成4包,每6小时加水灌服1次,连用2～3天;磺胺脒、乳酸钙、次硝酸铋、鞣酸蛋白各1份,充分混合、日灌服2次,每次1～1.5克,连服数日;或用磺胺脒25克,次硝酸铋6克,加水100毫升,混匀,每头每次灌4～5毫升,每天2次。

③严重失水或昏迷的羔羊除上述治疗外,可静脉注射5%糖盐水20～40毫升,皮下注射阿托品0.25毫克。

④用胃管灌服6%硫酸镁溶液(内含0.5%甲醛)30～60毫升,6～8小时后,再灌服0.1%高锰酸钾溶液1～2次。

⑤中药疗法。一是用乌梅散,乌梅(去核)、炒黄连、郁金、甘草、猪苓、黄芩各10克,诃子、焦山楂、神曲各13克,泽泻8克,干柿饼1个(切碎)。将以上各药混合捣碎后加水400毫升,煎汤至150毫升,以红糖50克为引,用胃管灌服,每只每次30毫升。如腹泻不止,可再服1～2次。二是用承气汤加减,大黄、酒黄芩、焦山楂、甘草、枳实、厚朴、青皮各6克,将以上各药混合后研碎加水400毫升,再加入朴硝16克(另包),用胃管灌服。

(四)羔羊肺炎

由于新生羔羊的呼吸系统在形态和功能上发育不足,神经反射尚未成熟,故最容易发生肺炎。多在早春和晚秋天气多变的季节发生,愈后的羔羊生长发育受阻。

【病　因】　羔羊肺炎发生的主要原因是羔羊体质不健壮和外界环境不良造成。

妊娠母羊在冬季营养不足,第二年春季产出的羔羊就会有大批肺炎出现,因为母羊营养不良,直接影响到羔羊先天发育不足,产重不够,抵抗力弱,容易患病。在初乳不足,或者初乳期以后奶量不足,影响了羔羊的生长发育。运动不足和维生素缺乏,也容易患肺炎。另外,圈舍通风不良,羔羊拥挤,空气污浊,对呼吸道产生不良刺激;

酷热或突然变冷，或者夜间对羔羊圈舍的门窗关闭不好，受到贼风或低温的侵袭。

【症　状】 病初咳嗽，流鼻液，很快发展到呼吸困难，心跳加快，食欲减少或废绝。病羊精神委靡，被毛粗乱而无光泽，有黏性鼻液或干固的鼻痂。呼吸促迫，每分钟达60～80次，有的达到100次以上。体温升高，2～3天后可高达40℃以上，听诊有啰音。

【预　防】 天气晴朗时，让羔羊在棚外活动，接受阳光照射，加强运动，增强对外界环境的适应能力，勤清除棚圈内的污物，更换垫草，使棚舍适当通风，空气新鲜、干燥。给羔羊喂奶时注意温度，使羔羊吃饱，以增强其抵抗寒冷能力。注意保温，饲喂易于消化而营养丰富的饲料，给予充足的清洁饮水。注意妊娠母羊的饲养，供给充足的营养，特别是蛋白质、维生素和矿物质，以保证胎羊的发育，提高羔羊的产重。保证初乳及哺乳期奶量的充足供给，加强管理。减少同一羊舍内羔羊的密度，保证羊舍清洁卫生，注意夜间防寒保暖，避免贼风及过堂风的侵袭，尤其是天气突然变冷时，更应特别注意。当羔羊群中发生感冒较多时，应给全群羔羊服用磺胺二甲基嘧啶，预防继发肺炎。预防剂量可比治疗剂量稍小，一般连用3天，即有预防效果。

【治　疗】 肌内注射青、链霉素或口服磺胺二甲基嘧啶(每千克体重0.07克)；严重时，静脉滴注50万单位四环素葡萄糖液，并配合给予解热、祛痰和强心药物。

及时隔离，加强护理。尽快消除引起肺炎的一切外界不良因素。为病羊提供良好的条件，如放在宽敞、通风良好的圈舍，铺足垫草，保持温暖，以减轻咳嗽和呼吸困难。

应用抗生素或磺胺类药物。磺胺二甲基嘧啶采用口服，对于人工哺乳的羔羊，可放在奶中服下，既没有注射用药的麻烦，又可避免羔羊注射抗生素的痛苦。口服剂量：每只羔羊日服2克，分3～4次，连服3～4天。抗生素疗法，可以肌内注射青霉素或链霉素，亦可静脉注射四环素。对于严重病例，还可采用气管注射或胸腔注射。气管注射时，可将青霉素20万单位溶于3毫升0.25%盐酸普鲁卡因注射液中，或将链霉素0.5克溶于3毫升蒸馏水中，每天2次。胸腔注射时，可在倒数第6～8肋间、背中线向下4～5厘米处进针1～2厘米，青霉素剂量为：1月龄以内的羔羊10万单位，1～3月龄的20万单位，每天2次，连用2～3天。在采用抗生素或磺胺类药治疗时，当体温下降以后，不可立即中断治疗，要再用同量或较小量持续应用1～2天，以免复发。因为复发病例的症状更为严重，用药效果也差，故应倍加注意。

中药疗法：如咳嗽剧烈，可用款冬花、桔梗、知母、杏仁、郁金各6克，玄参、金银花各8克，水煎后一次灌服；如清肺祛痰，可用黄芩、桔梗、甘草各8克，栀子、白芍、桑白皮、款冬花、陈皮各7克，麦冬、瓜蒌各6克，水煎取汁，候温一次灌服。

在治疗过程中，必须注意心脏功能的调节，尤其是小循环的改善，因此可以多次注射咖啡因或樟脑制剂。

（五）羔羊感冒

母羊分娩时，断脐带后，擦干羔羊身上的黏液，用干净的麻袋片等物包好，把羔羊放在保温的暖舍内，卧床上铺较厚的柔软干草，以免羔羊受凉。因天气骤变，突然寒冷，舍内外温差过大或因羊舍防寒设备差，管理不当，受贼风侵袭，常引发羔羊感冒。

【症　状】 体温升高到40℃～42℃，眼结膜潮红，羔羊精神委靡，不爱吃奶，流浆液性鼻液，咳嗽，呼吸促迫。

【治　疗】 气温寒冷时，10日龄内的羔羊暂不到舍外活动，以防感冒。羔羊患有感冒时，要加强护理，喂易消化的新鲜青嫩草料，饮清洁的温水，防止再受寒。口服解热镇痛药或注射安钠咖等针剂。为预防继发肺炎，应注射青霉素等抗生素药物。

(六)羔羊脐带炎

新生羔羊脐带炎是因新生羔羊脐带断端受细菌感染而引起的脐血管及周围组织发生的一种炎症。往往通过腹壁进入腹腔中所连接的组织发生炎症。单纯的脐带炎是很少存在的,常伴有邻近腹膜的炎症,甚至膀胱圆韧带发生炎症。

【病　因】 病因主要是在接产或助产时,脐带断端消毒不严格,羊舍及垫草不洁净,脐带断端被水或尿液浸渍,或群居羔羊之间互相吸吮脐带而被污染,也见于羔羊痢疾、消化不良、蝇蛆等病的侵害。

【症　状】 根据炎症的性质和侵害部位不同,可分脐血管炎和坏死性脐炎。

羔羊脐血管炎:病初脐孔周围组织发热、肿胀、充血,触摸有疼痛反应。脐带断端湿润,隔着脐孔处捻动皮肤时,可摸到手指粗细或筷子粗细的硬物。脐带残段脱落后,脐孔处湿润,形成瘘孔;指压时,可挤出少量脓液,常带有臭味。脐周围常有肿块。

坏死性脐炎:脐带残端湿润、肿胀、呈淡红色,带有恶臭气味。炎症常波及脐孔周围组织,而引起蜂炎和脓肿。

脐带残端脱落后,脐孔处可见有肉芽赘生,形成溃疡面,有脓性渗出物。有时病原微生物沿脐静脉侵入肺脏、肝脏、肾脏和其他脏器,引起败血症或脓毒败血症时,羔羊表现精神沉郁,食欲降低,体温升高,呼吸急促等症状。

【预　防】 做好圈舍清洁卫生工作。做好产前卫生,产房保持通风、干燥、勤换垫草。接羔时可结扎脐带,以促其干燥、坏死、脱落,严格对脐带断端消毒。加强产羔舍卫生以及羔羊的护理,防止羔羊互相吸吮脐带。

【治　疗】 脐部或周围组织发炎或脓肿时,局部涂5%碘酊和松节油的等量合剂。局部处理,应用0.1%高锰酸钾溶液清洗患部,用5%碘酊消毒净化组织,撒布磺胺粉,敷料包扎,在脐孔周围皮下分点注射盐酸普鲁卡因青霉素注射液(2%盐酸鲁卡因注射液20毫升，青霉素 80 万单位）。

如脐内血管肿胀及周围有肿胀现象，应用外科手术刀切开排脓，并用 3%过氧化氢溶液、0.1%碘酊消毒。如体温升高时，肌内注射或静脉滴注抗生素。脐带坏死时，必须切除其残端，除去坏死组织，消毒洗净后，涂碘仿醚、碘酊。必要时可用硫酸或高锰酸钾粉腐蚀赘生肉芽。最后向伤口撒布碘仿磺胺粉。为控制感染，防止炎症扩散，应肌内注射抗生素，用青霉素、链霉素各 50 万单位/千克体重，肌内注射，或用磺胺嘧啶钠 0.2 克/千克体重，1 次灌服，维持剂量减半，可连用 5 天，也可用青霉素 50 万单位、0.25%普鲁卡因注射液 4 毫升，溶解均匀，腹腔注射。

（七）羔羊消化不良

羔羊消化不良是一种常见的消化道疾病。本病的特征主要是消化功能障碍和不同程度的腹泻。2～3 月龄后，此病逐渐减少。

【病　因】　母羊饲养管理不当，新生羔羊未及时吃初乳，初乳品质过差；哺乳母羊患病，母乳中含有病理产物和病原微生物；母乳中维生素，特别是维生素 A、B 族维生素、维生素 C 不足或缺乏；羔羊受寒或羊舍过潮，卫生条件差；人工给羔羊哺乳不能定时定量，后期给羔羊补饲不当等均会引发此病。

【症　状】　羔羊消化不良多发生于哺乳期，病的主要特征是腹泻。粪便多呈灰绿色，且其中混有气泡和白色小凝块（脂肪酸皂），有酸臭味，混有未消化的凝乳块及饲料碎片，伴有轻微肠臌气和腹痛现象。持续腹泻时由于脱水，皮肤弹性降低，被毛蓬乱失去光泽，眼球凹陷。单纯性消化不良者体温一般正常或偏低。中毒性消化不良可能表现一定的神经症状，后期体温突然下降。

【诊　断】　羔羊腹围增大，触诊胃部有硬块，羊羔表现不同程度的腹泻，站立时拱背，浑身颤抖，精神沉郁，体温偏低。

【预　防】　注意改善卫生条件，清扫圈舍，将患病羔羊置于干燥、温暖、清洁的单独圈舍里，铺干燥、清洁的垫草，圈舍里温度应保持在12℃以上。母羊补喂营养丰富的青草和豆类饲料。羔羊出生后,应在1小时内让其尽量多吃初乳。母乳不足时,可补喂其他产羔母羊的乳汁,少量多次。

【治　疗】 为排除胃肠内容物,可用油类或盐类缓泻药;为促进消化可用乳酶生;为防止肠道感染,可用磺胺类药物加诺氟沙星配合治疗;病程较长引起机体脱水时,可静脉注射5%葡萄糖氯化钠注射液,配合维生素C和能量合剂辅助治疗。

多数药物治疗往往无效,可减食或绝食1～2天,仅喂清洁饮水或给予止泻药。再喂食时,应逐渐恢复,给予易消化的米汤或乳汁。

(八)羔羊副伤寒

羔羊副伤寒的病原以都柏林沙门氏菌和鼠伤寒沙门氏菌为主。发病羔羊以急性败血症和下痢为主。

【症　状】 羔羊副伤寒(下痢型)多见于15～30日龄的羔羊,体温升至40℃～41℃,食欲减退,腹泻,排黏性带血稀便,有恶臭;精神委顿,虚弱,低头,拱背,继而倒地,经1～5天死亡。

【预　防】 发现症状后,立刻隔离,以免扩大传染。同时给予容易消化的奶,可以加入温开水,少量多次喂给。为了增强抵抗力,可以用初乳及酸乳进行饮食预防。给予较长时间、较大量的酸乳,可以使羔羊获得足够的免疫抗体和维生素A,并能促进生长发育和预防肠道细菌的危害。也可以在羔羊出生后1～2小时内皮下注射母血5～10毫升进行预防。

【治　疗】 大量补液在提高疗效中非常重要。应用磺胺类或抗生素治疗。磺胺类可用磺胺脒,抗生素可用土霉素或金霉素,口服或肌内注射。将抗生素加入滴注液中效果更好。至少用药5天。也可应用噬菌体治疗,口服或静脉注射,往往在第一次应用后,病情可见好转。

(九)羔羊佝偻病

羔羊佝偻病又称为小羊骨软症,俗称弯腿症,是羔羊迅速生长时期的一种慢性维生素缺乏症。其特征为钙、磷代谢紊乱,骨形成不正常。严重时骨骼发生特殊变形。多发生在冬末春初季节,绵羊羔和山羊羔都可发生。

【病　因】 饲料中钙、磷及维生素 D,任何一种的含量不足,或钙、磷比例失调,都影响骨的形成。因此先天性佝偻病,起因于妊娠母羊矿物质(钙、磷)或维生素 D 缺乏,影响了胎儿骨组织的正常发育。羔羊出生后紫外线照射不足,哺乳量不足,断奶后饲料太单纯,钙、磷缺乏或比例失衡,或维生素 D 缺乏;内分泌腺(如甲状旁腺及胸腺)的功能紊乱,影响钙的代谢,均可引起羔羊佝偻病。

【症　状】 羔羊先天性佝偻病,出生后衰弱无力,经数天仍不能自行起立。后天性佝偻病,发病缓慢,最初症状不太明显,表现食欲减退,腹部膨胀,腹泻,生长缓慢。病羊步态不稳,病继续发展时,前肢一侧或两侧发生跛行。病羊不愿起立和运动,长期躺卧,有时长期弯着腕关节站立。在骨骼变形前,如果触摸和叩诊,有疼痛反应。在起立和运动时,心跳与呼吸加快。典型症状为管状骨及扁骨的形态渐次发生变化,关节肿胀,肋骨下端出现佝偻病性念珠状物。膨起部分在初期有明显疼痛。骨质发生变化的表现是各种状态的弯曲,足的姿势改变,呈狗熊足或短腿狗足状态。

【诊　断】 羔羊表现步态僵硬,尤其是掌骨和蹠骨远端骨骺变大,有明显的疼痛性肿胀,可做出临床诊断。

【预　防】 改善和加强母羊的饲养管理,加强运动和放牧,应特别重视饲料中矿物质的平衡,添加羊专用预混料。

【治　疗】 可用维生素 A、D_3 注射液 3 毫升,肌内注射;精制鱼肝油 3 毫升灌服或肌内注射,每周 2 次。为了补充钙制剂,可静脉注射 10%葡萄糖酸钙注射液 5～10 毫升;也可肌内注射维丁胶性钙注射液 2 毫升,每周 1 次,连用 3 次。也可喂给三仙蛋壳粉:神曲 60

克、焦山楂 60 克、麦芽 60 克、蛋壳粉 120 克，混合研末后每只羔羊 12 克，连用 1 周。

(十)羔羊白肌病

羔羊白肌病也称肌营养不良症，是伴有骨骼肌和心肌变性，并发生运动障碍和急性心肌坏死的一种微量元素缺乏症。常见于降水多的地区或灌溉地区，多发生于饲喂豆科牧草的羔羊、早期补饲的羔羊和高营养水平日粮的羔羊。常在 3～8 周龄急性发作。

【病　因】 缺硒、缺维生素 E 是发生本病的主要原因，也与母乳中钴、铜和锰等微量元素的缺乏有关。

【症　状】 首先出现在四肢肌肉，病初可能影响到心肌而猝死。症状也常扩展到膈、舌和食管处肌肉。慢性者常伴有肺水肿引发的肺炎。临床症状有后肢僵直、拱背、有时卧倒，有哺乳或采食愿望。

【诊　断】 病羔精神不振，运动无力，站立困难，卧地不愿起立；有时呈现强直性痉挛状态，随即出现麻痹、血尿；死亡前昏迷，呼吸困难。死后剖检骨骼肌苍白，营养不良。

【预　防】 加强母羊饲养管理，添加羊专用预混料，可起到预防作用。

【治　疗】 对发病羔羊应用硒制剂，如 0.2%亚硒酸钠注射液 2 毫升，每月肌内注射 1 次，连用 2 次。与此同时，应用氯化钴 3 毫克、硫酸铜 8 毫克、氯化锰 4 毫克、碘盐 3 克，加水适量内服。如辅以维生素 E 注射液 300 毫克肌内注射，效果更佳。

有的羔羊病初不见异常，往往于放牧时由于受到刺激后剧烈运动或过度兴奋而突然死亡。该病常呈地方性同群发病，应用其他药物治疗不能控制病情。

（十一）羔羊口炎

主要是受到机械性、物理化学性、有毒物质及传染性因素的刺激、侵害和影响所致。

【症　状】 3～15日龄的羔羊，时常出现口腔流涎、不肯吮吸母乳的现象，这时若检查口腔黏膜，会发现有充血斑点、小水疱状或溃疡面，说明羔羊已经得了口腔炎，如果不及时治疗，可导致羔羊消瘦、消化不良，甚至活活饿死。初期表现为口腔黏膜潮红、肿胀、疼痛，温度增高，流涎等症状。临床表现主要有卡他性口炎、水疱性口炎、溃疡性口炎、真菌性口炎。

【治　疗】 首先消除病因，喂给柔软，营养好，容易消化的饲料。用1%盐水、0.1%高锰酸钾或2%～3%氯酸钾溶液洗涤口腔，然后涂抹2%碘甘油或龙胆紫，每日1次。如有溃疡，可先用1%～2%硫酸铜涂抹溃疡表面，然后涂抹2%碘甘油。若维生素缺乏，可注射或口服维生素B_1、维生素B_2或维生素C。

对于口炎并发肺炎的，可用下列中药方以清肺热。天花粉、黄芪、栀子、连翘各30克，黄柏、牛蒡子、木通各15克，大黄24克，芒硝9克，将前8种药共研成末，加入芒硝，开水冲，候温每只羔羊用其1/10。

（十二）羔羊破伤风

破伤风又称强直症，俗称锁口风、脐带风，是一种人兽共患的急性中毒性传染病，其特征为全身或部分肌肉呈持续性痉挛和对外界刺激反应性增高。

此病是由破伤风梭菌经伤口感染引发的一种急性传染病，成年羊、幼羊都可感染。羔羊在断脐、去势、剪耳等操作过程中消毒不当而感染。破伤风梭菌是存在于土壤中的粗大杆菌，能形成芽孢，长期存活，所以四季均可发生。

【症　状】 肌肉强直是本病的主要特征。病羊四肢强直，背腰不灵活，尾根上翘，行动困难。卧地后角弓反张，不能站立，头、尾偏向一侧，呼吸促迫，常因窒息而死亡，死亡率高达95%～100%。

【预　防】 伤口和断脐用5%碘酊消毒；羔羊出生后12小时内，肌内注射破伤风抗毒素1 500单位。

【治　疗】 注射大量破伤风抗毒素(10 000单位)，每日1次，连用4～7日。一般将破伤风抗毒素加入5%葡萄糖注射液中静脉注射，肌内注射氯丙嗪10～25毫克。

二、肉羊常见传染病防治技术

(一)口蹄疫

口蹄疫是由口蹄疫病毒引起的以偶蹄动物为主的急性、热性、高度传染性疫病，世界动物卫生组织(OIE)将其列为必须报告的动物传染病，我国规定为一类动物疫病。

为预防、控制和扑灭口蹄疫，依据《中华人民共和国动物防疫法》、《重大动物疫情应急条例》、《国家突发重大动物疫情应急预案》等法律、法规，制定口蹄疫防治技术规范。

【流行特点】 偶蹄动物，包括牛科动物(牛、瘤牛、水牛、牦牛)、绵羊、山羊、猪及所有野生反刍和猪科动物均易感，驼科动物(骆驼、单峰骆驼、美洲驼、美洲骆马)易感性较低。

传染源主要为潜伏期感染及临床发病动物。感染动物呼出物、唾液、粪便、尿液、乳汁、精液和肉及副产品均可带毒。康复期动物也可带毒。

易感动物可通过呼吸道、消化道、生殖道和伤口感染病毒，通常以直接或间接接触(飞沫等)方式传播，或通过人或犬、蝇、蜱、鸟等动物媒介，或经车辆、器具等被污染物传播。如果环境气候适宜，病毒可随风远距离传播。

【症　状】 羊跛行；唇部、舌面、齿龈、鼻镜、蹄踵、蹄叉、乳房等部位出现水疱；发病后期，水疱破溃、结痂，严重者蹄壳脱落，恢复期可见瘢痕、新生蹄甲；传播速度快，发病率高；成年动物死亡率低，幼畜常突然死亡且死亡率高。

【病理变化】 消化道可见水疱、溃疡；幼畜可见骨骼肌、心肌表面出现灰白色条纹，形色酷似虎斑。

【病原学检测】 间接夹心酶联免疫吸附试验，检测阳性；RT-PCR 试验，检测阳性；反向间接血凝试验（RIHA），检测阳性；病毒分离，鉴定阳性。

【血清学检测】 中和试验，抗体阳性；液相阻断酶联免疫吸附试验，抗体阳性；非结构蛋白 ELISA 检测感染抗体阳性；正向间接血凝试验（IHA），抗体阳性。

【结果判定】 疑似口蹄疫病例：符合该病的流行病学特点和临床诊断或病理诊断指标之一，即可定为疑似口蹄疫病例。确诊口蹄疫病例：疑似口蹄疫病例，病原学检测方法任何一项阳性，可判定为确诊口蹄疫病例；疑似口蹄疫病例，在不能获得病原学检测样本的情况下，未免疫家畜血清抗体检测阳性或免疫家畜非结构蛋白抗体 ELISA 检测阳性，可判定为确诊口蹄疫病例。

【疫情报告】 任何单位和个人发现家畜上述临床异常情况时，应及时向当地动物防疫监督机构报告。动物防疫监督机构应立即按照有关规定赶赴现场进行核实。

【疫情处置】 对疫点实施隔离、监控，禁止家畜、畜产品及有关物品移动，并对其内、外环境实施严格的消毒措施。必要时采取封锁、扑杀等措施。

【免　疫】 国家对口蹄疫实行强制免疫，各级政府负责组织实施，当地动物防疫监督机构进行监督指导。免疫密度必须达到 100％。

预防免疫，按农业部制定的免疫方案规定的程序进行。

所用疫苗必须采用农业部批准使用的产品，并由动物防疫监督机构统一组织、逐级供应。

所有养殖场（户）必须按科学合理的免疫程序做好免疫接种，建立完整免疫档案（包括免疫登记表、免疫证、免疫标志等）。

任何单位和个人不得随意处置及转运、屠宰、加工、经营、食用口蹄疫病（死）畜及产品；未经动物防疫监督机构允许，不得随意采样；不得在未经国家确认的实验室剖检分离、鉴定、保存病毒。

（二）羊　痘

羊痘是一种急性接触性传染病。分布很广，群众称之为"羊天花"或"羊出花"。本病在绵羊及山羊都可发生，也能传染给人。其特征是有一定的病程，通常都是由丘疹到水疱，再到脓疱，最后结痂。绵羊易感性比山羊大，造成的经济损失很严重。除了死亡损失比山羊大以外，还由于病后恢复期较长，营养不良，使羊毛的品质变劣；妊娠病羊常常流产；羔羊的抵抗力较弱，死亡率更高，故应加强防制，彻底扑灭。

【流行特点】　羊痘可发生于任何季节，春、秋两季多发，传播很快。主要传染源是病羊，病羊呼吸道的分泌物、痘疹渗出液、脓汁、痘痂及脱落的上皮都含有病毒，病期的任何阶段都有传染性。当健羊和病羊直接或间接接触时，很容易受到传染。天然传染途径为呼吸道、消化道和受损伤的表皮。受到污染的饲料、饮水、羊毛、羊皮、草场、初愈的羊以及接触的人、畜等，都能成为传播媒介。病愈的羊能获得终身免疫。潜伏期 2～12 天，一般为 6～8 天。

【症　状】　发痘前，可见病羊体温升高至 41℃～42℃，食欲减少，结膜潮红，从鼻孔流出黏性或脓性鼻液，呼吸和脉搏增快，经 1～4 天后开始发痘。

痘疹大多发生于皮肤无毛或少毛部分，如眼的周围、唇、鼻翼、颊、四肢和尾的内面、阴唇、乳房、阴囊及包皮上。山羊大多发生在乳房皮肤和乳头上。开始为红斑，1～2 日形成丘疹，突出皮肤表面，随后丘疹渐增大,变成灰白色水疱,内含清亮的浆液。此时病羊体温下降。

在羊痘流行中,由于个体的差异,有的病羊呈现非典型经过,即形成丘疹后,不再出现其他各期变化;有的病羊经过很严重,痘疹密集,互相融合连成一片,由于化脓菌侵入,皮肤发生坏死或坏疽,全身病状严重;更甚者,在痘疹聚集的部位或呼吸道和消化道发生出血。这些重病例多死亡。一般典型病程需3～4周,冬季较春季长。如有并发肺炎(羔羊较多)、胃肠炎、败血症等时,病程可延长或早期死亡。

羊痘的各种不典型症状如下:①只呈呼吸道及眼结膜的卡他症状,并无痘的发生,这是因为羊的抵抗力特别强大。②丘疹并不变成水疱,数日内脱落而消失。③脓疱特别多,互相融合形成大片脓疱,即形成融合痘。④有时水疱或脓疱内部出血,羊的全身症状剧烈,形成溃疡及坏死区,称为黑痘或出血痘。⑤若伴发整块皮肤的坏死及脱落,则称为坏疽痘,通常引起死亡。

【剖　检】 特征性的病理变化主要见于皮肤及黏膜。尸体腐败迅速。在皮肤(尤其是毛少的部分)上可见到不同时期的痘疮。呼吸道黏膜有出血性炎症,有时增生性病灶呈灰白色,圆形或椭圆形,直径约1厘米。气管及支气管内充满混有血液的浓稠黏液。有继发病症时,肺脏有肝变区。消化道黏膜也有出血性发炎,特别是肠道后部,常发现不深的溃疡,有时也有脓疱。病势剧烈时,前胃及真胃有水疱,或在瘤胃有丘疹出现。淋巴结水肿、多汁而发炎。肝脏有脂肪变性病灶。

【诊　断】 在典型的情况下,可根据病程(红斑、丘疹、水疱、脓疱及结痂)确诊。当症状不典型时,可用病羊的痘液接种给健羊进行诊断。区别诊断:在液疱及结痂期间,可能误认为是皮肤湿疹或疥癣病,但此二病均无发热等全身症状,而且湿疹并无传染性;疥癣病虽能传染,但发展很慢,并不形成水疱和脓疱,在镜检刮屑物时可以发现螨虫。

【防　治】 平时做好羊的饲养管理,圈要经常打扫,保持干燥清洁,抓好秋膘。冬、春季节要适当补饲做好防寒过冬工作。

在羊痘常发地区，每年定期预防注射，羊痘鸡胚化弱毒疫苗，大、小羊一律尾内或股内皮下注射 0.5 毫升，山羊皮下注射 2 毫升。

当发生羊痘时，立即将病羊隔离，羊圈及管理用具等进行消毒。对尚未发病羊群，用羊痘鸡胚化弱毒苗进行紧急注射。

对于绵羊痘采用自身血液疗法能刺激淋巴、循环系统及器官，特别是网状内皮系统，使其发挥更大的作用，促进组织代谢，增强机体全身及局部的反应能力。

对皮肤病变酌情进行对症治疗，如用 0.1%高锰酸钾溶液洗净后，涂 5%碘甘油、紫药水。对细毛羊、羔羊，为防止继发感染，可以肌内注射青霉素 80 万～160 万单位，每日 1～2 次，或用 10%磺胺嘧啶注射液 10～20 毫升，肌内注射 1～3 次。用痊愈血清治疗，大羊为 10～20 毫升，小羊为 5～10 毫升，皮下注射，预防量减半。用免疫血清效果更好。

（三）布鲁氏菌病

布鲁氏菌病（布氏杆菌病，简称布病）是由布鲁氏菌属细菌引起的人兽共患的常见传染病。我国将其列为动物二类疫病。为了预防、控制和净化布鲁氏菌病，依据《中华人民共和国动物防疫法》及有关的法律、法规，制定布鲁氏菌病防治技术规范。

【流行病特点】 布鲁氏菌是一种细胞内寄生的病原菌，主要侵害动物的淋巴系统和生殖系统。病畜主要通过流产物、精液和乳汁排菌，污染环境。羊、牛、猪的易感性最强。母畜比公畜、成年畜比幼年畜发病率高。在母畜中，第一次妊娠母畜发病较多。带菌动物，尤其是病畜的流产胎儿、胎衣是主要传染源。消化道、呼吸道、生殖道是主要的感染途径，也可通过损伤的皮肤、黏膜等感染。常呈地方性流行。

人主要通过皮肤、黏膜、消化道和呼吸道感染，尤其以感染羊种布鲁氏菌、牛种布鲁氏菌最为严重。

【症　状】 潜伏期一般为 14～180 天。最显著症状是妊娠母畜发生流产，流产后可能发生胎衣滞留和子宫内膜炎，从阴道流出污秽不洁、恶臭的分泌物。新发病的畜群流产较多；老疫区畜群发生流产的较少，但发生子宫内膜炎、乳房炎、关节炎、胎衣滞留、久配不孕的较多。公畜往往发生睾丸炎、附睾炎或关节炎。

【病理变化】　主要病变为生殖器官的炎性坏死，脾脏、淋巴结、肝脏、肾脏等器官形成特征性肉芽肿（布病结节）。有的可见关节炎。胎儿主要呈败血症病变，浆膜和黏膜有出血点和出血斑，皮下结缔组织发生浆液性、出血性炎症。

【疫情报告】　任何单位和个人发现疑似疫情，应当及时向当地动物防疫监督机构报告。

动物防疫监督机构接到疫情报告并确认后，按《动物疫情报告管理办法》及有关规定及时上报。

【疫情处理】　发现疑似疫情，畜主应限制动物移动；对疑似患病动物应立即隔离。

【预防和控制】　非疫区以监测为主；稳定控制区以监测净化为主；控制区和疫区实行监测、扑杀和免疫相结合的综合防治措施。

(1)免疫接种　疫情呈地方性流行的区域，应采取免疫接种的方法。疫苗选择布鲁氏菌病疫苗 S2 株（以下简称 S2 疫苗）、M5 株（以下简称 M5 疫苗）、S19 株（以下简称 S19 疫苗）以及经农业部批准生产的其他疫苗。

(2)无害化处理　患病动物及其流产胎儿、胎衣、排泄物、乳汁、乳制品等按照 GB 16548—1996《畜禽病害肉尸及其产品无害化处理规程》进行无害化处理。

(3)消毒　对患病动物污染的场所、用具、物品严格进行消毒。饲养场的金属设施、设备可采取火焰、熏蒸等方式消毒；圈舍、场地、车辆等，可用 2%氢氧化钠溶液等有效消毒药消毒；羊场的饲料、垫料等，可采取深埋发酵处理或焚烧处理；粪便消毒采取堆积密封发酵方式。皮毛消毒用环氧乙烷、甲醛熏蒸等。

发生重大布鲁氏菌病疫情时，当地县级以上人民政府应按照《重大动物疫情应急条例》有关规定，采取相应的扑灭措施。

(四)羊传染性胸膜肺炎

羊传染性胸膜肺炎是由山羊丝状支原体引起的,呈革兰氏阴性。病原体存在于病羊的肺脏和胸膜渗出液中,主要通过呼吸道感染。传染迅速,发病率高,在自然条件下,丝状支原体山羊亚种只感染山羊,3 岁以下的山羊最易感染,而绵羊肺炎支原体则可感染山羊和绵羊。

【流行特点】 病羊和带菌羊是本病的主要传染源。本病常呈地方性流行,接触传染性很强,主要通过空气、飞沫经呼吸道传染。阴雨连绵,寒冷潮湿,羊群密集、拥挤等因素,有利于空气、飞沫传染的发生。冬季流行期平均为 15 天,夏季可持续 2 个月以上。

【症　状】 以咳嗽、胸肺粘连等为特征,潜伏期 18～26 天,病初体温升高至 41℃～42℃,热度呈稽留型或间歇型,有肺炎症状,压迫病羊肋间隙时,痛苦有感觉。病的末期,常发展为胃肠炎,伴有带血的急性腹泻,饮欲增加。妊娠羊常发生流产。

【防　治】 每年秋季注射 1 次胸膜肺炎疫苗;杜绝羊只、人员串动;圈舍定期消毒。用沙星类药物治疗和预防有特效。

平时预防,除加强一般措施外,关键是防止引入或迁入病羊和带菌者。新引进羊只必须隔离检疫 1 个月以上,确认健康时方可混入大群。

发病羊群应进行封锁,及时对全群进行逐头检查,对病羊、可疑病羊和假定健康羊分群隔离和治疗;对被污染的羊舍、场地、用具和病羊的尸体、粪便等,应进行彻底消毒或无害化处理。

(五)羊常见细菌性猝死症

引起羊猝死的细菌性疾病较多,常见的有羊快疫、羊猝殂、羊肠毒血症、羊炭疽、羊黑疫、肉毒梭菌和链球菌病等。这些疾病均可引起羊的短期内死亡,且症状类似。

1. 羊快疫

【病　原】 病原体为腐败梭菌。通过消化道或伤口传染。经过消化道感染的，可引起羊快疫；经过伤口感染的，可引起恶性水肿。

【感染途径】 在自然条件下，在被污染的牧场放牧或吞食了被污染的饲料和饮水，都可发生感染。很多降低抵抗力的因素，可促进该病发生，如寒冷、冰冻饲料、绦虫等。

【症　状】 该病的潜伏期只有几小时，突然发病，在 10～15 分钟内，有时可以延长至 2～12 小时迅速死亡。死前全身痉挛、腹胀，结膜急剧充血。常见的现象是羔羊当天表现正常，第二天早晨却发现死亡；症状主要为体温升高，食欲废绝，离群静卧，磨牙，呼吸困难，甚至发生昏迷，天然无绒毛部位有红色渗出液，头、喉、舌等部黏膜肿胀，呈蓝紫色，口腔流出带血泡沫，有时发生带血下痢，常有不安、兴奋、突跃式运动或其他神经症状。

【治　疗】 磺胺类药物及青霉素均有疗效，但由于病期短促，生产中很难生效。

【预　防】 每年定期应用羊快疫、羊猝殂、羊肠毒血症、羔羊痢疾四联苗预防注射。

羊群中一旦有发病的，立即将病羊隔离，并给发病羊群全部灌服 0.1%高锰酸钾溶液 250 毫升或 1%硫酸铜溶液 80～100 毫升，同时进行紧急接种。

病死羊尸体、粪便和被污染的泥土一起深埋，以断绝污染土壤和水源的机会。圈舍用 3%氢氧化钠溶液或 20%漂白粉混悬液彻底消毒。

2. 羊猝殂

【病　原】 本病是由 C 型魏氏梭菌引起的一种毒血症。

【症　状】 急性死亡、腹膜炎和溃疡性肠炎为特征，十二指肠和空肠黏膜严重充血糜烂，个别区段有大小不等的溃疡灶。常在死后 8 小时内，由于细菌的增殖，在骨骼肌间积聚血样液体，肌肉出血，有气性裂孔。以 1～2 岁的绵羊发病较多。

【诊　断】 本病的流行特点、症状与羊快疫相似，这两种病常混合发生。诊断主要靠肠内容物毒素种类的检查和细菌的定型，其方法见肠毒血症的诊断。

【防　治】 同羊快疫。

3. 羊肠毒血症

【病　原】 羊肠毒血症是D型魏氏梭菌产生毒素所引起的绵羊急性传染病。

【感染途径】 本菌常见于土壤中，通过口腔进入胃肠道，在真胃和小肠内大量繁殖，产生大量毒素。毒素被机体吸收后，可使羊体发生中毒而发病。

【症　状】 以发病急，死亡快，死后肾脏多见软化为特征。又称软肾病、类快疫。个别呈现腹痛症状，步态不稳，呼吸困难，有时磨牙，流涎，短时间内倒地死亡。急性的表现为，病羊食欲消失，腹泻，粪便恶臭，带有血液及黏液，意识不清，常呈昏迷状态，经过1～3日死亡。有的可能延长，其表现特点有时兴奋，有时沉郁，黏膜有黄疸或贫血，这种情况，虽然可能痊愈，但大多数失去利用价值。

【诊　断】 诊断以流行病学、临床症状和病理剖检为基础，注意个别羔羊突然死亡。剖检见心包扩大，肾脏变软或呈乳糜状。最根本的方法是细菌学检查。

【防　治】 同羊快疫。

4. 炭　疽

【病　原】 该病是由炭疽杆菌引起的传染病，常呈败血性。

【症　状】 潜伏期1～5天。根据病程，可分为最急性型、急性型、亚急性型。

①最急性型　突然昏迷、倒地，呼吸困难，黏膜青紫色，天然孔出血。病程为数分钟至几小时。

②急性型　体温达42℃，少食，呼吸加快，反刍停止，妊娠羊可流产。病情严重时，惊恐、咩叫，后变得沉郁，呼吸困难，肌肉震颤，步态不稳，黏膜青紫。初便秘，后可腹泻、便血，有血尿。天然孔出血，

抽搐痉挛。病程一般为1～2天。

③亚急性型 皮肤、直肠或口腔黏膜出现局部的炎性水肿，初期硬，有热痛，后变冷而无痛。病程为数天至1周以上。

【防 制】 经常发生炭疽的地区，应进行预防注射。未发生过本病的地区在引进羊时要严格检疫，不要买进病羊。尸体要焚烧、深埋，严禁食用；被污染的环境可用20%漂白粉混悬液彻底消毒。疫区应封锁，疫情完全消灭后14天才能解除。

5. 羊黑疫 羊黑疫又称传染性坏死性肝炎，是羊的一种急性高度致死性毒血症。

【发病特点】 以2～4岁、营养良好的绵羊多发，山羊也可发生。主要发生于低洼潮湿地区，以春、夏季多发。

【症 状】 临床症状与羊肠毒血症、羊快疫等极其相似，病程短促，病程长的病例一般1～2天死亡。食欲废绝，反刍停止，精神不振，放牧掉群，呼吸急促，体温41℃左右，俯卧昏睡而死。

【防 治】 病程稍缓病羊，肌内注射青霉素80万～160万单位，1日2次。也可静脉或肌内注射抗诺维氏梭菌血清，一次50～80毫升，连续用1～2次。

控制肝片吸虫的感染，定期注射羊厌气菌病五联苗，皮下或肌内注射5毫升。发病时一般圈至高燥处，也可用抗诺维氏梭菌血清早期预防，皮下或肌内注射10～15毫升，必要时重复1次。

6. 肉毒梭菌中毒

【病 因】 肉毒梭菌存在于家畜尸体内和被污染的草料中，该菌在适宜的条件下(潮湿、厌氧，18℃～37℃)能够繁殖，产生外毒素。羊只吞食了含有毒素的草料或尸体后，会引起中毒。

【症 状】 中毒后一般表现为吞咽困难，卧地不起，头向侧弯，颈、腹部和大腿肌肉松弛。一般体温正常，多数1日内死亡。最急性的，不表现任何症状突然死亡。慢性的，继发肺炎，消瘦死亡。

【防 治】 不用腐败发霉的饲料喂羊，清除牧场、羊舍和周围的垃圾、尸体。定期预防注射类毒素。注射肉毒梭菌抗毒素6万～10

万单位;投服泻药清理胃肠;配合对症治疗。

7. 羊链球菌病

【病　原】 病原体为C型溶血性链球菌。多经呼吸道感染。当天气寒冷、饲料不好时容易发病,在牧草青黄不接时最容易发病和死亡。新发病地区多呈流行性,常发地区则呈地方流行性或散发性。

【症　状】 病程短,最急性病例24小时内死亡,一般为2～3天。病初体温高达41℃以上;结膜充血,有脓性分泌物;鼻孔有浆液、黏液、脓性鼻液;有时唇、舌肿胀流涎,并混有泡沫;颌下淋巴结肿大,咽喉肿胀,呼吸急促,心跳加快;排软便并带黏液或血。最后衰竭卧地不起。

【诊　断】 根据发病季节、症状和剖检,可以做出初步诊断。细菌学检查具有确诊意义。

【防　治】 加强饲养管理,保证羊体健壮。每年秋季注射疫苗。圈舍定期消毒。治疗可用青霉素、磺胺类药物。

8. 羊快疫、羊猝殂、羊肠毒血症、羊炭疽区分 羊快疫病原体为腐败梭菌,羊猝殂病原体为C型魏氏梭菌,羊肠毒血症病原体为D型魏氏梭菌,羊炭疽病原为炭疽杆菌。这些传染病羊易感,对养羊业危害较大,症状有些相似,应注意鉴别,见表9-1。

表9-1　羊快疫、羊猝殂、羊肠毒血症、羊炭疽的鉴别

鉴别要点	羊快疫	羊肠毒血症	羊猝殂	羊炭疽
发病年龄	6～18个月	2～12个月	1～2岁	成年羊
营养状况	膘情好者多发	同左	同左	营养不良多发
发病季节	秋季和早春多发	春夏之交和秋季多发	冬、春多发	夏、秋多发
发病诱因	气候骤变	精料等过食	多见阴洼沼泽地区	气温高、雨水多,吸虫、昆虫活跃
高血糖和尿糖	无	有	无	无

续表 9-1

鉴别要点	羊快疫	羊肠毒血症	羊猝殂	羊炭疽
胸腺出血	无	有	无	无
真胃出血性炎	很显著、弥漫性、斑块状	不特征	轻微	较显著,小点状
小肠溃疡性炎	无	无	有	无
骨骼肌气肿出血	无	无	死后 8 小时出现	无
肾脏软化	少有	死亡时间较久者多见	少有	一般无
急性脾肿	无	无	无	有
抹片检查	肝被膜触片常有无关节长丝状的腐败梭菌	血液和脏器组织一般不见细菌	体腔渗出液和脾脏抹片中可见 C 型魏氏梭菌	血液和脏器涂片见有荚膜的炭疽杆菌

(六)结核类疾病

1. 山羊结核

【病　原】 病原为结核杆菌。结核杆菌分为 3 型,即人型、牛型和禽型。这 3 种细菌是同一种微生物的变种,是由于长期分别生存于不同机体而适应的结果。结核杆菌对于干燥、腐败作用和一般消毒药的耐受性很强,日光和高温容易杀死本菌,日光照射 0.5～2 小时死亡,煮沸时 5 分钟以内即死亡。

【传染途径】 这 3 型杆菌均可感染人、畜。主要通过呼吸道和消化道感染。病羊或其他病畜的唾液、粪尿、奶、泌尿生殖道分泌物及体表溃疡分泌物中都含有结核杆菌。结核杆菌进入呼吸道或消化道即可感染。

【症　状】山羊结核病症状不明显，一般为慢性经过。轻度感染的病羊没有临床症状，病重时食欲减退，全身消瘦，皮毛干燥，精神不振。常排出黄色黏稠鼻液，甚至含有血丝，呼吸带痰音，发生湿性咳嗽。病的后期表现贫血，呼气带臭味，磨牙，喜好舔土。体温升高至 40℃～41℃。

【诊　断】主要通过结核菌素点眼和皮内注射试验。

【防　治】主要通过检疫，阳性者扑杀，使羊群净化。对有价值的种羊须治疗时，可采用链霉素、异烟肼（雷米封）、对氨基水杨酸钠或盐酸黄连素治疗。

2. 羊副结核病

【病　因】副结核病又称副结核性肠炎、稀屎痨，是牛、绵羊、山羊的一种慢性接触性传染病，分布广泛。在青黄不接，草料供应不上、羊只体质不良时，发病率上升。转入青草期，病羊症状减轻，病情大有好转。

【发病特点】副结核分枝杆菌主要存在于病畜的肠道黏膜和肠系膜淋巴结，通过粪便排出，污染饲料、饮水等，经消化道感染健康家畜。幼龄羊的易感性较大，大多在幼龄时感染，经过很长的潜伏期，到成年时才出现临床症状，特别由于机体的抵抗力减弱，饲料中缺乏矿物质和维生素，容易发病；呈散发或地方性流行。

【症　状】病羊腹泻反复发生，稀便呈卵黄色、黑褐色，带有腥臭味或恶臭味，并带有气泡。开始为间歇性腹泻，逐渐变为经常性而又顽固的腹泻，后期呈喷射状排出。有的母羊泌乳少，颜面及下颌部水肿，腹泻不止，最后消瘦骨立，衰竭而死。病程长短不一，短者 4～5 天，长者可达 70 多天，一般为 15～20 天。

【防　治】对疫场（或疫群）可采用以提纯副结核菌素变态反应为主要检疫手段，每年检疫 4 次，凡变态反应阳性而无临床症状的羊，立即隔离，并定期消毒；无临床症状但粪便检疫阳性或补体结合试验阳性者均扑杀。非疫区（场）应加强卫生措施。引进种羊应隔离检疫,无病才能入群。在感染羊群,接种副结核灭活疫苗,采取综合防治措施,可以使本病得到控制和逐步消灭。

3. 山羊伪结核

【病　原】 病原为假结核棒状杆菌或啮齿类假结核杆菌。不能形成芽孢,容易被杀死,在土壤中不能长期存活,但圈舍的环境有利于本菌的繁殖,因此羊群易发本病。

【传染途径】 主要通过伤口传染,尤其是在梳绒剪毛时易发,此外如脐带伤、打耳标等,都可成为细菌侵入的途径。

【症　状】 最常患病的部位在肩前、股前及头颈部的淋巴结。淋巴结肿胀,内含黄色的豆渣样物。有时发生在睾丸。当肺部患病时,引起慢性咳嗽,呼吸快而费力,咳嗽痛苦,鼻孔流出黏液或脓性黏液。

【诊　断】 主要根据检疫和特殊病灶做出诊断。

【预　防】 因为该病主要通过伤口感染,所以伤口要严格消毒,梳绒剪毛时受伤机会最大,对有病灶的羊最后梳剪,用具要经常消毒。处理假结核脓肿时,脓汁要消毒处理。

【治　疗】 外部脓肿切开排脓。在切开脓肿时,可能使病原入血,引起其他部分脓肿。但待自行破裂又容易造成脓肿扩大传染,所以最好是在即将破裂之前人工切开。破裂之前表现为胀肿显著变软,表面被毛脱落,局部皮肤发红。切开排脓清洗后,塞入吸有5%碘酊的纱布,一般1周即可痊愈。对内脏患病而出现全身症状者,一般治疗无效。

(七)蓝 舌 病

【病　原】 病原为蓝舌病病毒,病毒抵抗力很强,在50%甘油中可存活多年,对3%氢氧化钠溶液很敏感。已知本病毒有多种血清型,各型之间无交互免疫力。

【传染途径】 绵羊易感,牛和山羊的易感性较低。主要由各种库蠓昆虫传播。本病的分布与这些昆虫的分布、习性和生活史密切相关,因此呈严格的季节性。多发生于湿热的夏季和早秋。特别多见于池塘、河流多的低洼地区。在流行地区的牛也可能是急性感染或带毒牛。对本病来说,牛是宿主,库蠓是传播媒介,而绵羊是临床症状表现最严重的动物。

【症 状】 潜伏期为 3～8 天,病初体温升高达 40.5℃～41.5℃,稽留热 5～6 天。表现厌食、委顿、流涎,口唇水肿延到面部和耳部,甚至颈部和腹部。口腔黏膜充血,后发绀,呈青紫色。在发热几天后,口腔连同唇、根、颊、舌黏膜糜烂,致使吞咽困难;随着病情的发展,在溃疡损伤部位渗出血液,唾液呈红色,口腔发臭。鼻流炎性、黏液性分泌物,鼻孔周围结痂,引起呼吸困难和鼾声。有时蹄冠、蹄叶发生炎症,触之敏感,呈不同程度跛行。甚至膝行或卧地不动。病羊消瘦、衰弱,有的便秘或腹泻,有时腹泻带血,早期有白细胞减少症。病程一般为 6～14 天,发病率一般为 30%～40%,病死率 2%～3%,有时高达 90%,患病不死的经 10～15 天症状消失。6～8 周后蹄部恢复。妊娠 4～8 周的母羊受感染时,其羔羊约有 20%发育缺陷,如脑积水、小脑发育不足、回沟过多等。

【诊 断】 根据典型症状和病变可以做临床诊断。也可进行血清学诊断,方法有补体结合试验、中和试验、琼脂扩散试验、直接和间接荧光抗体技术、酶标记抗体法、核酸电泳分析与核酸探针检验等,其中以琼脂扩散试验较为常用。

【防 制】 对病羊要精心护理,给以易消化的饲料,每天用温和的消毒液冲洗口腔和蹄部,必须注意病羊的营养状态。预防继发感染,可用磺胺药或抗生素,有条件的地区或单位,发现病羊或分离出病毒的阳性羊予以扑杀;血清学阳性羊,要定期复检,限制其流动,就地饲养使用,不能留作种用。

(八)羊口疮

【病 原】 病原为滤过性口疮病毒。其形态与羊痘病毒相似。病痂内的病毒在炎热的夏季经过 30～60 天即失去传染力,但在秋、冬季节散播在土壤里的病毒，到翌年春季仍有传染性。

【传染途径】 主要传染源是病羊，通过接触传染。也可经污染的羊舍、草场、草料、饮水和用具等感染。传染的门户是损伤的皮肤和黏膜。

【症　状】 主要发生于两侧口角部、上下唇的内外面、齿龈、舌尖表面及硬腭等处，少数见于鼻孔及眼部。病初口角或上、下唇的内外侧充血，出现散在的红疹。随着红疹数目逐渐增加，患部肿大，并形成脓疱。经2～4日，红疹全部变为脓疱。脓疱迅速破裂，形成溃疡，而后形成一层灰褐色痂块。痂块逐渐增大，结成黑色赘疣状的痂块，摸起来极为坚硬。如剥除痂块，疮面凹凸不平，容易出血。延及到舌面、齿龈及硬腭的病变，常常烂成一片，但不经过结痂过程。

【诊　断】 羔羊发病率高而严重，传染迅速。患病局限于唇部的为多数。病变特点是形成疣状结痂，痂块下的组织增生呈桑葚状。

【防　治】 定期注射口疮疫苗。用0.1%高锰酸钾溶液清洗，10～15天即可痊愈。

（九）羊衣原体病

【病　因】 鹦鹉热衣原体属于衣原体科、衣原体属，革兰氏染色阴性。生活周期各期中其形态不同，染色反应亦异。姬姆萨氏染色，形态较小、具有传染性的原生小体被染成紫色，形态较大、无传染性的繁殖性初体被染成蓝色。受感染的细胞内可查见各种形态的包涵体，主要由原生小体组成，对疾病诊断有特异性。衣原体在一般培养基上不能繁殖，常在鸡胚和组织培养中能够增殖。小鼠和豚鼠具有易感性。鹦鹉热衣原体抵抗力不强，对热敏感，感染鸡胚卵黄囊中的衣原体在－20℃条件下可保存数年。0.1%甲醛、0.5%石炭酸、70%酒精、3%氢氧化钠均能将其灭活。衣原体对青霉素、四环素、红霉素等抗生素敏感，而对链霉素有抵抗力。对磺胺类药物，沙眼衣原体敏感，而鹦鹉热衣原体则有抗药性。

【流行特点】 鹦鹉热衣原体可感染多种动物，但常为隐性经过。

家畜中以羊、牛较为易感，禽类感染后称为“鹦鹉热”或“鸟疫”。许多野生动物和禽类是本菌的自然宿主。患病动物和带菌动物为主要传染源，可通过粪便、尿液、乳汁、泪液、鼻分泌物以及流产的胎衣、羊水污染水源、饲料及环境。本病主要经呼吸道、消化道及损伤的皮肤、黏膜感染；也可通过交配或用患病公畜的精液人工授精而感染，子宫内感染也有可能；蜱、螨等吸血昆虫叮咬也可能传播本病。本病一般呈散发性或地方性流行。密集饲养、营养缺乏、长途运输或迁徙、寄生虫侵袭等应激因素可促进本病的发生、流行。

【症　状】 羊常表现以下几型。

(1)流产型 流产多发生于妊娠期最后1个月，病羊流产、死产和产出弱羔，胎衣往往滞留，排流产分泌物可达数日之久。流产过的母羊一般不再流产。

(2)关节炎型 主要发生于羔羊，引起多发性关节炎。病羔体温升至41℃～42℃，食欲废绝，离群，肌肉僵硬、疼痛，一肢或四肢跛行，有的则长期侧卧，体重减轻，并伴有滤泡性结膜炎，病程2～4周。羔羊痊愈后对再感染有免疫力。

(3)结膜炎型 主要发生于绵羊特别是羔羊，单眼或双眼均可发生。病眼流泪，结膜充血、水肿，角膜混浊，有的出现血管翳，甚至糜烂、溃疡或穿孔，一般经2～4天开始愈合。数日后，在瞬膜和眼睑上形成1～10毫米的淋巴样滤泡。部分病羔发生关节炎、跛行。病程一般6～10天或数周。

【病理变化】

(1)流产型 流产动物胎膜水肿、增厚，胎盘子叶出血、坏死；流产胎儿苍白、贫血、皮下水肿，皮肤和黏膜有点状出血，肝脏充血。组织学检查，胎儿肝脏、肺脏、肾脏、心肌和骨骼肌有弥漫性和局灶性网状内皮细胞增生。

(2)关节炎型 关节囊扩张，发生纤维素性滑膜炎。关节囊内集聚有炎性渗出物，滑膜附有疏松的纤维素性絮片。患病数周的关节滑膜层由于绒毛样增生而变粗糙。

(3)结膜炎型　眼观病变和临床所见相同，组织学变化限于结膜囊和角膜，疾病早期，结膜上皮细胞的胞浆里先出现衣原体的繁殖型初体，然后可见感染型原生小体，滤泡内淋巴细胞增生。

【诊　断】

(1)病原学检查

①病料采集　采集血液、脾脏、肺脏和气管分泌物、肠黏膜及肠内容物、流产胎儿及流产分泌物、关节滑液、脑脊髓组织等作为病料。

②染色镜检　病料涂片或感染鸡胚多日黄液抹片，姬姆萨氏染色镜检，可发现圆形或卵圆形的病原颗粒，革兰氏染色阴性。

③分离培养　将病料悬液0.2毫升接种于孵化5～7天的鸡胚卵黄囊内，感染鸡胚常于5～12天死亡，胚胎或卵黄囊表现充血、出血。取卵黄囊抹片镜检，可发现大量原生小体。有些衣原体菌株则需盲传几代，方能检出原生小体。

④动物接种试验　经脑内、鼻腔或腹腔途径将病料接种于SPF小鼠或豚鼠，进行衣原体的增殖和分离。

(2)血清学试验、补体结合试验、中和试验、免疫荧光试验　本病的症状与布鲁氏菌病、弯曲菌病、沙门氏菌病等疾病相似，如需鉴别，可采用病原学检查和血清学试验。

【防　治】　加强饲养、卫生管理，消除各种诱发因素，防止寄生虫侵袭，避免羊群与鸟类接触，杜绝病原体传入。国内外已研制出用于绵羊、山羊的衣原体疫苗，可用做免疫接种。发生本病时，流产母羊及其所产羔羊应及时隔离。流产胎盘及排出物及时销毁。污染的圈舍、场地等环境用2%氢氧化钠溶液、5%来苏儿溶液彻底消毒。

肌内注射青霉素，每次160万～320万单位，1日2次，连用3天。也可将四环素类抗生素混于饲料，连用1～2周。

三、羊寄生虫病防治技术

(一)螨　病

螨病是羊的一种慢性寄生性皮肤病,由疥螨和痒螨寄生在体表而引起,短期内可引起羊群严重感染,危害严重。

【病　原】 疥螨寄生于皮肤角化层下,虫体在隧道内不断发育和繁殖。成虫体长 0.2～0.5 毫米,肉眼不易看见。痒螨寄生在皮肤表面,虫体长 0.5～0.9 毫米,长圆形,肉眼可见。

【症　状】 病初,虫体刺激神经末梢,引起剧痒,羊不断在圈墙、栏柱等处摩擦;在阴雨天气、夜间、通风不好的圈舍会随着病情的加重,痒觉表现更加剧烈,继而皮肤出现丘疹、结痂、水疱,甚至脓疮;后形成痂皮和龟裂。特别是绵羊患疥螨病时,病变主要局限于头部,病变处如干涸的石灰。患部有大片被毛脱落。患羊因终日啃咬和摩擦患部,烦躁不安,影响采食和休息,日渐消瘦,最终可极度衰竭而死亡。

【发病特点】 主要发生于冬季和秋末春初。疥螨病一般始于羊皮肤柔软且短毛的部位,如嘴唇、口角、鼻面、眼圈及耳根部,以后皮肤炎症逐渐向周围蔓延;痒螨病则起始于被毛稠密和温度、湿度比较恒定的皮肤部分,如绵羊多发生于背部、臀部及尾根部,以后才向体侧蔓延。

【防　治】 涂药疗法适合于病羊数量少,患部面积小,并可在任何季节使用,但每次涂擦面积不得超过体表的 1/3。涂药用克辽林擦剂(克辽林 1 份、软肥皂 1 份、酒精 8 份,调合即成)、5%敌百虫溶液(来苏儿 5 份,溶于温水 100 份中,再加入 5 份敌百虫配成)。药浴疗法适用于病羊数量多且气候温暖的季节,药浴液用 0.5%～1%敌百虫水溶液,0.05%辛硫磷乳油水溶液。

(二)肠道线虫病

【病　因】 羊通过采食被污染的牧草或饮水感染。

【症　状】 羊消化道线虫感染的临床症状以贫血、消瘦、腹泻与便秘交替和生产性能降低为主要特征。表现为结膜苍白、下颌间和下腹部水肿,便稀或便秘,体质瘦弱,严重时造成死亡。

【预　防】 加强饲养管理及卫生消毒工作。进行计划性驱虫。进行药物预防。可用噻苯达唑进行药物预防。

【治　疗】 丙硫咪唑,按 5～20 毫克/千克体重口服。吩噻唑,按 0.5～1.0 毫克/千克体重,混入稀面糊中或用面粉做成丸剂使用。噻苯达唑,按 50～100 毫克/千克体重口服。对成虫和未成熟虫体都有良好的效果。驱虫净,按 10～15 毫克/千克体重,配成 5%的水溶液灌服。

(三)绦虫病

本病分布很广,能引起羔羊发育不良,甚至死亡。

【病　原】 本病的病原为绦虫,比较常见的有扩展莫尼茨绦虫和贝氏莫尼茨绦虫。是一种长带状、有许多扁平体节的蠕虫,寄生在羊的小肠中,羊放牧时吞食含有绦虫卵的地螨会引起感染。

【症　状】 感染绦虫的病羊一般表现为食欲减退、饮欲增加、精神不振、虚弱、发育迟滞,严重时病羊腹泻,粪便中混有成熟绦虫节片,病羊迅速消瘦、贫血,有时出现回旋运动或头部后仰的神经症状,有的病羊因虫体成团引起肠阻塞产生腹痛甚至肠破裂,因腹膜炎而死亡。后期经常做咀嚼运动,口周围有许多泡沫,最后死亡。

【预　防】 采取圈养方式,以免羊吞食地螨而感染。避免在低湿地放牧,尽可能地避免在清晨、黄昏和雨天放牧,以减少感染。定期驱虫,舍饲改放牧前对羊群驱虫,放牧 1 个月内第二次驱虫,1 个月后第三次驱虫。驱虫后的粪便要及时集中堆积发酵或沤肥,至少

2～3 个月才能杀灭虫卵。经过驱虫的羊群，不要到原地放牧，及时转移到安全牧场，可有效地预防绦虫病的发生。

【治　疗】 丙硫咪唑，15～20 毫克/千克体重，内服；苯硫咪唑，60～70 毫克/千克体重，内服；硝氯酚，3～4 毫克/千克体重，内服（肝片吸虫病）；三氯苯唑（肝蛭净），10～12 毫克/千克体重，内服（肝片吸虫病）；硫溴酚（蛭得净），10～12 毫克/千克体重，内服（肝片吸虫病）；氯硝柳胺，75～80 毫克/千克体重，内服（前后盘吸虫）。

（四）焦虫病

【病　原】 焦虫病是由蜱传播的，这种病是一种季节性很强的地方性流行病。

【症　状】 病羊精神沉郁，食欲减退或废绝，体温升高至 40℃～42℃，呈稽留热型。呼吸促迫，喜卧地。反刍及胃肠蠕动减弱或停止。初期便秘，后期腹泻，粪便带血丝。羊尿浑浊或血尿。可视黏膜充血、部分有眼屎，继而出现贫血和轻度黄疸，中后期病羊高度贫血、血液稀薄，结膜苍白。肩前淋巴结肿大，有的颈下、胸前、腹下及四肢发生水肿。

【预　防】 在秋、冬季节，应搞好圈舍卫生，消灭越冬硬蜱的幼虫；春季刷拭羊体时，要注意观察和抓蜱。可向羊体喷洒敌百虫。加强检疫，不从疫区引进羊，新引进羊要隔离观察，严格把好检疫关。在流行地区，于发病季节前，每隔 15 天用三氮脒预防注射 1 次，按 2 毫克/千克体重配成 7%水溶液肌内注射。

【治　疗】 贝尼尔（三氮脒，血虫净），3.5～3.8 毫克/千克，配成 5%水溶液，分点深部肌内注射，1～2 天 1 次，连用 2～3 次；阿卡普啉（硫酸喹琳脲），0.6～1 毫克/千克，配成 5%水溶液，分 2～3 次间隔数小时皮下或肌内注射，每天 1 次，连用 2～3 天；对症治疗，强心、补液、缓泻、灌肠等。

（五）羊鼻蝇蛆病

是羊鼻蝇幼虫寄生在羊的鼻腔或额窦里，并引起慢性鼻炎的一种寄生虫病。

【症　状】　患羊表现为精神委靡不振，可视黏膜淡红，鼻孔有分泌物，摇头、打喷嚏，运动失调，头弯向一侧旋转或痉挛、麻痹，听、视力降低，后肢举步困难，有时站立不稳，跌倒而死亡。

【发病特点】　羊鼻蝇成虫多在春、夏、秋季出现，尤以夏季为多。成虫在6～7月份开始接触羊群，雌虫在牧地、圈舍等处乱飞，钻入羊鼻孔内产幼虫。经3期幼虫阶段发育成熟后，幼虫从深部逐渐爬向鼻腔，当患羊打喷嚏时，幼虫被喷出，落于地面，钻入土中或羊粪堆内化为蛹，经1～2个月后成蝇。雌、雄交配后，雌虫又侵袭羊群再产幼虫。

【防　治】　用1%～2%敌百虫5～10毫升注入鼻腔，或用长针头穿刺骨泪泡，注入1%敌百虫水溶液20毫升，或做颈部皮下注射。

四、羊常见内科病防治技术

（一）食管阻塞

食管阻塞是羊食管被草料或异物所堵塞，以咽下障碍为特征的疾病。

【病　因】　由于过度饥饿的羊吞食了过大的块状饲料，未经咀嚼而吞咽，阻塞于食管而造成。

【症　状】　突然发生，病羊采食停止，头颈伸直，伴有吞咽和作呕动作，或因异物吸入气管，引起咳嗽。当阻塞物发生在颈部食管时，局部突起，形成肿块，手触可感觉到异物形状；当发生在胸部食管时，病羊疼痛明显，可继发瘤胃臌气。

【防　治】 阻塞物塞于咽或咽后时，保定好病羊，装上开口器，用手直接掏取，或用铁丝圈套取。阻塞物在近贲门部时，可先将2%普鲁卡因溶液5毫升、液状石蜡30毫升混合，用胃管送至阻塞物部位，然后再用硬质胃管推送阻塞物进入瘤胃。当阻塞物易碎、表面圆滑且阻塞于颈部食管时，可在阻塞物两侧垫上布鞋底，将一侧固定，在另一侧用木槌打砸，使其破碎，从而进入瘤胃。

（二）前胃弛缓

前胃弛缓是前胃兴奋性和收缩力降低的疾病。

【病　因】 原发于长期饲喂粗硬难以消化的饲草。突然改变饲养方法，供给精饲料过多，运动不足；饲料品质不良，霉败冰冻，虫蛀染毒；长期饲喂单调、缺乏刺激性的饲料，继发于瘤胃臌气、瘤胃积食、肠炎等其他疾病等。

【症　状】 急性前胃弛缓表现食欲废绝，反刍停止，瘤胃蠕动力量减弱或停止；瘤胃内容物腐败发酵，产生多量气体，左腹增大，叩触不坚实。慢性前胃弛缓表现病羊精神沉郁，倦怠无力，喜卧地；被毛粗乱；体温、呼吸、脉搏无变化，食欲减退，反刍缓慢；瘤胃蠕动力量减弱，次数减少。诊断中必须区别该病是原发性还是继发性。

【防　治】 首先应消除病因，采用饥饿疗法，或禁食2～3次，然后供给易消化的饲料等。治疗：先投泻剂，兴奋瘤胃蠕动，防腐止酵。成年羊可用硫酸镁20～30克或人工盐20～30克、液状石蜡100～200毫升、番木鳖酊2毫升、大黄酊10毫升，加水500毫升，一次灌服。10%氯化钠注射液20毫升、生理盐水100毫升、10%氯化钙注射液10毫升，混合后一次静脉注射。也可用酵母粉10克、红糖10克、酒精10毫升、陈皮酊5毫升，混合加水适量，灌服。瘤胃兴奋剂，可用2%毛果芸香碱注射液1毫升，皮下注射。防止酸中毒，可灌服碳酸氢钠10～15克。

（三）瘤胃积食

瘤胃积食是瘤胃充满多量饲料，致使胃体积增大，食糜滞留在瘤胃引起严重消化不良的疾病。

【病　因】 羊吃了过多的质量不良、粗硬易膨胀的饲料，如块根类、豆饼、霉败饲料等，或采食干料而饮水不足等。当前胃弛缓、瓣胃阻塞、创伤性网胃炎、腹膜炎、真胃炎、真胃阻塞等也可导致瘤胃积食的发生。

【症　状】 发病较快，采食、反刍停止，病初不断嗳气，随后嗳气停止，腹痛摇尾，或后蹄踏地，拱背，咩叫，病后期精神委靡，病羊呆立，不吃、不反刍，鼻镜干燥，耳根发凉，口出臭气，有时腹痛用后蹄踢腹，排便量少而干黑，左肷窝部臌胀。

【防　治】 应消导下泻，止酵防腐，纠正酸中毒，健胃，补充体液。消导下泻，可用液状石蜡 100 毫升、人工盐 50 克或硫酸镁 50 克、芳香氨酯 10 毫升，加水 500 毫升，一次灌服。解除酸中毒，可用 5%碳酸氢钠注射液 100 毫升灌入输液瓶，另加 5%葡萄糖注射液 200 毫升，静脉一次注射，或用 11.2%乳酸钠注射液 30 毫升，静脉注射。为防止酸中毒，可用 2%石灰水洗胃。洗胃后灌服健康羊的瘤胃液体，或食醋 100～200 毫升，一次灌服。

（四）急性瘤胃臌气

急性瘤胃臌气是羊胃内饲料发酵，迅速产生大量气体导致的疾病。多发生于春末夏初放牧的羊群。

【病　因】 羊吃了大量易发酵的饲料而致病。采食霜冻饲料、酒糟或霉败变质的饲料，也易发病；冬、春两季给妊娠母羊补饲，羊抢食过量可发生瘤胃臌气；秋季绵羊易发肠毒血症，也可出现急性瘤胃臌气；每年剪毛季节若发生肠扭转也可致瘤胃臌气。

【症　状】 初期病羊表现不安，回顾腹部，拱背伸腰，肷窝突起，有时左、右肷窝向外突出高于髋关节或背中线；反刍和嗳气停止。黏膜发绀，心律增快，呼吸困难，严重者张口呼吸，步态不稳，如不及时治疗，可迅速发生窒息或心脏停搏而死亡。

【防　治】 采取胃管放气，防腐止酵，清理胃肠。可插入胃导管放气，缓解腹压；或用5%碳酸氢钠溶液1 500毫升洗胃，以排出气体及胃内容物。用液状石蜡100毫升、鱼石脂2克、酒精10毫升，加水适量，一次灌服，或用氧化镁30克，加水300毫升，或用8%氢氧化镁混悬液100毫升灌服。必要时可行瘤胃穿刺放气，方法是在左肷部剪毛、消毒，然后用兽用16号针头刺破皮肤，插入瘤胃放气。在放气中要紧压腹壁使之紧贴瘤胃壁，边放气边下压，以防胃液漏入腹腔引起腹膜炎。

（五）瓣胃阻塞

瓣胃阻塞又称瓣胃秘结，在中兽医称为"百叶干"，是由于羊瓣胃收缩力量减弱，食糜排出不充分，通过瓣胃的食糜积聚，充满于瓣叶之间，水分被吸收，内容物变干而致病。其临床特征为瓣胃容积增大、坚硬，腹部胀满，不排粪便。

【病　因】 本病主要是由于饲喂过多秕糠、粗纤维饲料而饮水不足所引起；或饲料和饮水中混有过多泥沙，使泥沙混入食糜，沉积于瓣胃瓣叶之间而发病。

瓣胃阻塞还可继发于前胃弛缓、瘤胃积食、皱胃阻塞和皱胃与腹膜粘连等疾病。

【症　状】 病的初期与前胃弛缓症状相似，瘤胃蠕动减弱，瓣胃蠕动消失，可继发瘤胃臌气和瘤胃积食。排便干少，色泽暗黑，后期排粪停止。触压病羊右侧7～9肋间肩关节水平线，羊表现痛苦不安，有时可以在右肋骨弓下摸到阻塞的瓣胃。如病程延长，瓣胃小叶发炎或坏死，常可继发败血症，可见病羊体温升高，呼吸和脉搏加快，全身衰弱，卧地不起，最后死亡。

【诊　断】 根据病史和临床表现，如病羊不排便，瓣胃区敏感，瓣胃区扩大、坚硬等，即可确诊。

【预　防】 避免给羊过多饲喂秕糠和坚韧的粗纤维饲料，防止导致前胃弛缓的各种不良因素。注意运动和饮水，增进消化功能，防止本病的发生。

【治　疗】 病的初期可用硫酸钠或硫酸镁 80～100 克，加水 1 500～2 000 毫升，一次内服；或液状石蜡 500～1 000 毫升，一次内服。同时静脉注射促反刍注射液 200～300 毫升，增强前胃神经兴奋性，促进前胃内容物的运转与排除。

对顽固性瓣胃阻塞，可用瓣胃注射疗法。具体方法是，在右侧第九肋间隙和肩关节水平线交界处，选用 12 号 7 厘米长针头，向对侧肩关节方向刺入约 4 厘米深，刺入后可先注入 20 毫升生理盐水，感到有较大压力，并有草渣流出，表明已刺入瓣胃，然后注入 25%硫酸镁溶液 30～40 毫升、液状石蜡 100 毫升(交替注入)，于第二日再注射 1 次。瓣胃注射后，可用 10%氯化钙注射液 10 毫升、10%氯化钠注射液 50～100 毫升、5%糖盐水 150～300 毫升，混合一次静脉注射。待瓣胃松软后，皮下注射 0.1%氨甲酰胆碱注射液 0.2～0.3 毫升，兴奋胃肠运动功能，促进积聚物排出。

内服中药，大黄 9 克、枳壳 6 克、牵牛子 9 克、玉片 3 克、当归 12 克、白芍 2.5 克、番泻叶 6 克、千金子 3 克、栀子 2 克煎水，一次内服。

(六)真胃阻塞

真胃阻塞是真胃内积满多量食糜，使胃壁扩张，体积增大，胃黏膜及胃壁发炎，食糜不能进入肠道所致。

【病　因】 因羊的消化功能紊乱，胃肠分泌、蠕动功能降低造成；或者因长期饲喂细碎的饲料；也见于因迷走神经分支损伤，创伤性网胃炎使肠与真胃粘连，幽门痉挛，幽门被异物或毛球阻塞等所致。

【症　状】 病程较长，初期似前胃弛缓症状，病羊食欲减退，排便量少，以至停止排便，粪便干燥，其上附有多量黏液或血丝；右腹真胃区增大，病胃充满液体，冲击真胃可感觉到坚硬的真胃体。

【防　治】 先给病羊输液，可试用25%硫酸镁溶液50毫升、甘油30毫升、生理盐水100毫升，混合做真胃注射；10小时后，可选用胃肠兴奋剂，如氨甲酰胆碱注射液，少量多次皮下注射。

（七）胃肠炎

胃肠炎是胃肠黏膜及其深层组织的出血性或坏死性炎症。

【病　因】 采食了大量冰冻或发霉的饲草、饲料，或饲料中混有化肥或具有刺激性的药物也可致病。

【症　状】 病羊食欲废绝，口腔干燥发臭，舌面覆有黄白苔，常伴有腹痛。肠音初期增强，以后减弱或消失，不断排稀便或水样粪便，气味腥臭或恶臭，粪中混有血液及坏死的组织片。由于腹泻，可引起脱水。

【防　治】 口服磺胺脒4～8克、小苏打3～5克；或用青霉素40万～80万单位、链霉素50万单位，一次肌内注射，连用5天。脱水严重的输液，可用5%葡萄糖注射液150～300毫升、10%樟脑磺酸钠注射液4毫升、维生素C注射液100毫克混合，静脉注射，每日1～2次。亦可用土霉素或四环素0.5克，溶解于生理盐水100毫升中，静脉注射。

（八）瘤胃酸中毒

羊喂精饲料可增膘，但精、粗比例失调，精饲料（如玉米、蚕豆、豌豆、大麦、稻谷、麸皮等）喂量过多就会适得其反，致羊瘤胃酸中毒。在临床实践中，在有效地消除病因的基础上，采取综合治疗措施，可取得良好的疗效。

【症　状】 羊瘤胃酸中毒，急性发作病羊，一般喂料前食欲、泌乳正常，喂料后羊不愿走动，行走时步态不稳，呼吸急促、气喘，心跳增速，常于发病后3～5小时内死亡。死前张口吐舌，甩头蹬腿，高声咩叫，从口内流出泡沫样含血液体。发病较缓病羊，病初兴奋甩头，后转为沉郁，食欲废绝，目光无神，眼结膜充血，眼窝下陷，呈现严重脱水症状；部分母羊产羔后瘫痪卧地、呻吟、流涎、磨牙、眼睑闭合，呈昏睡状态，左腹部臌胀、用手触之，感到瘤胃内容物较软，犹如面团，多数病羊体温正常，少数病羊发病初期或后期体温稍有升高。大部分病羊表现口渴，喜饮水，尿少或无尿，并伴有腹泻症状。

【预　防】　羊瘤胃酸中毒最有效的预防方法是精饲料（特别是谷物类饲料）喂量不可超过各类羊的饲养标准，对易于发病的产前、产后母羊或哺乳母羊，应多喂品质优良的青粗饲料，混合精料喂量每顿不宜超过 250～500 克，对急需补喂多量精饲料增膘或催奶的母羊，日粮中可按补喂精饲料总量混合 2%碳酸氢钠饲喂。

【治　疗】

静脉注射生理盐水或 5%葡萄糖氯化钠注射液 500～1 000 毫升。

静脉注射 5%碳酸氢钠注射液 20～30 毫升。

肌内注射抗生素类药物。

当患羊表现兴奋、甩头等症状时，可用 20%甘露醇注射液或 25%山梨醇注射液 25～30 毫升给羊静脉滴注，使羊安静。

当患羊中毒症状减轻，脱水症状缓解，但仍卧地不起时，可静脉注射 10%葡萄糖酸钙注射液 20～30 毫升。

五、羊产科病防治技术

（一）流　产

流产又称为妊娠中断，是指由于胎儿或母体的生理过程发生紊乱，或它们之间的正常关系受到破坏而导致的妊娠中断。

【病因及分类】　流产的类型极为复杂，可以概括为 3 类，即传染性流产、寄生虫性流产和普通流产(非传染性流产或散发性流产)。

(1)传染性和寄生虫性流产 主要是由布鲁氏菌、沙门氏菌、绵羊胎儿弯曲菌、衣原体、支原体、边界病及寄生虫等传染病引起的流产。这些传染病往往是侵害胎盘及胎儿引起自发性流产,或以流产作为一种症状,而发生症状性流产。

(2)普通流产(非传染性流产) 普通流产又有自发性流产和症状性流产。自发性流产主要是胚胎或胎盘胎膜异常导致的流产,是由内因引起;症状性流产主要是由于饲养管理不当,损伤及医疗错误引起的流产,属于外因造成的流产。

【诊　断】 引起流产的原因是多种多样的,各种流产的症状也有所不同。除了个别病例的流产在刚一出现症状时可以试行抑制以外,大多数流产一旦有所表现,往往无法阻止。尤其是群牧羊只,流产常常是成批的,损失严重。因此在发生流产时,除了采用适当治疗方法,以保证母羊及其生殖道的健康外,还应对整个羊群的情况进行详细调查分析,观察排出的胎儿及胎膜,必要时采样,进行实验室检查,尽量做出准确的诊断,然后提出有效的预防措施。

调查材料应包括饲养放牧条件及制度;管理及生产情况,是否受过伤害、惊吓,流产发生的季节及天气变化;母羊是否发生过普通病、羊群中是否出现过传染性及寄生虫性疾病;以及治疗情况如何,流产时的妊娠月份,母羊的流产是否带有习惯性等。

对排出的胎儿及胎膜,要进行细致观察,注意有无病理变化及发育异常。在普通流产中,自发性流产表现有胎膜异常及胎儿畸形;霉菌中毒可以使羊膜发生水肿、皮革样坏死,胎盘水肿、坏死并增大。由于饲养管理不当、损伤及母羊疾病、医疗事故引起的流产,一般都看不到明显变化。有时正常出生的胎儿,胎膜上出现有钙化斑等异常变化。

传染性及寄生虫性的因素引起的流产,胎膜及(或)胎儿常有病理变化。例如,因布鲁氏菌病引起的流产胎膜及胎盘上常有棕黄色黏脓性分泌物,胎盘坏死、出血,羊膜水肿并有皮革样的坏死区;胎儿水肿，胸腹腔内有淡红色的浆液等。上述流产常发生胎衣不下。具有这些病理变化时，应将胎儿(不要打开，以免污染)、胎膜以及子宫或阴道分泌物送实验室检验，有条件时应对母羊进行血清学检查。症状性流产，胎膜及胎儿没有明显的病理变化。对于传染性的自发性流产，应将母羊的后躯及所污染的地方彻底消毒，并将母羊隔离饲养。

【预 防】 加强饲养管理，增强母羊营养，除去造成母羊流产的因素是预防的关键。当发现母羊有流产预兆时，应及时采取制止阵缩及努责的措施，可注射镇静药物，如苯巴比妥、水合氨醛、黄体酮等进行保胎。用疫苗进行免疫，特别是对可引起流产的传染病适时注射相关疫苗。

制定一个生物安全方案，引进的羊群在归群之前，隔离 1 个月；保持好的身体状况，提供充足的饲料，高质量的维生素、矿物质盐混合物，储备一些能量和蛋白质，以备紧急情况下使用；在流行地区分娩前 4 个月和 2 个月，分别免疫衣原体和弧菌病(可能还有其他疾病)疫苗，如果以前免疫过，免疫 1 次即可；妊娠期间，饲喂四环素(200～400 毫克/天)，将药物混在预混料中添加。

避免羊与牛和猪接触，饲料和饮水不被粪尿污染，不要将饲料放到地上，减少鼠、鸟和猫的数量。发生流产后，立即将胎儿的样品(包括胎盘)送往实验室检查。发生流产后立即做诊断、处理流产组织，隔离流产母羊，治疗其他羊只，使羊群尽量生活在一个干净、应激少、宽松的环境。

【治 疗】 首先应确定造成流产的原因以及能否继续妊娠，再根据症状确定治疗方案。

(1)先兆流产 妊娠母羊出现腹痛、起卧不安、呼吸脉搏加快等临床症状，即可能发生流产。处理的原则为安胎，使用抑制子宫收缩药，可采用以下措施。

肌内注射孕酮，10～30 毫克，每日或隔日 1 次，连用数次。为防止习惯性流产，也可在妊娠的一定时间使用孕酮。还可注射 1%硫酸阿托品1～2毫升。同时，要给以镇静剂，如溴剂等。此时禁止进行阴道检查，以免刺激母羊。

如经上述处理，病情仍未稳定下来，阴道排出物继续增多，起卧不安加剧；即进行阴道检查，如子宫颈口已经开放，胎囊已进入阴道或已破水，流产已难避免，应尽快促使子宫排出内容物，以免死亡胎儿腐败引起母羊子宫内膜炎，影响以后的繁殖性能。

如子宫颈口已经开大，可用手将胎儿拉出。流产时，胎儿的位置及姿势往往反常，如胎儿已经死亡，矫正遇有困难，可行截胎术；如子宫颈口开张不大，手不易伸入，可参考人工引产法，促使子宫颈开放，并刺激子宫收缩，对于早产胎儿，如有吮乳反射，可尽量加以挽救，帮助吮乳或人工喂奶，并注意保暖。

(2)延期流产 如胎儿发生干尸化，可先用前列腺素或类似物制剂，前列腺素肌内注射0.5毫克或氯前列烯醇肌内注射0.1毫克；继之或同时应用雌激素，溶解黄体并促使子宫颈扩张。同时，因为产道干涩，应在子宫及产道内涂以润滑剂，以便子宫内容物易于排出。

对于干尸化胎儿，由于胎儿头颈及四肢蜷缩在一起，且子宫颈开放不大，必须用一定力量或预先截胎才能将胎儿取出。

如胎儿浸溶，软组织已基本液化，须尽可能将胎骨逐块取净。分离骨骼有困难时，须根据情况先将它破坏后再取出。操作过程中，术者须防自已受到感染。

取出干尸化及浸溶胎儿后，因为子宫中留有胎儿的分解组织，必须用消毒液或5%～10%盐水等冲洗子宫，并注射子宫收缩药，促使液体排出。对于胎儿浸溶，因为有严重的子宫炎及全身变化，必须在子宫内放入抗生素，并重视全身抗生素治疗，以免造成不育。

(二)难　产

难产的发病原因比较复杂，基本上可以分为普通病因和直接病因两大类。普通病因指通过影响母体或胎儿而使正常的分娩过程受阻，主要包括遗传因素、环境因素、内分泌因素、饲养管理因素、传染性因素及外伤因素等；直接病因指直接影响分娩过程的因素。由于分娩的正常与否主要取决于产力、产道及胎儿3个方面，因此难产按其直接原因可分为产力性难产、产道性难产及胎儿性难产3类，其中前两类又可合称为母体性难产。

1. 助产的基本原则　在手术助产时，必须重视以下基本原则。

(1)及早发现，果断处理　当发现难产时，应及早采取助产措施。助产越早，效果越好。难产病例均应做急诊处理，手术助产越早越好，尤其是剖宫产术。

(2)术前检查，拟订方案　术前检查必须周密细致，根据检查结果，结合设备条件，慎重考虑手术方案。

(3)正确助产　如果胎膜未破，最好不要弄破胎膜进行助产。如胎儿的姿势、方向、位置复杂时，就需要将胎膜穿破，及时进行助产。在胎膜破裂时间较长，产道变干，就需要注入液状石蜡或其他油类，以利于助产手术的进行。

(4)尽量保护母羊生殖道受到最小损伤　将刀子、钩子等尖锐器械带入产道时，必须用手保护好，以免损伤产道。进行手术助产时，所有助产动作都不要粗鲁。一般来说，只要不是胎儿过大或母体过度疲乏，仅仅需要将胎儿向内推，校正反常部分，即可自然产出。如果需要人力拉出，也应缓缓用力，使胎儿的拉出动作与自然产出一样。同时，重视发挥集体力量。

2. 助产准备

(1)术前检查　询问羊分娩的时间，是初产或经产，看胎膜是否破裂，有无羊水流出，检查全身状况。

(2)保定母羊　一般使羊侧卧，保持安静，前躯低、后躯稍高，以便于矫正胎位。

(3)消毒　对手臂、助产用具进行消毒；对阴门外周，用1∶5 000的新洁尔灭溶液进行清洗。

(4)产道检查　注意产道有无水肿、损伤、感染，产道表面干燥和湿润状态。

(5)胎位、胎儿检查 确定胎位是否正常，判断胎儿死活。胎儿正产时，手入阴道可摸到胎儿嘴巴、两前肢、两前肢中间夹着胎儿的头部；当胎儿倒生时，手入产道可摸到胎儿尾巴、臀部、后腿及脐动脉。以手指压迫胎儿，如有反应表示尚还存活。

(6)助产方法 常见难产部位有头颈侧弯、头颈下弯、前肢腕关节屈曲、肩关节屈曲、肘关节屈曲、胎儿下位、胎儿横向和胎儿过大等；可按不同的异常产位将其矫正，然后将胎儿拉出产道。多胎羊只，应注意怀羔数目，在助产中认真检查，直至将全部胎儿助产完毕，方可将母羊归群。

(7)剖宫产 子宫颈扩张不全或子宫颈闭锁，胎儿不能产出，或骨骼变形，致使骨盆腔狭窄，胎儿不能正常通过产道，在此情况下，可进行剖宫产术，急救胎儿，保护母羊安全。

(8)阵缩及努责微弱的处理 可皮下注射垂体后叶素、麦角碱注射液1～2毫升。必须注意，麦角制剂只限于子宫颈完全开张，胎势、胎位及胎向正常时使用，否则易引起子宫破裂。

羊怀双羔时，可遇到双羔同时各将一肢伸出产道，形成交叉。由此形成的难产，应分清情况，可触摸腕关节确定前肢，触摸踝关节确定后肢。确定难产羔羊体位后，可将一只羔羊的肢体推回腹腔，先整顺一只羔羊的肢体，将其拉出产道，再将另一只羔羊的肢体整顺拉出。切忌将两只羔羊的不同肢体，误认为同一只羔羊的肢体，施行助产。

3. 剖宫产术 剖宫产术是在发生难产时，切开腹壁及子宫壁从切口取出胎儿的手术。如果手术及时，则有可能同时救活母羊和胎儿。

无法纠正的子宫扭转，子宫颈管狭窄或闭锁，产道内有妨碍截胎的赘瘤或骨盆因骨折而变形，骨盆狭窄（手无法伸入）及胎位异常等情况下实施剖宫产术。但在有腹膜炎、子宫炎和子宫内有腐败胎儿，母羊因为难产时间长久而十分衰竭时，严禁进行剖宫产。

剖宫产术后，肌内注射青霉素，静脉注射5％糖盐水。必要时还应注射强心剂。保持术部的清洁，防止感染化脓。经常检查病羊全身状况，必要时应施症状疗法。如果伤口愈合良好，手术 10 天以后即可拆除缝合线；为了防止伤口裂开，最好先拆 1 针留 1 针，3～4 天后拆除其余缝线。

【预　后】 绵羊的预后比山羊好。手术进行越早，预后越好。

(三)胎衣不下

胎儿出生以后，母羊排出胎衣的正常时间，绵羊为 3.5(2～6)小时，山羊为 2.5(1～5)小时，如果在分娩后超过 14 小时胎衣仍不排出，即称为胎衣不下。

【病　因】 该病多因妊娠母羊饲养管理不当，饲料中缺乏矿物质、维生素，运动不足，体质瘦弱或过度肥胖，胎水过多，怀羔数过多，饮饲失调等，均可造成子宫收缩力量不够，使羔羊胎盘与母体胎盘粘在一起导致发病。此外，子宫炎、胎膜炎，布鲁氏菌病也可引起胎衣不下。发病的直接原因包括 2 大类。

(1)产后子宫收缩不足　子宫因多胎、胎水过多、胎儿过大以及持续排出胎儿而伸张过度；饲料的质量不好，尤其当饲料中缺乏维生素、钙盐及其他矿物质时，容易使子宫发生弛缓；妊娠期(尤其在妊娠后期)缺乏运动，往往会引起子宫弛缓，胎衣排出缓慢；分娩时母羊肥胖，可使子宫复旧不全，因而发生胎衣不下；流产和其他能够降低子宫肌肉和全身张力的因素，都能使子宫收缩不足。

(2)胎儿胎盘和母体胎盘发生愈合　患布鲁氏菌病的母羊常发生胎衣不下，其原因是由于妊娠中子宫内膜发炎，子宫黏膜肿胀，使绒毛固定在凹穴内，即使子宫有足够的收缩力，也不容易让绒毛从凹穴内脱出来；当胎膜发炎时，绒毛也同时肿胀，因而与子宫黏膜紧密粘连，即使子宫收缩，也不容易脱离。

【症　状】 胎衣不下有全部不下和部分不下。未脱下的胎衣经常垂吊在阴门外。病羊拱背，时常努责，有时由于努责剧烈胎衣在 14 小时以内全部排出，多半不会并发疾病。但若超过 1 天，则胎衣会发生腐败，尤其是天气炎热时腐败更快。胎衣腐败产物引起中毒，使羊的精神不振，食欲减少，体温升高，呼吸加快，泌乳降低或停止，阴道排出恶臭的分泌物。由于胎衣压迫阴道黏膜，可能使其发生坏死。此病往往并发败血症、破伤风或气肿疽，或者造成子宫或阴道的慢性炎症。如果羊只不死，一般在5～10天内，全部胎衣发生腐烂而脱落。山羊对胎衣不下的敏感性比绵羊大。

【诊　断】 病羊常表现弓腰、努责，食欲减退或废绝，精神较差，喜卧地，体温升高，呼吸及脉搏增快，胎衣久久滞留不下，可发生腐败，从阴门中流出黑红色腐败恶臭的恶露，其中掺杂有灰白色未腐败的胎衣碎片或脉管。当全部胎衣不下时，部分胎衣从阴门中垂露于跗关节部。

胎衣不下的母羊治疗不及时，往往并发子宫内膜炎，子宫颈炎、阴道炎等一系列生殖器官疾病，重者因并发败血症而死亡。产后发情及受胎时间延迟，甚至丧失受胎能力，有的受胎后容易流产，并发瘤胃弛缓、积食及臌胀等疾病。

【预　防】 加强妊娠羊的饲养管理：饲喂应不使妊娠羊过肥为原则，每天必须保证适当的运动。

【治　疗】 在产后14小时以内，可待其自行脱落。如果超过14小时，必须采取适当措施，因为这时胎衣已开始腐败，若再滞留子宫中，可引起子宫黏膜的严重发炎，导致不受胎，有时甚至引起败血症。病羊分娩后不超过24小时的，可应用垂体后叶素注射液、缩宫素注射液或麦角碱注射液0.8～1毫升，一次肌内注射。超过24小时的，应尽早采用以下方法进行治疗，绝不可强拉胎衣，以免扯断留在子宫内。

(1)手术剥离胎衣 先用消毒液洗净外阴部和胎衣，再用鞣酸酒精溶液冲洗和消毒术者手臂，并涂以消毒软膏，以免将病原菌带入子宫。如果手上有小伤口，必须预先涂搽碘酊，贴上胶布。用一只手握住胎衣，另一只手送入橡皮管，将0.01%高锰酸钾温溶液注入子宫。手伸入子宫，将绒毛膜从母体子叶上剥离下来。剥离时，由近及远。

先用中指和拇指捏挤子叶的蒂，然后设法剥离盖在子叶上的胎膜。为了便于剥离，事先可用手指捏挤子叶。剥离时应小心，因为子叶受到损伤时可以引起大量出血，并为微生物的进入开放门户，容易造成严重的全身症状。

(2)皮下注射缩宫素　羊的阴门和阴道较小，只有手小的人才能进行胎衣剥离。如果将手勉强伸入子宫，不但不易进行剥离操作，反而会损伤产道，故当手难以伸入时，只有皮下注射缩宫素1～3单位，间隔8～12小时，注射1～3次。如果配合用温的生理盐水冲洗子宫，收效更好。为了排出子宫中的液体，可以将羊的前肢提起。

(3)及时治疗败血症　如果胎衣长久停留，往往会发生严重的产后败血症。其特征是体温升高，食欲消失，反刍停止。脉搏细而快、呼吸快而浅；皮肤冰冷，尤其是耳朵、乳房和角根处。喜卧，对周围环境十分淡漠；从阴门流出污褐色恶臭的液体。遇到这种情况时，应及早进行治疗。

肌内注射抗生素。青霉素40万单位，每6～8小时1次，链霉素1克，每12小时1次。

静脉注射四环素。将四环素50万单位，加入5%葡萄糖注射液100毫升中注射，每天2次。

用1%冷食盐水冲洗子宫，排出盐水后向子宫注入青霉素40万单位，链霉素1克，每天1次，直至痊愈。

10%～25%葡萄糖注射液300毫升，40%乌洛托品注射液10毫升，静脉注射，每天1～2次，直至痊愈。

中药可用当归9克，白术6克，益母草9克，桃仁3克，红花6克，川芎3克，陈皮3克，共研细末，开水调，候温灌服。

结合临床表现，及时进行对症治疗，如给予健胃药、缓泻药、强心药等。

(四)生产瘫痪

生产瘫痪又称乳热病或低钙血症，是急性而严重的神经性疾病。

其特征为咽、舌、肠道和四肢发生瘫痪，失去知觉。此病主要见于成年母羊，发生于产前或产后数日内，偶尔见于妊娠的其他时期。山羊和绵羊均可患病，但以山羊比较多见。尤其在2～4胎的高产奶山羊，几乎每次分娩后都发病。

【病　因】 舍饲、产奶量高以及妊娠末期营养良好的羊只，如果饲料营养过于丰富，都可成为发病的诱因。由于血糖和血钙降低，变为低钙状态，而引起发病。

【症　状】 最初症状出现于分娩之后，少数的病例，见于妊娠末期和分娩过程。病羊表现为衰弱无力。病初全身抑郁，食量减少，反刍停止，后肢软弱，步态不稳，甚至摇摆。有的绵羊弯背低头，蹒跚走动。由于发生战栗和不能安静休息，呼吸加快。这些初期症状维持的时间通常很短，管理人员往往注意不到。此后羊站立不稳，在企图走动时跌倒。有的羊倒后起立很困难。有的不能起立，头向前伸直，不吃，停止排粪、排尿。皮肤对针刺的反应很弱。

图 9-1　生产瘫痪

少数羊知觉完全丧失，发生极明显的麻痹症状；张口伸舌，咽喉麻痹。针刺皮肤无反应。脉搏先慢而弱，后变快，勉强可以摸到；呼吸深而慢；病的后期常常用嘴呼吸，唾液随着呼气吹出，或从鼻孔流出食物。病羊常呈侧卧姿势，四肢伸直，头弯于胸部，体温逐渐下降，有时降至36℃；皮肤、耳朵和角根冰冷，很像将死状态（图9-1）。

有些病羊往往死于没有明显症状的情况下，例如有的绵羊在晚上表现健康，而次晨却见死亡。

【诊　断】 精确的诊断方法是分析血液样品。但由于产程很短，必须根据临床症状的观察进行诊断。乳房送风及注射钙剂疗效显著，也可作为本病的诊断依据。

【预　防】 ①喂给富含矿物质的饲料。单纯饲喂富含钙质的混合精饲料，似乎没有预防效果，同时给予维生素 D，则效果较好。②产前应保持适当运动，但不可运动过度，因为过度疲劳反而容易引起发病。③药物预防。对于习惯性发病的羊，于分娩之后，及早应用下列药物进行预防注射，5%氯化钙注射液 40～60 毫升，25%葡萄糖注射液 80～100 毫升，10%安钠咖注射液 5 毫升混合，一次静脉注射。

【治　疗】 静脉或肌内注射 10%葡萄糖酸钙注射液 50～100 毫升，或者应用下列处方：5%氯化钙注射液 60～80 毫升，10%葡萄糖注射液 120～140 毫升，10%安钠咖注射液 5 毫升混合，一次静脉注射。

乳房送风法：利用乳房送风器送风。没有乳房送风器时，可以用自行车的打气筒代替。送风步骤如下：使羊稍成仰卧姿势，挤出少量的乳汁。用酒精棉球擦净乳头，尤其是乳头孔。然后将煮沸消毒过的导管插入乳头孔中，通过导管打入空气，直到乳房中充满空气为止。用手指叩击乳房皮肤时有鼓响音，为充满空气的标志。在乳房的两侧都要注入空气。为了避免送入的空气外逸，在取出导管时，应用手指捏紧乳头，并用纱布绷带轻轻地扎住每一个乳头的基部。25～30 分钟后将绷带取掉。将空气注入乳房各叶以后，轻轻按摩乳房数分钟。然后使羊四肢蜷曲伏卧，并用草束摩擦臀部、腰部和胸部，最后盖上麻袋或布块保温。注入空气以后，可根据情况注射 10%葡萄糖注射液 100 毫升；如果注入空气后 6 小时情况并不改善，应重复做乳房送风。

（五）卵巢囊肿

卵巢囊肿是指卵巢上有卵泡状结构，存在的时间在 10 天以上，同时卵巢上无正常黄体结构的一种病理状态。这种疾病一般又分为卵泡囊肿和黄体囊肿 2 种。

【症　状】 羊发生卵巢囊肿的症状按外部表现可分为慕雄狂和

乏情2类。慕雄狂母羊，出现无规律的、长时间或连续性的发情症状，表现不安；乏情母羊表现长时间不发情，有时可长达数月，因此常被误认为已妊娠。有些在表现一二次正常的发情后转为乏情；有些则在病的初期乏情，后期表现为慕雄狂，也有则反之。

【治　疗】 卵巢囊肿的治疗方法种类繁多，其中大多数是通过直接引起黄体化而使母羊恢复发情周期。但应注意，此病是可以自愈的，具有促黄体素生物活性的各种激素制剂已被广泛用于治疗卵巢囊肿。①饲料中补充维生素A。②肌内或皮下注射绒毛膜促性腺激素或促黄体素500～1 000单位。③注射促排卵3号(LRH-A3)4～6毫克，促使卵泡囊肿黄体化。然后皮下或肌内注射前列腺素溶解黄体，即可恢复发情周期。④肌内注射孕酮5～10毫克，每天1次，连用5～7天，效果良好。孕酮的作用除了能抑制发情外，还可以通过负反馈作用抑制丘脑下部促性腺激素释放激素的分泌，内源性地使性兴奋及募雄狂症状消失。⑤可用前列腺素或其类似物进行治疗，促进黄体尽快萎缩消退，从而诱导发情。⑥人工诱导泌乳。此法对乳用山羊是一种最经济的办法。

(六)子宫内膜炎

羊子宫内膜炎主要是由某些病原微生物传染而发生，可能成为显著的流行病。

【病　因】 造成羊子宫内膜炎主要是繁殖管理不当，常见的原因如下：

配种时消毒不严。基层配种站和个体种畜户，在本交配种时对种公羊的阴茎和母羊外阴部不清洗、不消毒或清洗、消毒不严；人工授精时对器械消毒不严格，或用同一支输精管，不经消毒给多头母羊输精。

分娩时造成子宫、阴道黏膜损伤和感染。农村母羊产羔多无产房，又无清洗母羊后躯的习惯，加上一些助产人员接产时不注意清洗、消毒手臂和工具，母羊分娩时阴道外露受到污染，或将粪渣、草屑、灰尘黏附阴道壁上，分娩后阴道内收，将污物带进体内，有时甚至子宫外翻受污，也不进行清洗、消毒，致使子宫、阴道受到感染。

进行人工授精时，技术不熟练和操作时间过长，刺伤母羊的子宫颈，造成子宫颈炎和子宫颈糜烂，继而引发子宫内膜炎。

对患有子宫、阴道疾病的母羊，不经过检查，即让健康种公羊与其交配，通过公羊感染其他健康母羊。

流产、胎死腹中腐败、阴道或子宫脱出，胎衣不下，子宫损伤，子宫复旧不全及子宫颈炎，未能及时治疗和处理，因而继发和并发子宫、阴道疾病。

饮用污水感染。

冲洗子宫时使用的消毒性或腐蚀性药液浓度过大，使阴道及子宫黏膜受到损伤。

某些传染病，如布鲁氏菌病、寄生虫病也可引起子宫疾病。

【症　状】 根据症状可将子宫内膜炎分为急性子宫内膜炎、慢性卡他性子宫内膜炎、慢性卡他性脓性子宫内膜炎、慢性脓性子宫内膜炎、慢性隐性子宫内膜炎、子宫积液和子宫蓄脓。

(1)急性子宫内膜炎 急性子宫内膜炎多因羊分娩过程中，接产人员手臂、助产器具和母羊外阴部未进行消毒或消毒不严格而被细菌感染，尤其在难产、子宫或阴道脱出、胎衣不下时发生较多。全身症状不明显，有时体温稍有升高，食欲减退，拱背努责，常做排尿姿势。产后几日内不断从阴门排出大量白色、灰白色、黄色或茶褐色的恶臭脓液。如胎衣滞留或子宫内有腐败物时，常排出带脓血、腐臭味的巧克力色分泌物。当母羊卧下时排出更多，常在其尾根及后肢关节处结痂。阴道检查时有疼痛感。

(2)慢性卡他性子宫内膜炎 母羊患慢性卡他性子宫内膜炎时，子宫黏膜松软增厚，一般无全身症状，发情周期正常，但屡配不孕。阴道检查时，子宫颈口开张，子宫颈黏膜松弛、充血；阴道黏膜充血或无变化；由阴道流出白色、灰白色或浅黄色的黏稠渗出物，发情时阴道流出的渗出液明显增多，且较稀薄不透明；输精或阴道检查时，可经输精管或开膣器流出大量稀薄的黏液。

(3)慢性卡他性脓性子宫内膜炎 临床较为多见,其症状与慢性卡他性子宫内膜炎相似,子宫黏膜肿胀,剧烈充血和淤血,有脓性浸润,上皮组织变性、坏死、脱落,有时子宫黏膜有成片肉芽组织瘢痕,可能形成囊肿。病羊出现全身症状,精神不振,体温升高,食欲减退,逐渐消瘦。阴道检查时,可发现阴道及子宫颈部充血、肿胀,黏膜上有脓性分泌物。

(4)慢性脓性子宫内膜炎 经常由阴道排出灰白色、黄白色或褐色混浊、黏稠的脓液,腥臭,发情时排出更多。尾根、阴门周围及后腿内侧被污染处,变成灰黄色发亮的脓痂。发情周期紊乱。夏、秋季常有苍蝇随患病羊飞行或爬在阴门、尾巴上。多数母羊出现体温升高、食欲减退、逐渐消瘦等全身症状。

(5)慢性隐性子宫内膜炎 子宫本身不发生形态学上的变化,平时很难从外部发现其任何症状,一般也无病理变化。发情周期正常,但屡配不孕。取阴道深部分泌物,用广泛试纸试验,如被浸湿的试纸pH值在7.0以下,怀疑为隐性子宫内膜炎。慢性隐性子宫内膜炎虽无明显的临床症状,但在子宫内膜炎中占比例相当高,因其无明显症状,常不被人注意。

(6)子宫积液 子宫积液是因为变性的子宫腺体分泌功能增强,分泌物增多;同时子宫颈粘连或肿胀,使子宫颈堵塞,子宫内的液体不能排出。有时是因每次发情时,分泌物不能及时排出,逐渐积聚起来而形成的;也有的是因子宫弛缓,收缩无力,发情时分泌的黏液滞留而造成的。病羊往往表现不发情,当子宫颈未完全阻塞时,会从阴道排出稀薄的棕黄色或蛋白样分泌物。如子宫颈口完全阻塞,则见不到分泌物外流。

(7)子宫蓄脓 当患有慢性脓性子宫内膜炎时,子宫黏膜肿胀,子宫颈管闭塞,或子宫颈粘连而形成隔膜,脓液不能排出而在子宫内蓄留,于是就形成了子宫蓄脓。母羊停止发情,举尾,不断弓腰努责。阴道检查时,可发现阴道和子宫颈黏膜充血水肿。

【预　防】 子宫内膜炎的预防应从饲养管理着手，重在预防。加强饲养管理，防止发生流产、难产、胎衣不下和子宫脱出等疾病。预防和扑灭引起流产的传染病。加强产羔季节接产、助产过程的卫生消毒工作，防止子宫受到感染。积极治疗子宫脱出、胎衣不下及阴道炎等疾病。

【治　疗】 严格隔离病羊；加强护理，保持羊舍的温暖、清洁，饲喂富于营养而带有轻泻性的饲料，经常供给清水。

及时治疗急性子宫内膜炎，肌内注射青霉素或链霉素，防止转为慢性；冲洗或灌注子宫，可用 100～200 毫升 0.1%高锰酸钾、1%～2%碳酸氢钠，每日 1 次或隔日 1 次。子宫内有较多分泌物时，盐水浓度可提高到 3%。促进炎性产物的排出，防止吸收中毒。并可刺激子宫内膜产生前列腺素，有利于子宫功能的恢复。如果子宫颈口关闭很紧，不能冲洗，可给子宫颈涂以 2%碘酊，使其松弛。冲洗后灌注青霉素 40 万单位。子宫内给予抗菌药，选用广谱药物，如四环素、庆大霉素、卡那霉素、金霉素、呋喃类药物、诺氟沙星、氟苯尼考等。可将抗菌药物 0.5～1 克用少量生理盐水溶解，做成溶液或混悬液，用导管注入子宫，每天 2 次。也可每天向子宫内注入 5%～10%的土霉素混悬液 10～20 毫升；激素疗法，可用前列腺素类似物，促进炎症产物的排出和子宫功能的恢复。在子宫内有积液时，可注射雌二醇 2～4 毫克，4～6 小时后注射催产素 10～20 单位，促进炎症产物排出，配合应用抗生素治疗，可收到较好的疗效。生物疗法(生物防治疗法)，用人阴道中的窦得来因氏杆菌治疗母牛子宫内膜炎，对羊的子宫内膜炎同样可以应用。

中药疗法：

处方一：当归、红花、金银花各 30 克，益母草、淫羊藿各 45 克，苦参、黄芩各 30 克，荆三棱、莪术各 30 克，斑蝥 7 个，青皮 30 克。水煎灌服，每天 1 剂；轻者连用 3～5 剂，重者 5～7 剂。适用于膘情较好的母羊各种子宫内膜炎。

处方二：土白术 60 克，苍术 50 克，山药 60 克，陈皮 30 克，酒车前子25克，荆芥炭25克，酒白芍30克，党参60克，柴胡25克，甘草20克。黄油250毫升为引；水煎服，每天1剂，连用2～3剂。

加减：湿热型去党参，加忍冬藤80克，蒲公英60克，椿树根皮60克；寒湿型加白芷30克，艾叶20克，附子30克，肉桂25克；白带日久兼有肾虚者去柴胡、车前子，加韭菜籽20克，海螵蛸40克，覆盆子50克及菟丝子50克。

急慢性阴道炎、子宫颈炎和急慢性卡他性子宫内膜炎可用此方。

处方三： 当归60克，赤芍40克，香附40克，益母草60克，丹参40克，桃仁40克，青皮30克。水煎灌服。每天1剂，连用2～3剂。

加减：肾虚者加桑寄生40克，川断40克，或加狗脊40克，杜仲30克；白带多者加茯苓40克，海螵蛸40克，或加车前子30克，白芷25克；卵巢有囊肿或黄体者加荆三棱25克，莪术25克；有寒症者加小茴香30克，乌药40克；体质弱者加党参60克，黄芩60克。

慢性卡他性脓性和慢性脓性子宫内膜炎可用此方。

处方四： 当归40克，川芎30克，白芍30克，熟地黄30克，红花40克，桃仁30克，苍术40克，茯苓40克，延胡索30克，白术40克，甘草20克。水煎服，用1～2剂。

慢性子宫内膜炎已基本治愈，但子宫冲洗导出液中仍含有点状或细丝状物时可用此方。

（七）乳 房 炎

母羊患乳房炎，常由于哺乳前期及泌乳期，没有对乳头做好清洗消毒工作，或因羊羔吸乳时损伤了乳头及乳头孔堵塞，乳汁淤结而变质，细菌便由乳头上的小伤口通过乳腺管侵入乳腺小叶，或经过淋巴侵入乳腺小叶的间隙组织而造成急性炎症。

【病　因】 本病多因挤奶方法不妥而损伤乳头、乳腺，放牧、舍饲时划破乳房皮肤，病菌通过乳头孔或伤口感染；母羊护理不当、环境卫生不良给病菌侵入乳房创造了条件。病菌主要有葡萄球菌、链球菌和肠道杆菌等。某些传染病如口蹄疫、放线菌病也可引起乳房炎。本病以产奶量高和经产的舍饲羊多发。

【症　状】患侧乳房疼痛，发炎部位红肿变硬并有压痛，乳汁色黄甚至血性，以后形成脓肿，时间愈久则乳腺小叶的损坏就愈多。贻误治疗的乳房脓肿，最后穿破皮肤而流脓，伤口经久不愈，导致母羊终身失去产奶能力。

【防　治】注意保持乳房的清洁卫生。母羊哺乳及泌乳期，乳房充胀，加上产羔 7～15 天内阴道常有恶露排出，极易感染疾病。因此，应特别注意保持乳房的清洁卫生，经常用肥皂水和温清水擦洗乳房，保持乳头和乳晕皮肤的清洁柔韧，羊圈舍要勤换垫土并经常打扫，保持圈舍地面清洁干燥，防止羊躺卧在泥污和粪尿上。羊羔吸乳损伤乳头时，暂停哺乳 2～3 天，将乳汁挤出后喂羊羔，局部贴创可贴或涂紫药水，能迅速治愈。

坚持按摩乳房。在母羊哺乳及泌乳期，每日按摩乳房 1～2 次，并挤净乳头孔及乳房淤汁，激活乳腺产乳和排乳，消除隐性乳房炎的隐患。

增加挤奶次数。羊患乳房炎与每日挤奶次数少、乳房乳汁聚集滞留时间长、造成乳房内压及负荷加重密切相关。因此，改变传统的每日挤奶 1 次为 2～3 次，这既可提高 2%～3%产奶量，又减轻了乳房内压及负荷量，可有效防止乳汁凝结引发乳房炎。

及时做好羊舍的防暑降温工作。夏季炎热，羊常因舍内通风不良热应激引发乳房炎等疾病。因此，要及时搭盖宽敞、隔热通风的凉棚，中午高温时喷洒凉水降温。供给羊充足、清洁的饮水，并加入适量食盐，以补充体液，增加羊体排泄量，有利于清解里热，降低血液及乳汁的黏稠度。给羊投喂蒲公英、紫花地丁、薄荷等清凉草药，可清热泻火，凉血解毒，防治乳房炎。

【治　疗】病初向乳房内注入抗生素效果好，在挤奶后将消毒过的乳导管轻轻插进乳头孔内，用青霉素 40 万单位，链霉素 0.5 克，溶于 5 毫升注射用水中注入。注后轻揉乳腺体部，使药液均匀分布其中。也可采用青霉素普鲁卡因封闭疗法，在乳房基部多点注入药液，进行封闭治疗。为促进炎症吸收，先冷敷 2～3 天，然后热敷，可用10%硫酸镁溶液1 000毫升，加热至45℃左右，每天热敷1～2次，连用4次。对于化脓性乳房炎，排脓后再用3%过氧化氢或0.1%高锰酸钾水冲洗，消毒脓腔，再以0.1%～0.2%雷佛奴尔纱布引流。同时用抗生素做全身治疗。

时常检查乳房的健康状况，发现乳汁色黄，乳房有结块，即可采取以下治疗措施：

患部敷药。用50℃的热水，将毛巾蘸湿，上面撒适量硫酸镁粉，外敷患部。也可用鱼石脂软膏或中药芒硝200克，调水外敷，可渗透软化皮下细胞组织，活血化淤，消肿散结。

通乳散结。羊患乳房炎时，乳腺肿胀，乳汁黏稠、淤结很难挤出，可在局部温敷的同时，散淤通乳：①给羊多饮0.01%高锰酸钾水溶液，可稀释乳汁的黏稠度，易于挤出。并能消毒防腐，净化乳腺组织。②注射“垂体后叶素”10单位。③增加挤奶次数，急性期每小时挤奶1次，最多不超过2小时，可边挤边由下而上地按摩乳房，揉捏乳房凝块处，直至挤净淤汁，肿块消失。

挤净乳房淤汁后，将青霉素80万单位，用生理盐水5毫升稀释后，从乳头孔注入乳房内，杀灭致病细菌。

为增加疗效，抗生素应联合2种以上药品。青霉素与氨苄西林联合注射，青霉素1次160万单位，氨苄西林1次1克，用0.2%利多卡因5毫升稀释后，内加地塞米松10毫克，1日2～3次，连续注射，直到痊愈。

六、羊普通病防治技术

(一)腐蹄病

【病　原】 病原为坏死杆菌，属于厌氧菌，广泛存在于土壤和粪便中，低湿条件适于其生存。抵抗力较弱，一般消毒药10～20分钟即可将其杀死。

【传染途径】　细菌多通过损伤的皮肤侵入机体。常发于湿热的多雨季节。

【症　状】　主要表现为跛行。检查蹄部时见蹄间隙、蹄踵和蹄冠红肿、发热，有疼痛反应，以后溃烂，挤压患部有恶臭脓液流出。

【诊　断】　一般根据临床症状（发生部位、坏死组织的恶臭味）和流行特点，做出诊断。

【预　防】　加强羊蹄护理，经常修蹄，避免蹄伤；注意夏季圈舍卫生，定期消毒；定期用 10%甲醛溶液蹄浴。

【治　疗】　除去患部坏死组织，到出现干净创面时，用食醋、4%醋酸、1%高锰酸钾、3%来苏儿或双氧水冲洗，再用 30%硫酸铜或 6%甲醛溶液进行蹄浴。若脓肿部分未破，应切开排脓，然后用 1%高锰酸钾溶液洗涤，再涂搽浓甲醛或撒以高锰酸钾粉。对于严重的病羊，在局部用药的同时，应全身使用磺胺类药物或抗生素。

（二）感　冒

【病　因】　本病主要因寒冷的突然袭击所致。如厩舍条件差，羊只在寒冷的天气突然外出放牧或露宿，或出汗后拴在潮湿、阴凉、有过堂风的地方等。

【症　状】　病羊表现为精神不振，头低耳耷，初期皮温不均，耳尖、鼻端和四肢末端发凉，继而体温升高，呼吸、脉搏加快。鼻黏膜充血、肿胀，鼻塞不通，初流清鼻液，患羊鼻黏膜发痒，不断打喷嚏，并在墙壁、饲槽蹭鼻止痒。食欲减退或废绝，反刍减少或停止，鼻镜干燥，肠音不整或减弱，粪便干燥。

【治　疗】　治疗以解热镇痛、祛风散寒为主。肌内注射复方氨基比林注射液 5～10 毫升，或 30%安乃近注射液 5～10 毫升，或复方奎宁、百尔定、穿心莲、柴胡、鱼腥草等注射液。为防止继发感染，可与抗生素药物同时应用。复方氨基比林注射液 10 毫升、青霉素 160 万单位、硫酸链霉素 50 万单位，加蒸馏水 10 毫升，分别肌内注射,日注2次。当病情严重时,也可静脉注射青霉素160万单位(4支),同时配以皮质激素类药物,如地塞米松等治疗。感冒通2片,1日3次内服。

(三)绵羊妊娠毒血症

绵羊妊娠毒血症是妊娠末期母羊由于碳水化合物和挥发性脂肪酸代谢障碍而发生的亚急性代谢病,以低血糖、酮血症、酮尿症、虚弱和失明为主要特征,主要发生于怀双羔或三羔的羊。5～6岁的绵羊比较多见,主要临床表现为精神沉郁,食欲减退,运动失调、呆滞凝视、卧地不起,甚至昏迷、死亡等。该病主要发生于妊娠最后1个月,分娩前10～20天多发,发病后1天内即可死亡,死亡率可达70%～100%。

【病　因】 多种情况均能引起此病的发生。

(1)营养 膘情差的羊易患病。膘情好的羊也可患病,但一般在症状出现前,体重减轻。对妊娠母羊未按妊娠月份提高营养水平,饲料单一,维生素及矿物质缺乏,冬草储备不足,母羊身体消瘦。妊娠母羊因患其他疾病,影响食欲甚至废绝。由于喂给精饲料过多,特别是在缺乏粗饲料的情况下饲喂含蛋白质和脂肪过多的精饲料时,更容易发病。

(2)环境 气温过低,母羊免疫力下降等原因都可以导致该病发生。饲养密度大,运动不足。经常发生于小群绵羊,草原上放牧的大群羊不发病。

【症　状】 由于血糖降低,表现脑抑制状态,很像乳热的症状。病初见于离群孤立。当放牧或运动时常落于群后。表现为食欲减退,不喜走动,精神不振,离群呆立或卧地不起,呼出气体有丙酮味。显出神经症状,特别迟钝或易于兴奋。

【病理变化】 尸体非常消瘦,剖检时没有显著变化。病死的母羊,子宫内常有数个胎儿,肾脏灰白而软。主要变化为肝脏、肾脏及肾上腺脂肪变性。心脏扩张。肝脏高度肿大,边缘钝,质脆,由于脂肪浸润，肝脏常变厚而呈土黄色或柠檬黄色，切面稍外翻，胆囊肿大，蓄积胆汁，胆汁为黄绿色水样。肾脏肿大，包膜极易剥离，切面外翻，皮质部为棕土黄色，满布小红点（为扩张之肾小体），髓质部为棕红色，有放射状红色条纹。肾上腺肿大，皮质部质脆，呈土黄色，髓质部为紫红色。

【诊　断】首先应了解绵羊的饲养管理条件及是否妊娠，再根据特殊的临床症状和剖检变化做出初步诊断。

实验室检查时，血、尿、奶中的酮体和丙酮酸增高，以及血糖和血蛋白降低来确诊。

血中酮体增高至 7.25～8.70 毫摩/升或更高（高酮血症）；血糖降低到 1.74～2.75 毫摩/升（低血糖症），而正常值为 3.36～5.04 毫摩/升。病羊血液蛋白水平下降至 4.65 克/升（血蛋白过少症）。呼出的气体有一种带甜的氯仿气味，当把新鲜奶或尿加热到蒸汽形成时，氯仿气味更为明显。

【预　防】加强饲养管理，合理配合日粮，尽量防止日粮成分的突然变化。在妊娠的前 2～3 个月内，不要让其体重增加太多。2～3 个月以后，可逐渐增加营养。直到产羔以前，都应保持良好的饲养条件。如果没有青贮饲料和放牧地，应尽量争取喂给豆科干草。在妊娠的最后 1～2 个月，应补喂精饲料。喂量根据体况而定，从产前 2 个月开始，每天喂给 100～150 克，以后逐渐增加，到临分娩前达到 0.5～1 千克/天。肥羊应减少喂料量。

在妊娠期内不要突然改变饲养习惯。饲养必须有规律，尤其在妊娠后期，当天气突然变化时更要注意。一定要保证运动。每天应进行放牧或运动 2 小时左右，至少应强迫行走 2 500 米左右。当羊群发病时，给妊娠母羊补喂多汁饲料、小米汤、糖浆及多纤维的粗草，并供给足量饮水。必要时还可加喂少量葡萄糖。

【治　疗】绵羊妊娠毒血症发病较急，征兆不明显，死亡率高，冬春季节母羊分娩时期是该病的高发期，其发病原因复杂，治疗效果不佳，无特效药，建议养殖期间，加强饲养管理，使用暖圈饲养技术，提高母体免疫力。

首先停喂富含蛋白质及脂肪的精饲料，增加碳水化合物饲料，如青草、块根及优质干草等。

加强运动。对于肥胖的母羊，在病的初期做驱赶运动，使身体变瘦，可以见效。

大量供糖。饮水中加入蔗糖、葡萄糖或糖浆，每天饮用，连给4～5天，可使羊逐渐恢复健康。水中加糖的浓度可按20%～30%计算。为了见效快，可以静脉注射20%～50%葡萄糖注射液，每天2次，每次80～100毫升。只要肝脏、肾脏没有发生严重的结构变化，用高糖疗法均有效。

克服酸中毒可给予碳酸氢钠，口服、灌肠或静脉注射。

根据体重不同服用甘油，每次用20～30毫升，直到痊愈为止。一般服用1～2次就可获得显著效果。

注射可的松或促皮质素，醋酸可的松或氢化可的松10～20毫克，前者肌内注射，后者静脉注射。用前混入25倍的5%葡萄糖注射液或生理盐水。也可肌内注射促皮质素40单位。

人工流产因妊娠末期的病例，分娩后往往可以自然恢复健康，故人工流产同样有效。方法是用开膣器打开阴道，给子宫颈口或阴道前部放置纱布块。也可施行剖宫产术。

(四)公羊睾丸炎

主要是由损伤和感染引起的各种急性和慢性睾丸炎症。

【病　因】

(1)由损伤引起感染　常见损伤为打击、啃咬、蹴踢、尖锐硬物刺伤和撕裂伤等，继之由葡萄球菌、链球菌和化脓棒状杆菌等引起感染，多见于一侧，外伤引起的睾丸炎常并发睾丸周围炎。

(2)血行感染　某些全身感染，如布鲁氏菌病、结核病、放线菌病、鼻疽、腺疫沙门氏杆菌病、乙型脑炎等可通过血行感染引起睾丸炎症。另外，衣原体、支原体、脲原体和某些疱疹病毒也可以经血流引起睾丸感染。在布鲁氏菌病流行地区，布鲁氏菌感染可能是睾丸炎最主要的原因。

(3)炎症蔓延　睾丸附近组织或鞘膜炎症蔓延；副性腺细菌感染沿输精管道蔓延均可引起睾丸炎症。附睾和睾丸紧密相连，常同时感染和互相继发感染。

【症　状】　急性睾丸炎，睾丸肿大、发热、疼痛；阴囊发亮；公羊站立时拱背、后肢功能障碍、步态强拘，拒绝爬跨；触诊可发现睾丸紧张、鞘膜腔内有积液、精索变粗，有压痛。病情严重者体温升高、呼吸浅表、脉频、精神沉郁、食欲减少。并发化脓感染者，局部和全身症状加剧。在个别病例，脓汁可沿鞘膜管上行入腹腔，引起弥漫性化脓性腹膜炎。

慢性睾丸炎，睾丸不表现明显热痛症状，睾丸组织纤维变性、弹性消失、硬化、变小，产生精子的能力逐渐降低或消失。

【病理变化】　炎症引起的体温增加和局部组织温度升高以及病原微生物释放的毒素和组织分解产物都可以造成生精上皮的直接损伤。

【预　防】　建立合理的饲养管理制度，使公羊营养适当，不要交配过度，尤其要保证足够的运动；对布鲁氏菌病定期检疫，并采取相应措施。

【治　疗】　急性睾丸炎病羊应停止使用，安静休息；早期(24 小时内)可冷敷，后期可温敷，加强血液循环使炎症渗出物消散；局部涂搽鱼石脂软膏、复方醋酸铅散；阴囊可用绷带吊起；全身使用抗生素药物；局部可在精索区注射盐酸普鲁卡因青霉素注射液，隔日注射 1 次。

无种用价值者可去势。单侧睾丸感染而欲保留作种用者，可考虑尽早将患侧睾丸摘除；已形成脓肿摘除有困难者，可从阴囊底部切开排脓。由传染病引起的睾丸炎，首先治疗原发病。

睾丸炎预后视炎症严重程度和病程长短而定。急性炎症病例由于高温和压力的影响可使生精上皮变性，长期炎症可使生精上皮的变性不可逆转，睾丸实质可能坏死、化脓。转为慢性经过者，睾丸常呈纤维变性、萎缩、硬化，生育力降低或丧失。

第十章 肉羊产品的加工利用

羊产品主要有羊肉、羊毛、羊皮和羊粪等。羊产品的加工利用对提高养羊的经济效益有着极大的作用。因此，在一定条件下，尽可能实现养殖和加工的一体化，就有了更强的市场竞争力。

一、羊粪的加工利用

（一）羊粪的处理

1. 发酵处理 发酵就是利用各种微生物的活动来分解粪中有机成分，有效地提高有机物质的利用率。根据发酵微生物的种类可分为有氧发酵和厌氧发酵两类。

(1)充氧动态发酵 在适宜的温度、湿度及供氧充足的条件下，好气菌迅速繁殖，将粪中的有机物质分解成易被消化吸收的物质，同时释放出硫化氢、氨等气体。在 45℃～55℃条件下处理 12 小时左右，可生产出优质有机肥料和再生饲料。

(2)堆肥发酵处理 堆肥是指富含氮有机物的畜粪与富含碳有机物的秸秆等，在好氧、嗜热性微生物的作用下转化为腐殖质、微生物及有机残渣的过程。堆肥过程产生的高温(50℃～70℃)，可使病原微生物和寄生虫卵死亡。炭疽杆菌致死温度为 50℃～55℃，所需时间 1 小时，布氏杆菌分别为 65℃，2 小时。口蹄疫病毒在 50℃～60℃迅速死亡，寄生蠕虫卵和幼虫在 50℃～60℃、1～3 分钟即可被杀灭。经过高温处理的粪便呈棕黑色、松软、无特殊臭味、不招苍蝇、卫生、无害(图 10-1)。

(3)沼气发酵处理　沼气处理是厌氧发酵过程，可直接对粪水进行处理。其优点是产出的沼气是一种高热值可燃气体，沼渣是很好的肥料。经过处理的干沼渣可作饲料。

2. 干燥处理

(1)脱水干燥处理　通过脱水干燥，使其中的含水量降低至15%以下，便于包装运输，又可抑制羊粪中微生物活动，减少养分(如蛋白质)损失。

(2)高温快速干燥　采用以回转圆筒烘干炉为代表的高温快速干燥设备，可在短时间(10分钟左右)内将含水率为70%的湿粪，迅速干燥至含水仅10%～15%的干粪。

(3)太阳能自然干燥处理　采用专用的塑料大棚，长度可达60～90米，内有混凝土槽，两侧为导轨，在导轨上安装有搅拌装置。湿粪装入混凝土槽，搅拌装置沿着导轨在大棚内反复行走，通过搅拌板的正、反向转动来捣碎、翻动和推送畜粪，并通过强制通风排除大棚内的水汽，达到干燥羊粪的目的。夏季只需要约1周的时间即可把羊粪的含水量降至10%左右(图10-2)。

图10-1　堆肥发酵处理

图10-2　羊粪的干燥处理

(二)羊粪的利用

1. 用作肥料

(1)直接用作肥料　羊粪作为肥料首先根据饲料的营养成分和

吸收率，估测粪便中的营养成分。另外，施肥前要了解土壤类型、成分及作物种类，确定合理的作物养分需要量，并在此基础上计算出羊粪施用量。

(2)生产复合肥 羊粪最好先经发酵后再烘干，然后与无机肥配制成复合肥。复合肥不但松软、易拌、无臭味，而且施肥后不再发酵，特别适合于盆栽花卉和无土栽培及庭院种植业（图 10-3，图 10-4）。

图 10-3 羊粪用作肥料

图 10-4 上海嘉定区利用羊粪有机肥种植的绿色作物

2. 用作饲料 羊粪经过沼气池发酵后，沼渣和沼液可以用作鱼类的饲料，降低养鱼成本，提高羊的养殖效益。

(三)粪便无害化卫生标准

畜粪无害化卫生标准借助于卫生部制定的国家标准 GB 7959—87,适用于我国城乡垃圾、粪便无害化处理效果的卫生评价和为建设垃圾、粪便处理构筑物提供卫生设计参数。我国目前尚未制定出对于家畜粪便的无害化卫生标准,在此借鉴人的粪便无害化卫生标准,来阐述对家畜粪便无害化处理的卫生要求。

标准中的粪便是指排泄物;堆肥是指以垃圾、粪便为原料的好氧性高温堆肥(包括不加粪便的纯垃圾堆肥和农村的粪便、秸秆堆肥);沼气发酵是以粪便为原料,在密闭、厌氧条件下的厌氧性消化(包括常温、中温和高温消化)。经无害化处理后的堆肥和粪便,应符合国家有关规定,堆肥最高温度达 55℃,甚至更高,应持续 5～7 天,粪便中蛔虫卵死亡率为 95%～100%,粪便大肠杆菌值为 10～100,可有效地控制苍蝇孳生,堆肥周围没有活动的蛆、蛹或新羽化的成蝇。沼气发酵的卫生标准是,密封贮存期应在 30 天以上,53℃±2℃的高温沼气发酵应持续 2 天,寄生虫卵沉降率在 95%以上,粪液中不得检出活的血吸虫卵和钩虫卵。

二、肉羊屠宰和羊肉质量分级

羊的屠宰方法和技术高低,直接关系着羊肉和羊皮的品质。目前有手工屠宰方法和现代化屠宰方法。

(一)肉羊屠宰相关术语和定义

1. 屠宰前活重　停食 24 小时的重量。

2. 羊屠体　羊屠宰、放血后的躯体。

3. 羊胴体　羊屠体去皮、头由环椎处分割、蹄、尾、内脏(不去掉肾脏及肾区脂肪)及生殖器(母羊去乳房)的躯体。

4. 屠宰率 胴体重加内脏脂肪(包括大网膜及肠系膜脂肪)与屠宰前活重之内。

5. 二分体羊肉 将羊胴体沿脊椎中线纵向锯(劈)成两半的胴体。

6. 内脏 白内脏指羊的胃、肠、脾。红内脏指羊的心脏、肝脏、肺脏、肾脏。

7. 四分体羊前(前四分体) 将羊胴体横截成四分体后的前段部位羊肉。

8. 四分体羊后(后四分体) 将羊胴体横截成四分体后的后段部位羊肉。

(二)肉羊的屠宰流程

1. 送宰 待宰羊应来自非疫区,健康,并有产地兽医检疫合格证明。屠宰前12小时断食并喂1%食盐水,使羊体进行正常的生理活动,调节体温,促进粪便排泄。活羊进厂(点)后停食,充分饮水休息,宰前3小时断水。送宰羊只应由兽医检疫人员签发《准宰证》后方可宰杀。

2. 淋浴 待宰前羊体充分沐浴,体表无污垢。冬季水温接近羊的体温,夏季不低于20℃。一般在屠宰车间前部设淋浴器,冲洗羊体表污物。羊只通过赶羊道时,应按顺序赶送,不能用硬器驱打羊体。

3. 致昏 采用电麻将羊击昏,防止因恐怖和痛苦刺激而造成血液剧烈地流集于肌肉内而致使放血不完全,以保证肉的品质。羊的麻电器与猪的手持式麻电器相似,前端形如镰刀状为鼻电极,后端为脑电极。麻电时,手持麻电器将前端扣在羊的鼻唇部,后端按在耳眼之间的延髓区即可。手工屠宰法不进行击昏过程,而是提升吊挂后直接宰杀。

4. 宰 杀

(1)挂羊 用高压水冲洗羊腹部、后腿部及肛门周围。用扣脚链扣紧羊的右后小退,匀速提升,使羊后腿部接近输送机轨道,然后挂至轨道链钩上。挂羊要迅速，从击昏到放血之间的间隔不超过1.5分钟。

(2)放血 从羊喉部下刀，横切断食管、气管和血管。采用伊斯兰“断三管”的屠宰方法，由阿訇主刀。刺杀放血刀应每次消毒，轮换使用。放血完全，放血时间不少于3分钟。

(3)缩扎肛门 冲洗肛门周围。将橡皮盘套在左臂上。将塑料袋反套在左臂上。左手抓住肛门并提起。右手持刀将肛门沿四周割开并剥离，随割随提升，提高至10厘米左右。将塑料袋翻转套住肛门。用橡皮筋扎住塑料袋，将结扎好的肛门送回深处。

5. 剥 皮

(1)剥后腿皮 从跗关节下刀，刀刃沿后腿内侧中线向上挑开羊皮。沿后腿内侧线向左、右两侧剥离从跗关节上方至尾根部羊皮。

(2)去后蹄 从跗关节下刀，割断连接关节的结缔组织、韧带及皮肉，割下后蹄，放入指定的容器中。

(3)剥胸、腹部皮 用刀将羊胸、腹部皮沿胸腹中线从胸部挑到裆部。沿腹中线向左、右两侧剥开胸腹部羊皮至肷窝止。

(4)剥颈部及前腿皮 从腕关节下刀，沿前腿内侧中线挑开羊皮至胸中线。沿颈中线自下而上挑开羊皮。从胸颈中线向两侧进刀，剥开胸颈部皮及前腿皮至两肩止。

(5)去前蹄 从腕关节下刀，割断连接关节的结缔组织、韧带及皮肉，割下前蹄放入指定的容器内。

(6)换轨 启动电葫芦，用两个管轨滚轮吊钩分别钩住羊的两只后腿跗关节处，将羊屠体平稳送到管轨上。

(7)扯(撕)皮 用锁链锁紧羊后腿皮，启动扯皮机由上到下运动，将羊皮卷撕。要求皮上不带腰，不带肉，皮张不破。扯到尾部时，减慢速度，用刀将羊尾的根部剥开。扯皮机均匀向下运动，边扯边用刀剁皮与脂肪、皮与肉的连接处。扯到腰部时适当增加速度。扯到头部时，把不易扯开的地方用刀剥开。扯完皮后将扯皮机复位。

6. 割羊头 用刀在羊脖一侧割开一个手掌宽的孔，将左手伸进孔中抓住羊头。沿放血刀口处割下羊头，挂同步检验轨道。冲洗羊屠体。

7. 开胸、结扎食管 从胸软骨处下刀，沿胸中线向下贴着气管和食管边缘，锯开胸腔及脖部。剥离气管和食管，将气管与食管分离至食管和胃结合部。将食管顶部结扎牢固，使内容物不流出。

8. 取白内脏 在羊的裆部下刀向两侧进刀，割开肉至骨连接处。刀尖向外，刀刃向下，由上向下推刀割开肚皮至胸软骨处。用左手扯出直肠，右手持刀伸入腹腔，从左到右割离腹腔内结缔组织。用刀按下羊肚，取出胃肠送入同步检验盘，然后扒净腰油。

9. 取红内脏 左手抓住腹肌一边，右手持刀沿体腔壁从左到右割离横膈肌，割断连接的结缔组织，留下小里脊。取出心、肝、肺，挂到同步检验轨道。割开羊肾的外膜，取出肾脏并挂到同步检验轨道。冲洗胸、腹腔。

10. 劈半 沿羊尾根关节处割下羊尾，放入指定容器内。将劈半锯插入羊的两腿之间，从耻骨连接处下锯，从上到下匀速地沿羊的脊柱中线将胴体劈成二分体，要求不得劈斜、断骨，应露出骨髓。

11. 胴体修整 取出骨髓、腰油放入指定容器内。一手拿镊子，一手持刀，用镊子夹住所要修割的部位，修去胴体表面的淤血、淋巴、污物和浮毛等不洁物，注意保持肌膜和胴体的完整。

12. 冲洗 用32℃左右温水，由上到下冲洗整个胴体内侧及锯口、刀口处。

13. 检验 下货和胴体的检验按《肉品卫生检验试行规程》的规定进行。

14. 胴体预冷 将预冷间温度降至0℃～4℃。推入胴体，胴体间距保持不少于10厘米。启动冷风机，使库温保持在0℃～4℃，相对湿度保持在85%～90%。预冷后检查胴体pH值及深层温度，符合要求进行剔骨、分割、包装。

15. 烫毛 生产带毛羊肉应采用浸烫或松香拔毛法煺毛，严禁用火碱烧或其他导致肉品污染的方法煺毛。烫毛时的水温应随季节调整，夏季水温为64℃±1℃，冬季水温为68℃±1℃。机器煺毛后应修刮胴体的残毛。

16. 羊肉分割　见图 10-5。

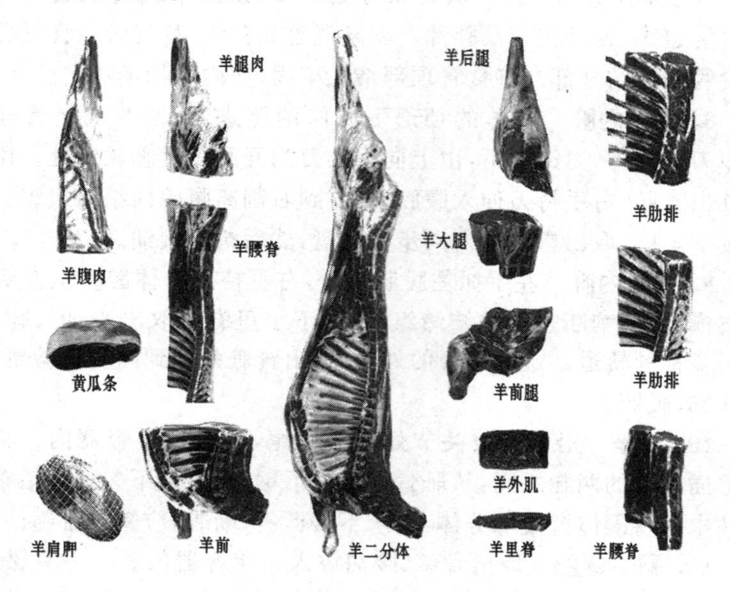

图 10-5　分割羊肉

（三）羊肉质量分级

1. 术语和定义

（1）大羊肉　屠宰 12 月龄以上并已换 1 对以上乳齿的羊获得的羊肉。

（2）羔羊肉　屠宰 12 月龄以内，完全是乳齿的羊获得的羊肉。

（3）肥羔肉　屠宰 4～6 月龄、经快速肥育的羊获得的羊肉。

（4）胴体重　宰后去毛皮、头，蹄、尾、内脏及体腔内全部脂肪后，温度在 0℃～4℃，湿度在 80%～90%条件下，静置 30 分钟的羊胴体重量。

（5）肥度　羊胴体或羊肉表层沉积脂肪厚度、分布状况与羊胴体或眼肌断面脂肪沉积呈现大理石花纹状态。

（6）背膘厚　指第十二根肋骨与第十三根肋骨之间眼肌中心正

上方脂肪的厚度。

(7)肋肉厚 羊胴体第十二与十三肋骨间，距背中线11厘米自然长度处胴体肉厚度。

(8)肌肉 羊胴体各部位肌肉发育发达程度。

(9)生理成熟度 羊胴体骨骼、软骨与肌肉生理发育成熟程度。

(10)肉脂色泽 羊胴体或分割肉的瘦肉外部与断面色泽状态以及羊胴体或分割肉表层与内部沉积脂肪色泽状态。

(11)肉脂硬度 羊胴体腿、背和侧腹部肌肉和脂肪的硬度。

羊肉质量分级见表10-1。

表10-1 羊肉质量分级表

项目	大羊肉			
	特等级	优等级	良好级	可用级
胴体重（千克）	≥25	22～25	19～22	16～19
肥度	背膘厚度0.8～1.2厘米，腿、肩、背部脂肪丰富，肌肉不显露，大理石花纹丰富	背膘厚度0.5～0.8厘米，腿肩背部覆盖有脂肪，腿部肌肉略显露，大理石花纹明显	背膘厚度0.3～0.5厘米，腿、肩、背部覆有薄层脂肪，腿肩部肌肉略显露，大理石花纹略现	背膘厚度≤0.3厘米，腿肩背部脂肪覆盖少、肌肉显露，无大理石花纹
肋肉厚	≥14毫米	9～14毫米	4～9毫米	0～4毫米
肉脂硬度	脂肪和肌肉硬实	脂肪和肌肉较硬实	脂肪和肌肉略软	脂肪和肌肉软
肌肉发育程度	全身骨骼不显露，腿部丰满充实、肌肉隆起明显，背部宽平，肩部宽厚充实	全身骨骼不显露，腿部较丰满充实、微有肌肉隆起，背部和肩部比较宽厚	肩隆部及颈部脊椎骨尖稍突出，腿部欠丰满、无肌肉隆起，背和肩稍窄、稍薄	肩隆部及颈部、脊椎骨尖稍突出，腿部窄瘦、有凹陷，背和肩窄、薄

续表 10-1

项　目	大羊肉			
	特等级	优等级	良好级	可用级
生理成熟度	前小腿至少有1个控制关节，肋骨宽、平	前小腿至少有1个控制关节，肋骨宽、平	前小腿至少有1个控制关节，肋骨宽、平	前小腿至少有1个控制关节，肋骨宽、平
肉脂色泽	肌肉颜色深红，脂肪乳白色	肌肉颜色深红，脂肪白色	肌肉颜色深红，脂肪浅黄色	肌肉颜色深红，脂肪黄色
胴体重（千克）	18	15～18	12～15	9～12
	羔羊肉			
肥　度	背膘厚度0.5厘米以上，腿肩背部覆盖有脂肪，腿部肌肉略显露，大理石花纹明显	背膘厚度0.3～0.5厘米，腿肩背部覆盖有薄层脂肪，腿部肌肉略显露，大理石花纹略现	背膘厚度0.3厘米以下，腿肩背部脂肪覆盖少，肌肉显露，无大理石花纹	背膘厚度≤0.3厘米，腿肩部脂肪覆盖少、肌肉显露，无大理石花纹
肋肉厚	≥14毫米	9～14毫米	4～9毫米	0～4毫米
肉脂硬度	脂肪和肌肉硬实	脂肪和肌肉较硬实	脂肪和肌肉略软	脂肪和肌肉软
肌肉发育程度	全身骨骼不显露，腿部丰满充实、肌肉隆起明显，背部宽平，肩部宽厚充实	全身骨骼不显露，腿部较丰满充实、微有肌肉隆起，背部和肩部比较宽厚	肩隆部及颈部脊椎骨尖稍突出，腿部欠丰满、无肌肉隆起，背和肩稍窄、稍薄	肩隆部及颈部脊椎骨尖稍突出，腿部窄瘦、有凹陷，背和肩窄、薄

二、肉羊屠宰和羊肉质量分级

续表 10-1

项 目	肥羔肉			
	特等级	优等级	良好级	可用级
生理成熟度	前小腿折裂关节;折裂关节湿润、颜色鲜红;肋骨略圆	前小腿可能有控制关节或折裂关节,肋骨略宽、平	前小腿可能有控制关节或折裂关节,肋骨略宽、平	前小腿可能有控制关节或折裂关节,肋骨略宽、平
肉脂色泽	肌肉颜色深红,脂肪乳白色	肌肉颜色深红,脂肪白色	肌肉颜色深红,脂肪浅黄色	肌肉颜色深红,脂肪黄色
胴体重(千克)	>16	13～16	10～13	7～10
肥 度	眼肌大理石花纹略显	无大理石花纹	无大理石花纹	无大理石花纹
肋肉厚	≥14 毫米	9～14 毫米	4～9 毫米	0～4 毫米
肉脂硬度	脂肪和肌肉硬实	脂肪和肌肉较硬实	脂肪和肌肉略软	脂肪和肌肉软
肌肉发育程度	全身骨骼不显露,腿部丰满充实、肌肉隆起明显,背部宽平,肩部宽厚充实	全身骨骼不显露,腿部较丰满充实、微有肌肉隆起,背部和肩部比较宽厚	肩隆部及颈部脊椎骨尖稍突出,腿部欠丰满、无肌肉隆起,背和肩稍窄、稍薄	肩隆部及颈部脊椎骨尖稍突出,腿部窄瘦、有凹陷,背和肩窄、薄
生理成熟度	前小腿折裂关节;折裂关节湿润、颜色鲜红;肋骨略圆	前小腿折裂关节;折裂关节湿润、颜色鲜红;肋骨略圆	前小腿折裂关节;折裂关节湿润、颜色鲜红;肋骨略圆	前小腿折裂关节;折裂关节湿润、颜色鲜红;肋骨略圆
肉脂色泽	肌肉颜色深红,脂肪乳白色	肌肉颜色深红,脂肪白色	肌肉颜色深红,脂肪浅黄色	肌肉颜色深红,脂肪黄色

2. 质量检验

(1)胴体重量　宰后去毛皮、头,蹄、尾、内脏及体腔内全部脂肪后,温度在0℃～4℃、湿度在80%～90%条件下,静置30分钟的羊胴体进行称重。

(2)肥度　胴体脂肪覆盖程度与肌肉内脂肪沉积程度采用目测法,背膘厚用仪器测量。

(3)肋肉厚　测量法。

(4)肉脂硬度、肌肉饱满度、生理成熟度、肉脂色泽　采用感官评定法。

3. 标志、包装、贮存、运输

(1)标志　内包装标志符合GB 7718的规定,外包装标志应符合GB/T 191和GB/T 6388的规定。

(2)包装　包装材料应符合GB/T 4456和GB 9687的规定。

(3)贮存　鲜羊肉在0℃～4℃条件下贮存、冻羊肉在－18℃条件下贮存,库温1昼夜升降幅度不超过1℃。

(4)运输　应符合卫生要求的专用冷藏车和保温车(船),不应与对产品产生污染的物品混装,运输过程中产品的温度应保持在7℃以下。

三、羊皮的加工利用

(一)毛皮、板皮的概念

绵、山羊屠宰后剥下的鲜皮,在未经鞣制以前都称为"生皮"。根据生皮加工中皮上的羊毛是否有实用价值,可将生皮分为毛皮和板皮两类。

羊只屠宰后剥下的鲜皮或生皮,保留羊毛,带毛鞣制的产品叫毛皮。羊毛没有实用价值的生皮叫做板皮,板皮经脱毛鞣制而成的产品叫做“革”。

由于羊只屠宰的年龄和用途不同，毛皮又可分为羔皮和裘皮2种。凡从妊娠后期流产或生后1～3天的羔羊所剥取的毛皮称为羔皮；从1月龄以上的羔羊所剥取的毛皮称为裘皮。

羔皮一般是露毛外穿，用以制作皮帽、皮领、袖口和翻毛大衣等用，因此要求花案奇特，美观悦目；裘皮主要用来制作毛面向里穿的衣物，用以御寒，因此要求保暖、结实、美观、轻便。

任何绵、山羊品种都可以生产板皮。但在我国的山羊板皮中，某些品种的板皮质量上乘，驰名中外，如成都麻羊、南江黄羊、建昌黑山羊等。板皮经脱毛鞣制以后，可制成皮衣、皮鞋、皮箱、手套等各种皮革用品。

（二）羊皮的粗加工和贮藏

1. 剥皮技术 羔羊剥皮时，死亡放净血液后，使其仰卧腹部向上，用刀尖从颈下切口处沿腹中线向后挑开皮肤，直至肛门（公羊绕开阴囊）；从切口处向前挑至嘴角处；从两前肢和两后肢内侧各切一直横线直达蹄部，再沿四肢蹄冠做环形切开；尾部皮肤从肛门处沿尾内侧中线挑至尾尖。然后，一手抓紧皮肤边缘，另一手伸入皮下将皮肤与肌肉剥离开，防止撕伤、割伤和污染皮张。

成年山羊剥皮时，头部和蹄部（前肢掌骨上端以下，后肢飞节以下）的皮肤不剥离，有的地方习惯将头（从颈下切口沿枕骨一周）、蹄（前肢掌骨关节处，后肢飞节处）连带皮肤一并割下；有的地方只割下羊头，而将四蹄留在羊皮上；其他与羔羊剥皮相同。

2. 刮皮与修整 羊屠宰后剥下来的鲜皮，应及时进行加工处理和妥善保存。清理羊皮时，用利刀从鲜皮上除去嘴唇、耳根、尾骨、角和蹄，用削肉刀或刮刀刮净残肉、脂肪和清除杂质。刮皮时，由臀部向头部顺毛方向刮，用力适度，以免造成透毛、刮痕等伤残。

3. 鲜皮的防腐

（1）盐 腌 法 盐腌法是利用食盐的脱水作用除去皮内的水分，造成高渗环境，抑制细菌生长，从而达到防腐的目的。盐腌法又分为干腌法和湿腌法。

①干腌法　将清理和沥水后的鲜皮毛面向下平铺在垫板上（皱褶和弯曲部位应展平），将食盐均匀地撒在皮板上，厚的地方应多撒些盐，然后再平铺上另一张生皮和撒盐，直至堆积到 1～1.5 米高。经 5～6 天堆积后，重新翻放和撒盐，再经 5～6 天取出晾晒。此法用盐量为鲜皮重的 20%～25%。

②湿腌法　将清理后的鲜皮浸泡在 30%的食盐溶液中，经 8～24 小时取出并沥干盐水（约 2 小时），再按照干腌法逐层撒盐堆放，5～6 天后取出晾晒。

(2)干燥法　干燥防腐法简便易行，成本低，便于贮存和运输。自然风干羊皮时，将皮张的各个部位平坦地舒展开，用草棍或芦片等料贴皮边四周，然后皮肉面向外挂在自然通风的地方晾干。也可将皮肉面向内平铺在木板上或墙面上，待稍干定型后揭下，再将皮肉面向外，放在阴凉处风干。鲜皮晾干后，含水量约 15%，面积减少 15%～20%，厚度减少 30%。必须注意，此法干燥后的羊皮容易返潮腐败和遭受虫蛀，或因过分干燥变脆易折，因此干燥后的羊皮最好是尽早打捆，送交收购加工部门妥善保存。

4. 鲜皮的贮藏　鲜皮干燥后，应贮藏在通风良好、室内气温不超过 25℃、相对湿度 60%～70%的贮藏室内。初加工后的羊皮应及时交给收购部门贮藏，尤其是在气候炎热、干燥或湿度过高的地区。入库后的生皮，应按级和不同处理（初加工）分库铺叠堆放。堆放时，皮肉面向下，堆高 1～1.5 米，堆与堆之间、堆与墙之间应保持一定距离，以利通风、散热和防潮。行与行之间的距离不应少于 2 米，以利翻堆存放等。注意防止虫蛀和鼠咬。

四、羊毛的鉴定

羊毛是纺织工业的重要原料，它具有弹性好、吸湿性强、保暖性好等优点。但由于价格高，对非织造布的生产来说，使用不多。采用好羊毛生产的非织造布，仅限于针刺造织毛毯、高级针刺毡等不多的一些高级工业用布。一般采用的是羊毛加工中的短毛、粗毛，通过针刺、缝编等方法生产地毯的托垫布、针刺地毯的夹心层、绝热保暖材料等产品。这类羊毛的长度不一，含杂高，可纺性差，加工较困难，产品可以经过化学处理，提高质量。

(一)羊毛类型

1. 按组织学构造 按组织学构造，毛纤维可分有髓毛和无髓毛两类。有髓毛由鳞片、皮质和髓质3层细胞构成；无髓毛无髓质。鳞片层具有保护作用，其形状和排列可影响羊毛的吸湿、毡结和反射光线的能力。皮质层连接于鳞片层下，与毛纤维的强度、伸度和弹性有关，羊毛愈细其所占比例愈大。髓质层是有髓毛的主要特征，位于毛的中心部分，由结构疏松、充满空气的多角形细胞组成；做横切面在显微镜下观察，很易区别其发育程度。髓质层愈发育，则纤维直径愈粗，工艺价值愈低。

2. 按毛纤维的生长特性、组织构造和工艺特性 按毛纤维的生长特性、组织构造和工艺特性，分绒毛、发毛、两型毛、刺毛和犬毛。其中刺毛是生长在颜面和四肢下端的短毛，无工艺价值；犬毛是细毛羔羊胚胎发育早期由初生毛囊形成的较粗的毛，在哺乳期间逐渐被无髓毛所代替。因此可用作毛纺原料的只有绒毛、发毛和两型毛3种基本类型。绒毛分布在粗毛羊毛被的底层。细毛羊被毛全由绒毛组成，纤维细匀，平均直径不大于25微米，长度5～10厘米，柔软多弯曲，弹性好，光泽柔和。发毛或称粗毛，分正常发毛、干毛和死毛3种，构成粗毛羊被毛的外层。正常发毛细度40～120微米，弯曲少，较缺乏柔软性。细发毛的髓质层较不发达，皮质层相对较厚，纤维弹性大，工艺价值较高。干毛的组织构造与正常发毛相同，但尖端干枯，缺乏光泽。死毛的髓质层特别发达，毛粗且硬，脆弱易断。两型毛又称中间型毛，其细度和其他工艺价值介于绒毛和发毛之间。

3. 按被毛所含纤维成分 按被毛所含纤维成分可分同型毛和混型毛。前者包括细毛、半细毛和高代改良毛，其纤维细度和长度以及其他外观表征基本相同；后者包括粗毛和低代改良毛，毛股由绒毛、两型毛、发毛混合组成，纤维粗细长短不一致，纺织价值较低，主要用作毛毯、地毯及毡制品原料。

（二）加工工序

原毛纺织前需先初步加工成为洗净毛。加工时先通过选毛，使羊毛品质趋于均匀，再通过开毛打土，使羊毛蓬松，以提高洗涤效果。然后进行洗毛，使羊毛脂形成稳定的乳化液，污浊杂质则浮在洗涤液中，经处理后可获得含水约40%的湿毛，再予以烘干。生产中多利用联合机连续操作1次获得洗净毛，然后进入毛条制造工序；毛条在细纱机上牵伸变细后进入纺织工序。

（三）羊毛判断方式

1. 感官鉴别法 此法不需要用任何物品或仪器设备，依靠人的直观、经验，根据织物的手感和绒面来鉴别。由于腈纶纤维具有独特的似羊毛的优良特征，使人很难区别。但只要仔细观察，区别比较，也还是存在差异的。从直观上讲，羊毛产品比较柔软，而且富有弹性，比重大，色泽柔和。

2. 燃烧法 羊毛产品燃烧时，一边冒烟起泡一边燃烧，伴有烧毛发的臭味，灰烬多，有光泽的黑色必脆块状。腈纶产品燃烧时，一边熔化一边缓慢燃烧，火焰呈白色，明亮有力，略有黑烟，有鱼腥臭味，灰烬为白色圆球状，脆而易碎。锦纶产品，一边熔化一边缓慢燃烧，烧时略有白烟，火焰小，呈蓝色，有芹菜香味，灰烬为浅褐色硬块，不易捻碎。